FORTSCHRITTE DER PHYSIKALISCHEN CHEMIE

FORTSCHRITTE DER PHYSIKALISCHEN CHEMIE

HERAUSGEGEBEN VON

PROF. DR., DRES H. C. W. JOST, GÖTTINGEN

BAND 7

MAGNETISCHE KERNRESONANZ UND CHEMISCHE STRUKTUR

DR. DIETRICH STEINKOPFF VERLAG

DARMSTADT 1968

MAGNETISCHE KERNRESONANZ UND CHEMISCHE STRUKTUR

VON

PROF. DR. HANS STREHLOW

Max-Planck-Institut für physikalische Chemie, Göttingen

2., erweiterte Auflage

Mit 99 Abbildungen
in 131 Einzeldarstellungen und 22 Tabellen

DR. DIETRICH STEINKOPFF VERLAG

DARMSTADT 1968

ISBN-13: 978-3-7985-0288-8 e-ISBN-13: 978-3-642-87395-9
DOI: 10.1007/978-3-642-87395-9

Werk- und Feindruckerei Dr. A. Krebs, Weinheim/Bergstr., Hemsbach/Bergstr. und Bad Homburg v. d. H.

Zweck und Ziel der Sammlung

Die vorliegende Monographienreihe verdankt ihre Entstehung noch einer Anregung H. ULICHS. Sie wird in kleineren, in sich abgeschlossenen Bänden die heutigen Kenntnisse aus verschiedenen Zweigen unseres Faches darstellen. Der in Industrie, Forschung oder Lehre tätige Wissenschaftler kann daraus den neuesten Stand eines Gebietes kennenlernen, der Studierende Ergänzungen über den knappen Rahmen vorhandener Lehrbücher hinaus finden. Auch mag diese Reihe in gewissem Sinne sich zu einem flexiblen Ersatz nicht existierender Handbücher entwickeln.

HERAUSGEBER UND VERLAG

Vorwort zur ersten Auflage

Unter den modernen physikalischen Forschungsmethoden, die für chemische Probleme eingesetzt werden, hat die magnetische Kernresonanz (MKR) sich als ein vielseitig anwendbares Verfahren erwiesen. Strukturfragen der organischen und anorganischen Chemie können – in häufig besonders eindeutiger Weise – aus den Kernresonanzspektren beantwortet werden. Die Lagen von Protonen in Kristallgittern, die aus Röntgeninterferenzen nicht zu erhalten sind, lassen sich mit Hilfe der MKR bestimmen. Geschwindigkeiten sehr schneller chemischer Reaktionen werden aus Linienverbreiterungen ermittelt, und Diffusionskonstanten können in Festkörpern und in Flüssigkeiten mit der magnetischen Kernresonanzmethode gemessen werden. Diese zahlreichen Möglichkeiten sind häufig dem Chemiker nicht hinreichend bekannt geworden, zumal sich die Entwicklung des erst etwa 10 Jahre alten Gebietes mit großer Geschwindigkeit vollzogen hat und noch vollzieht.

Im vorliegenden Buche sollen zunächst in gedrängter Form die physikalischen Grundlagen dargestellt werden, soweit ihr Verständnis für die praktische Anwendung der magnetischen Kernresonanz erforderlich ist. An Hand ausgewählter Beispiele werden dann die Anwendungsmöglichkeiten bei organischen, anorganischen und physikalisch-chemischen Fragestellungen erläutert.

Das Buch wendet sich als eine erste Einführung an in Forschung oder Betrieb stehende Chemiker sowie an Studenten der Chemie. Der Verfasser hofft, diesem Leserkreis eine selbständige Beurteilung der Anwendungsmöglichkeiten der MKR auf Probleme der eigenen Arbeitsrichtung zu ermöglichen. Dieser Zielsetzung entsprechend wird beim Leser nur das an mathematischer Vorbildung vorausgesetzt, was heute auch von einem organischen Chemiker erwartet werden darf. Die wenigen, etwas schwierigeren Gedankengänge werden in gesonderten, durch einen Stern (*) gekennzeichneten Abschnitten erst dann quantitativ behandelt, nachdem zuvor der physikalische Sachverhalt qualitativ verständlich gemacht worden ist. Aber auch die rechnerische Behandlung nimmt Rücksicht auf die im allgemeinen unzureichende mathematische Vorbildung der Chemiker. Weniger wichtige Abschnitte sind durch zwei Sterne (**) gekennzeichnet. Bei einer ersten Lektüre können die gesternten Abschnitte überschlagen werden. Ihre spätere Durcharbeit sei aber empfohlen, um zu einem tieferen Verständnis zu gelangen und um sich den Zugang zu anspruchsvolleren Monographien sowie zur Originalliteratur zu erleichtern.

So mag dieses Büchlein dazu beitragen, daß die magnetische Kernresonanzmethode als ein vielseitiges und oft überraschend einfaches Forschungsinstrument in der chemischen Praxis erkannt und benutzt wird.

Den Herren Priv.-Doz. Dr. G. HERTZ und Priv.-Doz. Dr. B. FRANCK bin ich für die Durchsicht des Manuskriptes und zahlreiche Hinweise zu Dank verpflichtet. Dem Herausgeber der Sammlung und dem Verlag danke ich für verständnisvolle Zusammenarbeit, Frau Dipl.-Phys. M.-L. AHRENS und Herrn Dipl.-Phys. H. SCHNEIDER für Hilfe bei der Abfassung des Manuskriptes und beim Lesen der Korrekturen.

Göttingen, Sommer 1961

HANS STREHLOW

Vorwort zur zweiten Auflage

Die magnetische Kernresonanz (heute etwa gleich häufig als kernmagnetische Resonanz bezeichnet) hat seit Erscheinen der ersten Auflage dieses Buches eine ständig steigende Anwendung in Chemie und Physik erfahren. In der Neuauflage sind die methodischen Entwicklungen seit 1962 berücksichtigt, soweit sie für den experimentell arbeitenden Chemiker wichtig sind. Der Charakter des Buches als eine erste Einführung sollte gewahrt bleiben. Die Anzahl der Anwendungsbeispiele wurde daher nur geringfügig erhöht. Den einzelnen Kapiteln wurden Hinweise auf zusammenfassende, weiterführende Literatur vorangestellt.

Dem Herausgeber und dem Verlag danke ich für gute Zusammenarbeit. Frau Dr. M.-L. AHRENS, Herrn Dr. H. SCHNEIDER und Herrn Dipl.-Phys. J. JEN gebührt mein Dank für das Lesen der Korrekturen, Frau A. ECKOLD für ihre Hilfe bei der Zusammenstellung des Manuskripts.

Göttingen, Sommer 1968

HANS STREHLOW

Inhaltsverzeichnis

---

*) **) Erklärung siehe Vorwort zur ersten Auflage.

Liste der Symbole

a	Teilchenradius
B	Magnetische Induktion
c	Lichtgeschwindigkeit, Konzentration in Mol/l
D	Diffusionskoeffizient
d	Schichtdicke
E	Energie
E_A	Aktivierungsenergie
e	Elektronenladung
eQ	Quadrupolmoment
F	Windungsfläche der Empfängerspule
f	Füllfaktor der Empfängerspule
G	Gradient des magnetischen Feldes; Komplexe Magnetisierung in der u, v-Ebene
H	Magnetische Feldstärke
$\dot{H}$	Feldänderung pro Zeiteinheit durch Sägezahnmodulation
H_1	Halbamplitude von H_x
H_2	Intensität des magnetischen Sättigungsfeldes bei der Doppelresonanztechnik
H_x	Magnetische Feldstärke der Senderspule
h	PLANCKsches Wirkungsquantum
I	Kernspinquantenzahl
I_{opt}	Lichtintensität
J	Spin-Koppelungskonstante
K	Gleichgewichtskonstante
k	BOLTZMANN-Konstante
k_i	Reaktionsgeschwindigkeitskonstante
L	Drehmoment
L_i, $L(H)$	Intensität einer Linie
M	Magnetisierung
M_0	Gleichgewichtswert der Magnetisierung in z-Richtung
MKR	Magnetische Kernresonanz
m	Magnetische Quantenzahl
m_P	Protonenmasse
N_i	Besetzungszahlen der Energieniveaus
n	Zahl absorbierender Kerne pro Volumeneinheit
P	Makroskopischer Drehimpuls pro Volumeneinheit
p	Drehimpuls
p_i	Protonenbruch der Protonensorte i
R	Gaskonstante, Rauschspannung

T	Absolute Temperatur
T_1	Spin-Gitter-Relaxationszeit
T_2	Spin-Spin-Relaxationszeit
T_2'	Phasengedächtniszeit
$T_{2\text{eff}}$	Effektive Relaxationszeit T_2 (enthält die Inhomogenität des Magnetfeldes)
t_i	Impulsdauer bei der Spin-Echo-Technik
U	Signalspannung in der Empfängerspule
x	Molenbruch
Z	Ordnungszahl, Windungszahl der Empfängerspule
α	Dissoziationsgrad
γ	Gyromagnetisches Verhältnis
Δ	$= \delta \cdot 10^{-6} \cdot$ Senderfrequenz = chemische Verschiebung in Hz
ΔH	Inhomogenität des magnetischen Feldes über der Probe; Reaktionsenthalpie
$\Delta \nu_{1/2}$	Linienbreite, Halbwertsbreite in Hz
$\Delta \omega_{1/2}$	Linienbreite, Halbwertsbreite in rd/sec
δ	Chemische Verschiebung
$\delta^{C_6H_6}$	Chemische Verschiebung bezogen auf die Resonanzlinie des Benzols
δ_i	Additive Inkremente der chemischen Verschiebung
ε	Dekadischer Extinktionskoeffizient
η	Viskosität
μ	Magnetisches Kernmoment (Maximale Komponente in Feldrichtung)
μ_B	BOHRsches Magneton
μ_K	Kernmagneton
ν	Rotationsfrequenz
$\langle \nu^n \rangle$	*n*-tes Moment eines Spektrums
ν_0	Resonanzfrequenz
ϱ	Dichte
σ	Abschirmkonstante
τ	Mittlere Lebensdauer
τ_c	Korrelationszeit der Molekularbewegungen
τ_p	Meßzeit beim Spin-Echo-Experiment
$\overline{\varphi^2}$	Mittleres Phasenquadrat der Kernmomente
χ_M	Molare magnetische Suszeptibilität
χ_v	Magnetische Volumensuszeptibilität
ω	Kreisfrequenz
ω_0	Resonanzkreisfrequenz, Larmorfrequenz

I. Einleitung

Die chemische Laboratoriumstechnik wird zur Zeit in ständig wachsendem Umfang durch den Einsatz physikalisch-chemischer Forschungsmethoden revolutioniert. Zur schon länger verwendeten optischen Spektroskopie und Röntgenbeugungsmethode sind die Massenspektrometrie, die Mikrowellenspektroskopie, die Elektronenspinresonanz, die Gaschromatographie, die Dünnschichtchromatographie, die Ultrazentrifugentechnik, die Isotopentechnik und schließlich auch die magnetische Kernresonanz hinzugetreten. Einerseits wird dem Chemiker in vielen Fällen die Bearbeitung seiner Probleme durch diese physikalischen Verfahren außerordentlich erleichtert; andererseits erfordert aber eine sinnvolle Anwendung der apparativ meist sehr aufwendigen Methoden eine ausreichende Kenntnis der physikalischen Grundlagen. Dem Chemiker eine Einführung in das Gebiet der magnetischen Kernresonanz zu geben, ist das Anliegen dieses Buches. Zunächst wird die Theorie der Methode entwickelt, soweit sie für eine verständnisvolle Anwendung erforderlich ist. In den weiteren Abschnitten werden dann an ausgewählten Beispielen aus der organischen, anorganischen und physikalischen Chemie die Möglichkeiten des Verfahrens dargelegt.

Der experimentelle Nachweis der magnetischen Kernresonanz wurde 1946 unabhängig von Bloch u. a. (44) und Purcell u. a. (255) an kondensierten Phasen geführt, nachdem an Atomstrahlen bereits von Rabi (256) erfolgreiche Messungen durchgeführt worden waren. Im Jahre zuvor wurden von Zavoisky (327) entsprechende Messungen der Elektronenspinresonanz veröffentlicht. Dieses Verfahren hat sich gleichfalls zu einem für die Chemie außerordentlich wertvollen Forschungsinstrument entwickelt.

In einem Magnetfeld spalten die Energien aller Atomkerne, die ein magnetisches Moment besitzen, in zwei oder mehr Energieniveaus auf. Die Aufspaltung ist proportional der magnetischen Feldstärke. Durch Einstrahlung von elektromagnetischen Wellen geeigneter Frequenz können – ähnlich wie in der optischen Spektroskopie – Übergänge zwischen den Energieniveaus unter Absorption der eingestrahlten Energie induziert werden. Da die Kreisfrequenz*) ω_0 der Einstrahlung proportional der Energieaufspaltung ΔE sein muß, die wieder proportional der magnetischen Feldstärke H ist, gilt

$$\omega_0 = \gamma H. \qquad [I\text{-}1]$$

Die Proportionalitätskonstante γ wird das gyromagnetische Verhältnis genannt und ist für einen gegebenen Atomkern eine Konstante. So beträgt zum Beispiel beim Proton die Resonanzfrequenz ν für ein magnetisches Feld von 10^4 Gauß rund 40 MHz. Diese Fre-

*) Wir wollen im weiteren bei den theoretischen Betrachtungen mit der Kreisfrequenz ω (Radian sec^{-1}) rechnen, die mit der Frequenz ν (Schwingungen sec^{-1}, Hz) durch $\omega = 2\pi\nu$ verknüpft ist. ω_0 soll speziell die Resonanzfrequenz oder Larmor-Frequenz bezeichnen.

quenz liegt im Bereich der Radiowellen und kann in einem üblichen Sender bequem erzeugt werden. Die MKR stellt also eine Spektroskopie bei – verglichen mit der optischen Spektroskopie – sehr langen Wellen dar. Eine weitere Eigentümlichkeit der MKR besteht darin, daß die Aufspaltung der Energieniveaus durch das magnetische Feld experimentell beeinflußt werden kann, ähnlich wie das beim ZEEMAN-Effekt der Fall ist; sie kann daher als ZEEMAN-Spektroskopie der Atomkerne bezeichnet werden. Eine Übersicht über die spektroskopischen Methoden nach ihren Wellenlängenbereichen geordnet gibt Abb. 1.

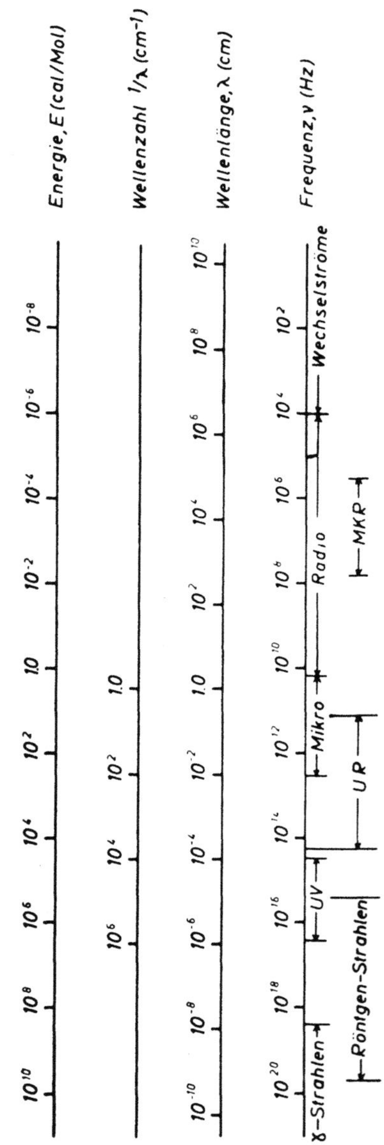

Abb. 1. Frequenzbereiche der elektromagnetischen Schwingungen.

Die magnetische Kernresonanz wurde zunächst dazu benutzt, die gyromagnetischen Verhältnisse γ für die verschiedenen Kernarten relativ zueinander sehr genau zu bestimmen. Hieraus konnten die magnetischen Momente der Kerne mit hoher Präzision erhalten werden. 1949 wurde von KNIGHT (166) gefunden, daß die Resonanzfrequenz bei gegebenem äußeren magnetischen Feld in Metallen einen geringfügig anderen Wert aufweist als bei den Ionen dieser Metalle. Andere Autoren [PROCTOR und YU (252); DICKINSON (73)] konnten wenig später zeigen, daß allgemein zwischen Kernen in verschiedenen chemischen Bindungszuständen Unterschiede in der Resonanzfrequenz auftreten. Der Grund hierfür ist darin zu suchen, daß das magnetische Feld am Ort des Kerns wegen der diamagnetischen Abschirmung durch die Elektronenhülle der Atome – sowie durch andere weiter unten zu besprechende Effekte – etwas verändert wird. Diese Abschirmung hängt von der Elektronendichte-Abstandsfunktion und damit von der speziellen chemischen Bindung ab, mit der die Atomkerne in den Molekülen eingebaut sind. Bei konstantem äußeren Magnetfeld wird also bei Änderung der chemischen Bindung die Resonanzfrequenz*) verschoben. Man nennt diese Veränderung der Resonanzfrequenz daher die „chemische Verschiebung". Eine weitere Frequenzaufspaltung wird durch eine in Kap. II-7 näher zu besprechende Be-

*) Bzw. das Magnetfeld bei fester Senderfrequenz; die beiden Auffassungen sind wegen Gleichung [I-1] äquivalent.

einflussung des Magnetfeldes am Orte des Kerns durch im Molekül benachbarte andere Kernmomente bewirkt. Diese „elektronengekoppelte Spin-Spin-Wechselwirkung" hängt gleichfalls in sehr charakteristischer Weise vom Bau des Moleküls ab und trägt damit zur Aufklärung der Struktur bei.

In Festkörpern werden die chemische Verschiebung und die elektronengekoppelte Spin-Spin-Wechselwirkung durch eine direkte gegenseitige Beeinflussung benachbarter Kerne überdeckt, wobei diese benachbarten Kerne nicht demselben Molekül angehören müssen. Aus der hieraus resultierenden, weit größeren Frequenzänderung lassen sich wertvolle Aufschlüsse über die Kristallstrukturen gewinnen (siehe Kap. III-4). In Flüssigkeiten, die uns zunächst beschäftigen sollen, ist wegen der BROWNschen Molekularbewegung diese direkte Wechselwirkung der Kerne nicht beobachtbar.

Trotz der Überlagerung der chemischen Verschiebung und der elektronengekoppelten Spin-Spin-Wechselwirkung weisen die MKR-Spektren eine relativ einfache und charakteristische Struktur auf. In Abb. 2 sind die Protonenresonanzspektren der Alkohole Methanol, Äthanol, Isopropanol und tert. Butanol den entsprechenden Ultrarotspektren gegenübergestellt. Die MKR-Spektren unterscheiden sich schon qualitativ stark voneinander. Aus dem MKR-Spektrum des Äthanols läßt sich z. B. entnehmen, daß das Molekül drei Sorten äquivalenter Protonen (CH_3, CH_2, OH) enthält, denen das Triplett, das Quadruplett und das Singulett zuzuordnen sind. Die Flächen unter den Multipletts verhalten sich wie 3 : 2 : 1, das heißt wie das Zahlenverhältnis der äquivalenten Protonen. Weiter geben die Multiplizitäten darüber Auskunft, daß die Methyl- und die Methylengruppe einander benachbart sind und daß die OH-Protonen schnell gegenseitig austauschen. Das Spektrum liefert also eine sehr detaillierte Strukturinformation und außerdem noch eine qualitative reaktionskinetische Aussage, die mit einer anderen Methode kaum zu erhalten ist. Ähnlich lassen sich auch die Spektren der anderen Alkohole diskutieren.

Wie aus den Abszissen der MKR-Spektren in Abb. 2 ersichtlich, sind die chemischen Verschiebungen von der Größenordnung 100 Hz, die elektronengekoppelte Spin-Spin-Wechselwirkung von der Größenordnung 10 Hz*). Die Auflösung der Spektren liegt bei etwa 0,1 Hz (das bedeutet, daß im MKR-Spektrum noch Energiedifferenzen von 10^{-11} cal/Mol nachgewiesen werden können!). Die durch das Magnetfeld hervorgerufene Energieaufspaltung wird durch die chemische Verschiebung nur um einige Millionstel geändert. Diese geringe Größenordnung der chemischen Verschiebung macht es unerläßlich, daß die relativen Frequenz- und Magnetfeldschwankungen der Apparatur kleiner als etwa 10^{-8} über Probenausdehnung und Meßdauer sind, wenn beste Auflösung erreicht werden soll. In dieser extremen Forderung haben die experimentellen Schwierigkeiten des Verfahrens und die hohen Kosten der Geräte ihre Hauptursache.

Welche chemischen und physikalisch-chemischen Fragestellungen können nun mit der magnetischen Kernresonanzmethode erfolgreich bearbeitet werden?

Wie das oben erörterte Beispiel der Alkoholspektren zeigt, ist die magnetische Kernresonanz als wertvolle Erweiterung der optisch spektroskopischen Methoden anzusehen. Es können zwar nicht alle Kernarten erfaßt werden, insbesondere nicht ^{12}C und ^{16}O, die

*) Diese Größenordnungen gelten für Protonenspektren; für andere Kerne sind die Aufspaltungen wesentlich größer.

keinen Kernspin aufweisen (wohl hingegen ^{13}C und ^{17}O). Andererseits werden dadurch die Protonenresonanzspektren der organischen Verbindungen ganz wesentlich vereinfacht, da die Spin-Spin-Wechselwirkung mit ^{12}C- und ^{16}O-Kernen wegfällt.

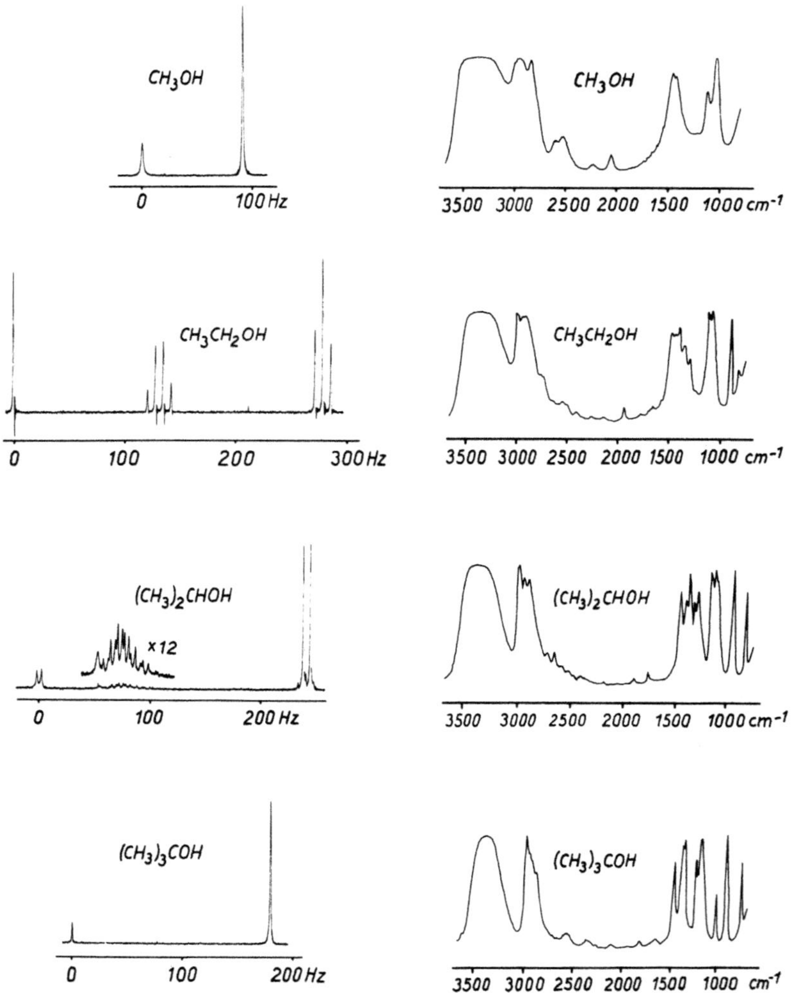

Abb. 2. Magnetische Kernresonanzspektren (links, Intensität gegen Frequenz in Hz) und Ultrarotspektren (rechts, Absorption gegen Wellenzahl) der niederen Alkohole Methylalkohol, Äthylalkohol, Isopropylalkohol und t-Butylalkohol.

Eine andere wichtige Anwendungsmöglichkeit der magnetischen Kernresonanz liegt in der Bestimmung von Kristallstrukturen. Auch hier sind Protonen besonders gut erfaßbar, deren Lagebestimmung in Kristallgittern mit Röntgeninterferometrie bzw. Elektronenbeugung schwierig ist. Die magnetische Kernresonanz ergänzt auf diesem Gebiet die älteren Methoden.

Austauschgeschwindigkeiten von schnell reagierenden Substanzen sowie die Kinetik der Umwandlung von Rotationsisomeren können mit der magnetischen Kernresonanzmethode bei währendem Gleichgewicht gemessen werden, wenn die mittleren Lebensdauern τ zwischen etwa 0,1 und 10^{-4} sec liegen. Mit variierten Methoden, die in Abschnitt III-3,f besprochen werden, können noch wesentlich schnellere Reaktionen erfaßt werden. Die magnetische Kernresonanz ergänzt auf diesem Gebiet die in neuerer Zeit entwickelten Meßmethoden für schnelle Reaktionen (Strömungsmethode, Relaxationsverfahren, elektrochemische Methoden, Blitzlichtphotolyse u. a.).

Eine weitere interessante, physikalisch-chemische Anwendung ist die Bestimmung von Dissoziationskonstanten starker Säuren wie etwa HNO_3 (Abschnitt III-2). Die erhaltenen Ergebnisse stehen in guter Übereinstimmung mit ramanspektroskopischen Daten.

Auch als analytisches Hilfsmittel kann die magnetische Kernresonanz für spezielle Probleme von großem Nutzen sein.

Die Messung von Platzwechselvorgängen mit Hilfe der magnetischen Kernresonanz ist eine vielversprechende Methode und wird in Abschnitt IV-3 halbquantitativ diskutiert.

In den letzten Jahren sind eine Anzahl von Monographien über magnetische Kernresonanz erschienen, die hier mit kurzer Charakterisierung aufgeführt seien. An Büchern mit vorwiegend physikalischer Orientierung sind zu nennen: ANDREW, Nuclear Magnetic Resonance (9). Das Buch ist leicht lesbar und diskutiert besonders ausführlich die MKR-Spektren von Festkörpern; LAUKIEN, Kernmagnetische Hochfrequenz-Spektroskopie (176), und SLICHTER, Principles of Magnetic Resonance (292), sind empfehlenswerte Einführungen in die Theorie der Kernspinrelaxation, siehe auch (46); ABRAGAM, The Principles of Nuclear Magnetism (1), eine ausführliche theoretische Behandlung, stellt nicht geringe Anforderungen an den Leser. Eine didaktisch gute Einführung in die quantentheoretische Behandlung der magnetischen Kernresonanz bietet das Buch von SILLESCU (289). Die hochauflösende Kernresonanzspektroskopie wird in zwei ausführlichen Monographien behandelt: POPLE, SCHNEIDER und BERNSTEIN, High Resolution Nuclear Magnetic Resonance (249), und das neuere zweibändige Werk von EMSLEY, FEENEY und SUTCLIFFE, High Resolution Magnetic Resonance Spectroscopy (93). Besonders das letztere Buch enthält eine sehr ausführliche Behandlung der theoretischen und praktischen Grundlagen. Speziell für den organischen Chemiker sind geschrieben: ROBERTS, Nuclear Magnetic Resonance (269); JACKMAN, Applications of NMR Spectroscopy in Organic Chemistry (155); ROBERTS, An Introduction to the Analysis of Spin-Spin Splitting in High Resolution NMR Spectra (270) (eine auch für Anfänger leicht lesbare Einführung in die quantenmechanische Behandlung von Spektren mit Aufspaltungen höherer Ordnung) sowie (68, 223, 124, 321, 195, 36, 196, 63, 289, 39). Eine ausführliche Monographie mit sehr vielen Beispielen wurde von SUHR geschrieben: Anwendungen der kernmagnetischen Resonanz in der organischen Chemie (302). Zahlreiche Daten für anorganische Verbindungen enthält das Buch von FLUCK, Die kernmagnetische Resonanz und ihre Anwendungen in der anorganischen Chemie (99). Die Monographie EBERT und SEIFERT, Kernresonanz im Festkörper (90), behandelt ausführlich die Möglichkeiten der Kernresonanz, der Kernquadrupolresonanz und der ENDOR (= electron nuclear double resonance)-Spektroskopie in der Festkörperphysik. Eine übersichtliche und vollständige Literaturtabelle umfaßt die einschlägigen Arbeiten bis 1965.

Die in der ersten Auflage dieses Buches angekündigte weite Verbreitung der magnetischen Kernresonanzspektrometer in den chemischen Laboratorien ist mittlerweile Wirklichkeit geworden. Entsprechend ist die Publikationsrate in beängstigendem Umfang angewachsen (es wurden im Jahre 1965 über 3000 einschlägige Arbeiten veröffentlicht). Um sich in dieser Literaturfülle zurechtfinden zu können, sind nützliche Hilfsmittel geschaffen worden. Die Literatur ab einschließlich 1963 wird in einer Lochkartenkartei (227) zusammengefaßt, die ähnlich der bekannten DMS-Kartei aufgebaut ist. Außer Kernresonanzarbeiten berücksichtigt diese Kartei auch Arbeiten über Elektronenspinresonanz und Kernquadrupolresonanz. Eine ähnliche Kartei, aber nur für magnetische Kernresonanz, gibt für jede Arbeit eine Zusammenfassung auf Randlochkarten (230). Die Literatur bis 1963 wird ausführlich in den Annual Reviews of Physical Chemistry referiert. Ein nützlicher zweibändiger Spektrenkatalog von Protonenresonanzspektren enthält 700 Spektren von in $CDCl_3$ gelösten organischen Substanzen (34, 35). Brügel hat ein ausführliches Tabellenwerk für chemische Verschiebungen und Spinkoppelungskonstanten zusammengestellt (55). Eine Publikationsreihe, Advances in Magnetic Resonance, bringt zusammenfassende Aufsätze und Tabellenkompilationen (315).

II. Physikalische Grundlagen

II-1 Die physikalischen Eigenschaften der Atomkerne

In den Atomkernen ist die überwiegende Masse des Atoms ($>99{,}9\%$) konzentriert. Die Durchmesser der Atomkerne sind nur von der Größenordnung 10^{-13} cm. Die elektrische Ladung der Kerne ist positiv und vom Betrage Ze, wobei Z die Ordnungszahl des Elements und e die Elektronenladung bedeuten. Neben diesen Eigenschaften weisen viele Atomkerne einen Drehimpuls auf, der von der Größenordnung $\frac{h}{2\pi}$ ist (h = Plancksches Wirkungsquantum $= 6{,}63 \cdot 10^{-27}$ erg sec). Da der Kern eine Ladung trägt, ist mit seiner Rotation ein Kreisstrom verbunden, der einem magnetischen Moment entspricht. Das magnetische Moment μ eines Kernes ist von der Größenordnung eines Kernmagnetons

$$\mu_K = \frac{eh}{4\pi m_p c} = 5{,}0493 \cdot 10^{-24}\ \text{erg Gauß}^{-1}\,,$$

wobei m_p die Protonenmasse und c die Lichtgeschwindigkeit bedeuten. Das Kernmagneton ist um den Faktor Elektronenmasse/Protonenmasse kleiner als das Bohrsche Magneton μ_B. Der dem Quadrat des magnetischen Kernmoments proportionale Paramagnetismus ist daher außerordentlich schwach. Er wird von dem Diamagnetismus der Elektronenhülle normalerweise überdeckt und konnte nur bei sehr tiefen Temperaturen an festem Wasserstoff experimentell direkt nachgewiesen werden (174).

Für die Größe p des Drehimpulses ist die Kernspinquantenzahl I, eine für jede Kernart kennzeichnende Größe, maßgeblich

$$p = \frac{h}{2\pi}\sqrt{I(I+1)}\,. \qquad [\text{II-1,1}]$$

I kann dabei die Werte 1/2; 1; 3/2 usw. haben.

In einem Magnetfeld H können die Kernspins nicht alle beliebigen Richtungen einnehmen. Abb. 3 gibt die Richtungsquantelung für $I = 1/2$ und für $I = 3/2$ wieder.

Die Komponente des Drehimpulses in der durch das Magnetfeld ausgezeichneten z-Richtung kann nur die Werte $m\frac{h}{2\pi}$ annehmen, wobei die magnetische Quantenzahl m einen der $2I + 1$ Werte $-I, 1-I, \ldots, I-1, I$ hat. Das wirkliche magnetische Moment des Kerns hat die gleiche Richtung wie der Drehimpuls. Es ist aber üblich, nur die maximale Komponente in der z-Richtung als magnetisches Kernmoment μ zu bezeichnen, da nur diese Größe aus den Experimenten direkt zu entnehmen ist (entsprechend wird oft der Maximalwert der Drehimpulskomponente in z-Richtung $p_z = I\frac{h}{2\pi}$ als Kernspin bezeichnet). Das magnetische Moment hat dann in den verschiedenen möglichen Zuständen den Wert $\frac{m\mu}{I}$. Die Energien E_m dieser Zustände sind gegeben durch

$$-\mu H, \; -\frac{I-1}{I}\mu H, \; \ldots, \; \frac{I-1}{I}\mu H, \; \mu H. \qquad \text{[II-1,2]}$$

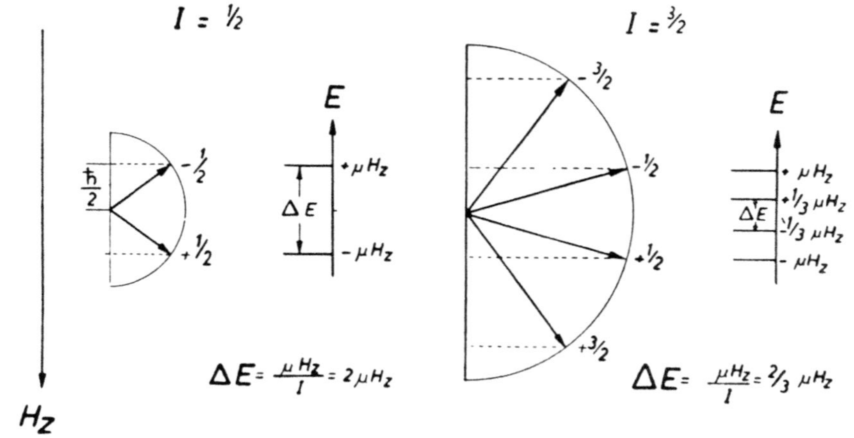

Abb. 3. Richtungsquantelung und Energieaufspaltung für Atomkerne mit $I = 1/2$ und $I = 3/2$ im magnetischen Feld $\left(\hbar = \frac{h}{2\pi}\right)$.

Die Energien für $I = 1/2$ und für $I = 3/2$ sind in Abb. 3 wiedergegeben. Da eine quantenmechanische Auswahlregel nur den Übergang zwischen benachbarten Energiezuständen erlaubt ($\Delta m = \pm 1$), gilt für die Energiedifferenz ΔE unabhängig von m

$$\Delta E = \frac{\mu H}{I} = h\nu_0 = \frac{h}{2\pi}\omega_0 \, . \qquad \text{[II-1,3]}$$

Es wird also auch für $I > 1/2$ nur eine Übergangsenergie und damit eine Absorptionsfrequenz beobachtet. Aus Gleichung [II-1,3] folgt, daß das in Gleichung [I-1] definierte gyromagnetische Verhältnis γ bestimmt ist durch

$$\gamma = \frac{\mu}{I\frac{h}{2\pi}} \, . \qquad \text{[II-1,4]}$$

γ bedeutet mithin das Verhältnis des magnetischen Kernmoments zum Drehimpuls des Kerns [einige Autoren benutzen für γ die logisch richtigere Bezeichnung magnetogyrisches Verhältnis].

Nicht alle Kerne weisen einen Drehimpuls und damit verbunden ein magnetisches Moment auf. Für die Kernspins gelten dabei folgende Regeln:

1. Bei ungerader Massenzahl ist die Spinquantenzahl ein ungerades Vielfaches von 1/2.
2. Bei gerader Massenzahl und gerader Ordnungszahl ist $I = 0$.
3. Bei gerader Massenzahl und ungerader Ordnungszahl ist I eine ganze Zahl.

Die beiden besonders für die organische Chemie überaus wichtigen Isotope ^{12}C und ^{16}O haben also keinen Spin und sind damit durch die magnetische Kernresonanz nicht erfaßbar. Es ist aber möglich, an den Isotopen ^{13}C und ^{17}O bei natürlicher Isotopenhäufigkeit (1,1 bzw. 0,037%) Messungen durchzuführen (177, 146, 317). Aus Intensitätsgründen wird man jedoch besonders bei ^{17}O mit isotopisch angereicherten Substanzen arbeiten.

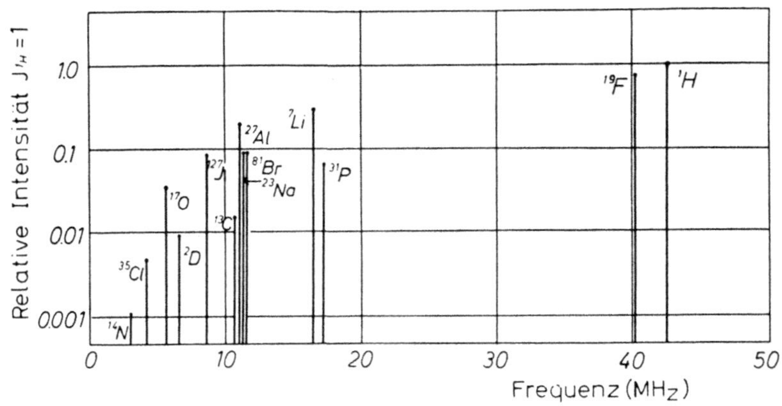

Abb. 4. Magnetische Kernresonanzfrequenz für $H = 10^4$ Gauß und relative Intensität für einige wichtige Atomkerne.

Eine weitere physikalische Kenngröße von Atomkernen ist das elektrische Kernquadrupolmoment, das auch für die magnetische Kernresonanz von einiger Bedeutung ist. Kerne mit einem Kernspin $I \geq 1$ haben eine nicht kugelsymmetrische Ladungsverteilung und damit ein elektrisches Quadrupolmoment. Der Einfluß der Quadrupolmomente auf MKR-Spektren wird in Abschnitt II-9 diskutiert werden.

In Tab. 16 (Anhang S. 143ff.) sind für eine große Zahl Isotope das magnetische Moment der Kernspins und das Quadrupolmoment neben weiteren wichtigen Daten zusammengestellt. Für die in der Praxis der MKR wichtigsten Isotope zeigt Abb. 4 die Resonanzfrequenz bei einer Feldstärke von 10^4 Gauß sowie die relativen Signalintensitäten (bezogen auf die gleiche Kernzahl in der Probe). Glücklicherweise liegen beim Proton die Intensitätsverhältnisse besonders günstig; sie werden nur vom Tritium übertroffen. Am Proton ist auch die ganz überwiegende Zahl von magnetischen Kernresonanzuntersuchungen mit chemischer Fragestellung durchgeführt worden.

II-2 Das Prinzip der Meßanordnung

Weiterführende Literatur: (9, 93)

Die Messung der magnetischen Kernresonanz kann nach zwei verschiedenen Prinzipien erfolgen. Nach der von PURCELL (255) entwickelten Methode wird die Probe im Magnetfeld H von einer zum Magnetfeld senkrechten Spule umgeben. Wenn die Frequenz des durch die Spule fließenden Wechselstromes der Resonanzbedingung [I-1] genügt, entnimmt die Probe Energie aus dem Wechselfeld und erhöht dadurch den Wechselstromwiderstand der Spule. Diese bildet einen Arm einer Hochfrequenzwechselstrombrücke, die vor Einstellung der Resonanz abgeglichen wurde. Wenn bei Variation der Frequenz (oder, mit fester Frequenz, bei Variation des Magnetfeldes) die Resonanzstelle durchfahren wird, zeigt der Abgleichsindikator der Brücke das Signal an.

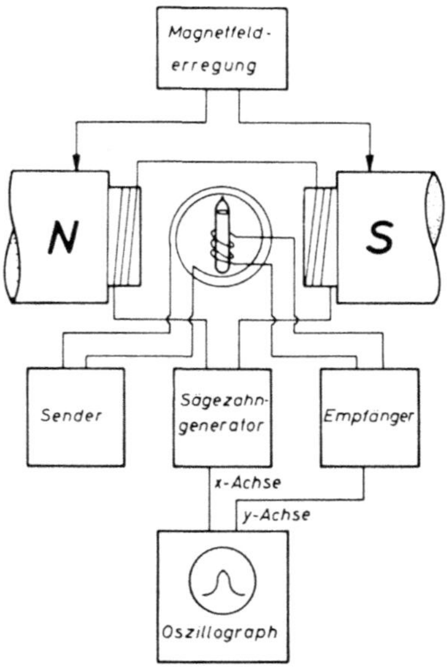

Abb. 5. Das Prinzip eines magnetischen Kernresonanz-Spektrometers in der BLOCHschen Anordnung.

In diesem Buch soll das Verfahren der magnetischen Kernresonanz nur nach der von BLOCH (44) angegebenen Variante diskutiert werden. Die beiden Meßprinzipien sind einander äquivalent; wie z. B. von ANDREW (9) gezeigt wurde. Die BLOCHsche Anordnung ist in Abb. 5 schematisch wiedergegeben.

Senkrecht zum Magnetfeld und zur Sendespule, die derjenigen der PURCELLschen Anordnung entspricht, ist eine weitere Spule, die Empfängerspule, angebracht. Da die Spulen fast genau senkrecht zueinander stehen, wird von der Sendespule nur eine kleine frequenzunabhängige (bzw. magnetfeldunabhängige) Spannung in der Empfängerspule induziert. Erst im Resonanzfall tritt durch Vermittlung der Kerne eine Kopplung der beiden Spulen ein. Das in der Empfängerspule induzierte Signal (von der Größenordnung 10^{-6} Volt) wird verstärkt und angezeigt.

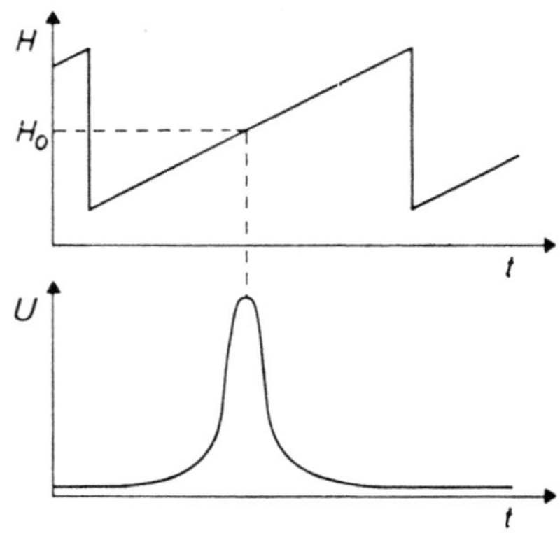

Abb. 6. Modulation des Magnetfeldes einer Kernresonanzapparatur.

Aus praktischen Gründen wird fast immer bei konstanter Frequenz mit variablem Magnetfeld gearbeitet; wir haben hier also den eigentümlichen Fall einer Spektroskopie bei konstanter Frequenz vor uns, bei der dennoch vermöge der Beziehung [I-1] ein vollständiges Spektrum erhalten wird. Das Magnetfeld H von der Größenordnung 10^4 Gauß wird mit einem sägezahnartigen variablen Magnetfeld mit einer Amplitude von etwa 0,1 Gauß moduliert, wie es in Abb. 6 skizziert ist.

Das Modulationsfeld wird mit einem Sägezahnspannungs-Generator in zwei HELMHOLTZ-Spulen parallel zum statischen Magnetfeld erzeugt (Abb. 5). Der Sägezahngenerator steuert gleichzeitig die Horizontalplatten des Kathodenstrahloszillographen. Bei sehr hoher Auflösung der Spektren muß das Feld so langsam durchfahren werden, daß die Aufnahmezeit lang ist gegen die reziproke, in dieser Zeit durchfahrene Frequenzdifferenz, wie weiter unten gezeigt wird (die durchfahrene Frequenz ist wieder durch Gleichung [I-1] mit der Modulation der magnetischen Feldstärke verknüpft). Bei langsamem Durchfahren des Magnetfeldes wird das Signal zweckmäßig statt vom Kathodenstrahloszillographen von einem Spannungsschreiber registriert.

Wie im einzelnen durch Vermittlung der Atomkerne die Empfängerspule induktiv an die Senderspule angekoppelt wird, soll in den folgenden Abschnitten erläutert werden.

II-3 Der Absorptionsvorgang

Der kernmagnetische Absorptionsvorgang soll im folgenden in der klassischen Beschreibung nach BLOCH diskutiert werden.

Wie in Abschnitt II-1 dargelegt, können wir uns die Magnetkerne als rotierende Magnetkreisel vorstellen. In einem Magnetfeld der Stärke H erfahren die Magnete ein Drehmoment L, das sie in Richtung des Feldes zu drehen sucht.

Das Drehmoment ist gegeben durch das Produkt des magnetischen Moments μ mit der senkrecht auf μ stehenden Komponente des magnetischen Feldes

$$\mathrm{L} = H\mu \sin \vartheta, \qquad [\text{II-3,1}]$$

wobei ϑ der von μ und H eingeschlossene Winkel ist. Andererseits ist die Änderung dp des Drehimpulses in der Zeit dt gegeben durch das Produkt Ldt. Da p dem Betrage nach konstant

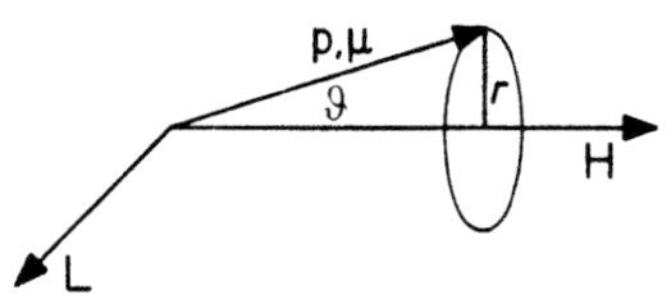

Abb. 7. Erläuterung zu Gl. [II-3,2].

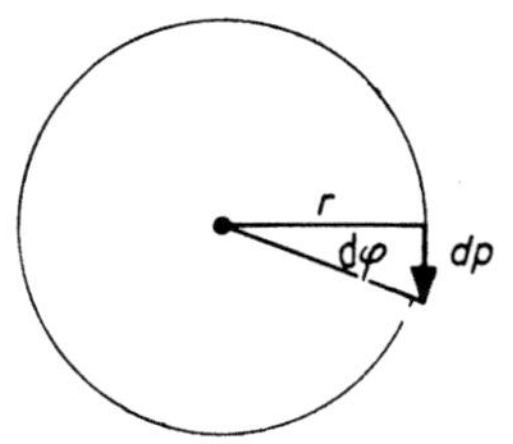

Abb. 8. Erläuterung zu Gl. [II-3,2].

bleibt, muß dp, das die gleiche Richtung wie L hat, senkrecht auf p stehen. In Abb. 8 ist ein Aufblick auf Abb. 7 in Richtung des Magnetfeldes H gezeigt. Es gilt also

$$Ldt = dp = \mathrm{r}\, d\varphi \quad \text{und} \quad L = r\frac{d\varphi}{dt} = r\omega_0,$$

r ist aber gegeben (Abb. 7) durch $r = p \sin \vartheta$, so daß

$$L = \omega_0 p \sin \vartheta . \qquad [\text{II-3,2}]$$

Der Kern präzediert um die H-Achse mit einer Winkelgeschwindigkeit ω_0. Aus den beiden Gleichungen [II-3,1] und [II-3,2] für L erhalten wir also $\omega_0 p = \mu H$ bzw.

$$2\pi \nu_0 = \omega_0 = \frac{\mu}{p} H = \gamma H . \quad [\text{I-1}]$$

(Es ist zu beachten, daß in dieser klassischen Ableitung unter μ und p nicht die maximalen Komponenten in H-Richtung, sondern die vollständigen Vektoren zu verstehen sind; da beide Vektoren gleichgerichtet sind, ist das für den Quotienten γ gleichgültig). In Abb. 9 sind für die folgende Diskussion nochmals aus Abb. 5 die wesentlichen Punkte mit dem üblichen Koordinatensystem herausgezeichnet: H in z-Richtung, Sendespule in x-Richtung und Empfängerspule in y-Richtung*). In der x-Richtung wird nun ein periodisches magnetisches Feld mit der Frequenz ω eingestrahlt. Ein solches Feld kann man sich zusammengesetzt denken aus zwei in der xy-Ebene entgegengesetzt zirkular polarisierten Schwingungen mit der Amplitude H_1 und der Frequenz ω (Abb. 10).

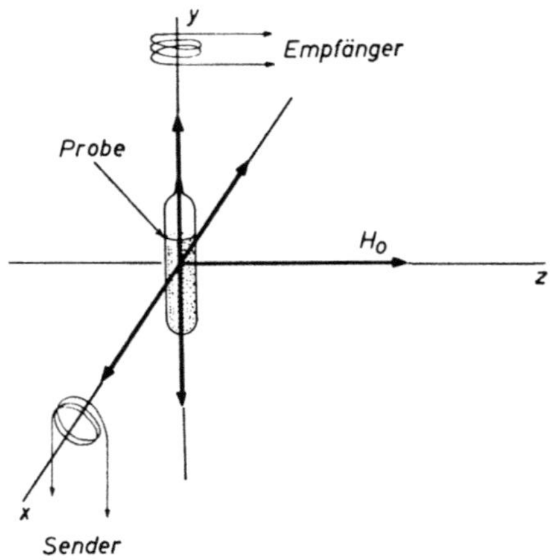

Abb. 9.
Das verwendete Koordinatensystem.

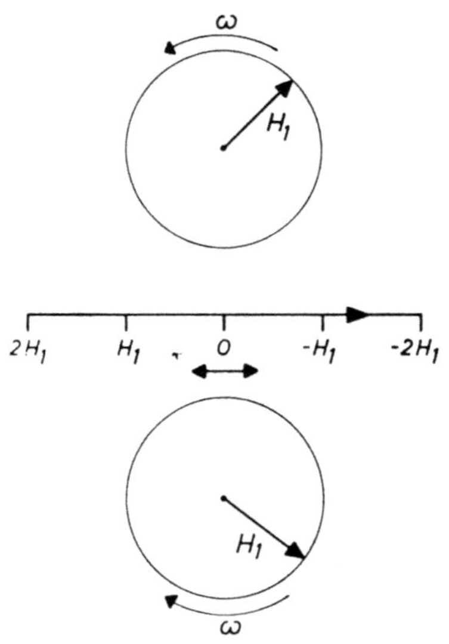

Abb. 10. Erläuterung zu Gl. [II-3,3].

*) In Übereinstimmung mit der Mehrzahl der Autoren verwenden wir ein Links-System.

$$H_x = 2H_1 \cos \omega t = H_1 (\cos \omega t + \sin \omega t) + H_1 (\cos \omega t - \sin \omega t).$$
$$= H_1 (\cos \omega t + \sin \omega t) + H_1 (\cos(-\omega t) + \sin(-\omega t)) \quad [II\text{-}3{,}3]$$

Eines dieser beiden rotierenden Magnetfelder hat denselben Drehsinn wie die um die z-Achse präzedierenden Kerne. Das andere, gegenläufige hat auf die Kerne keinen Einfluß und kann vernachlässigt werden (176). In Abb. 11 sind die präzedierenden Kerne und die

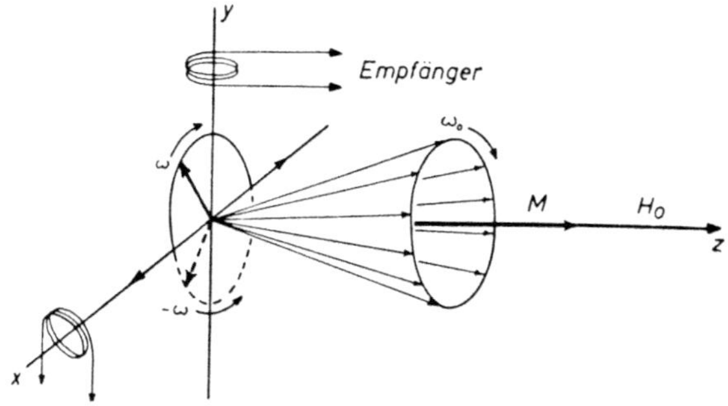

Abb. 11. Die Kernmagnetisierung M für $\omega \neq \omega_0$.

gleichsinnige Komponente von H_1 eingezeichnet. Wenn ω und ω_0 verschieden sind, kann H_1 die präzedierenden Kernmomente nicht beeinflussen, da im Zeitmittel alle Phasenbeziehungen gleich häufig sind. Der resultierende Vektor aller Kernmomente, die von den Kernen herrührende makroskopische Magnetisierung M, hat dann nur in der z-Richtung eine – zeitlich konstante – Komponente $M_z = M_0$. Wenn aber $\omega = \omega_0$ ist, bleiben die Phasenbeziehungen erhalten, und H_1 erzwingt eine bevorzugte Orientierung der Kernmomente in seine momentane Richtung, wie es Abb. 12 zeigt. Die makroskopische Magnetisierung M

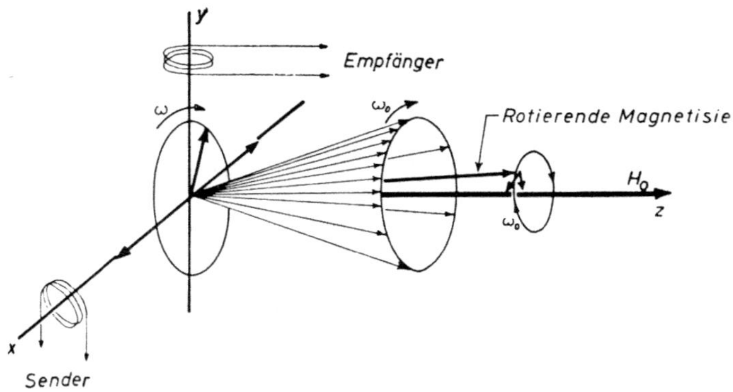

Abb. 12. Die Kernmagnetisierung M für $\omega = \omega_0$.

hat nun eine in der xy-Ebene rotierende Komponente. Das so in der y-Richtung erzeugte mit der Frequenz ω_0 periodische magnetische Moment induziert in der Empfängerspule die beobachtete Wechselspannung.

II-4 Kernrelaxationszeiten und Linienbreiten

Weiterführende Literatur: (9, 289, 176, 292, 1)

Vor einer quantitativen Behandlung des Absorptionsvorganges sind noch zwei wichtige Punkte zu klären, nämlich erstens die Frage nach den Besetzungszahlen der durch das Magnetfeld aufgespaltenen Energieniveaus und zweitens die Relaxationserscheinungen beim Übergang der Kerne in ihre stationären Zustände. Für einen Kern mit dem Spin $I = 1/2$ ist die Energieaufspaltung gegeben durch $\Delta E = 2\mu H$ (Gl. [II-1,3]). Nach dem BOLTZMANNschen Satz verhalten sich die Besetzungszahlen der beiden Energieniveaus wie

$$\frac{N_1}{N_0} = \exp\left(-\frac{2\mu H}{kT}\right) \approx 1 - \frac{2\mu H}{kT},$$

und der relative Überschuß im unteren Energieniveau beträgt

$$\frac{N_0 - N_1}{N_0} \approx \frac{2\mu H}{kT}. \qquad [II\text{-}4,1]$$

Da bei Zimmertemperatur und auch den höchsten erreichbaren magnetischen Feldern $\frac{2\mu H}{kT}$ nur von der Größenordnung 10^{-5} ist, gilt die Näherung [II-4,1] sehr gut. Die beiden Energieniveaus sind mithin fast gleich stark besetzt. Alle Erscheinungen der magnetischen Kernresonanz beruhen aber auf dem kleinen, durch Gleichung [II-4,1] gegebenen Unterschied der Besetzung, der der magnetischen Feldstärke proportional ist. Um eine hinreichende Signalintensität zu erhalten, werden daher möglichst große Magnetfelder angewendet (die in den Abb. 11 und 12 durch die Pfeile symbolisierte Magnetisierung ist nach dem Gesagten nur durch den geringen Überschuß der Besetzung im unteren Energieniveau bedingt).

Durch die Einstrahlung des Radiofrequenzfeldes H_1 werden Umklappprozesse der Kerne angeregt, da H_1 im Resonanzfall auf die in Phase präzedierenden Kernmomente ein Drehmoment ausübt (Abb. 13). Die Umklappwahrscheinlichkeit ist für den Absorptions- und

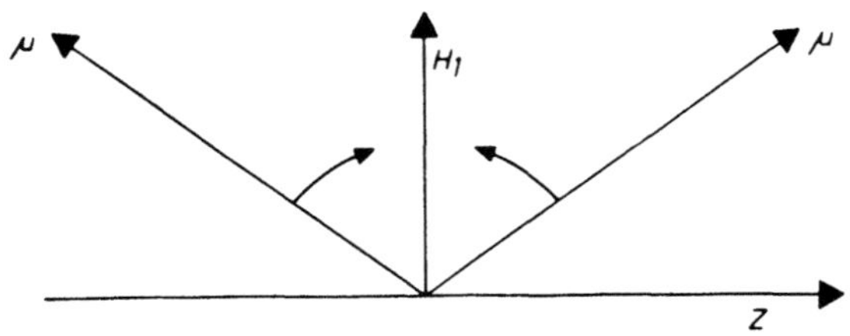

Abb. 13. Schematische Darstellung der induzierten Absorption bzw. Emission durch ein Feld H_1.

Emissionsfall gleich, da für sehr kleine Energiedifferenzen die spontane Emission gegenüber der induzierten vernachlässigt werden kann (91). Da aber die Besetzung im tieferen Energieniveau größer ist, sind die Übergänge vom tieferen zum höheren Niveau entsprechend etwas häufiger als der umgekehrte Vorgang. Das Kernsystem nimmt aus dem Strahlungsfeld Energie auf, und der an sich schon kleine Besetzungsunterschied gleicht sich noch weiter aus. Der durch Gleichung [II-4,1] definierte Gleichgewichtszustand wird gestört. Man kann diese Störung durch eine Erhöhung der Temperatur in Gleichung [II-4,1] ausdrücken. Dem

Spinsystem kann daher eine eigene Temperatur zugeordnet werden, die von der normalen Temperatur der Probe sehr verschieden sein kann. Eine Energieabgabe des Spinsystems an das Gittersystem *) ist nur relativ langsam möglich, da die Kerne von ihrer Umgebung fast adiabatisch isoliert sind. So ist es möglich, daß makroskopisch homogen gemischte Systeme verschiedene Temperaturen längere Zeiten beibehalten können. Zusammenstöße der Kerne sind nicht möglich, und nur eine Kopplung durch magnetische Felder (oder elektrische Felder; siehe Abschnitt II-9) kann einen Energieaustausch vermitteln. Diese strahlungslosen Übergänge sind wahrscheinlicher im Sinne eines Temperaturausgleichs zwischen Gitter- und Spinsystem als im Sinn einer Vergrößerung der Temperaturdifferenz. Das Spinsystem verliert so Energie an das Gittersystem und kühlt dabei ab. Das gesamte System tendiert wieder zur Besetzung nach Gleichung [II-4,1] mit nur einer gemeinsamen Temperatur.

Schaltet man in einer MKR-Apparatur das Magnetfeld H an, so sind die Energieniveaus unmittelbar nach dem Anschalten noch gleichbesetzt, die Spintemperatur ist unendlich. Langsam stellt sich das Gleichgewicht entsprechend Gleichung [II-4,1] ein, und damit baut sich die makroskopische Gleichgewichtsmagnetisierung M_0 auf (Abb. 11). Die Geschwindigkeit, mit der sich die augenblickliche Magnetisierung M_z mit der Zeit ändert, ist proportional dem Unterschied $M_0 - M_z$ wie es für Ausgleichsvorgänge charakteristisch ist

$$\frac{dM_z}{dt} = \frac{1}{T_1}(M_0 - M_z). \qquad \text{[II-4,2]}$$

Die Proportionalitätskonstante $\frac{1}{T_1}$ hat die Dimension einer reziproken Zeit. Die Relaxationszeit T_1 wird als Spin-Gitter-Relaxationszeit oder auch als longitudinale Relaxationszeit bezeichnet. Integriert ergibt [II-4,2] die Zeitabhängigkeit der Magnetisierung nach dem Einschalten

$$M_z = M_0\left(1 - \exp\left(-\frac{t}{T_1}\right)\right). \qquad \text{[II-4,3]}$$

T_1 schwankt in diamagnetischen Proben, wenn die Kerne kein Quadrupolmoment aufweisen, etwa zwischen 10^{-5} und 10^5 Sekunden. Der Mechanismus der Energieübertragung vom Spinsystem auf das Gittersystem hat seine Ursache in der Brownschen Molekularbewegung. Durch die rasche regellose Bewegung der magnetischen Momente werden statistische Schwankungen des magnetischen Feldes am Ort eines herausgegriffenen Kerns erzeugt. Die Fourier-Komponente dieses magnetischen Rauschens mit der Frequenz ω_0 kann Umklappvorgänge und damit Energieübergänge auf das Gittersystem bewirken. Ist die Molekularbewegung langsam (niedere Temperatur, sehr hohe Viskosität, Festkörper), so treten keine Schwingungen hoher Frequenz auf, und die Fourier-Komponente von ω_0 ist klein. Bei sehr starker Molekularbewegung andererseits verteilt sich das Frequenzspektrum des magnetischen Rauschens über einen sehr großen Frequenzbereich, und die

*) Unter Gittersystem sind in diesem Zusammenhang alle nicht mit dem Kernspin verbundenen Freiheitsgrade der Substanz zu verstehen. Es kann sich dabei auch um Flüssigkeiten oder Gase handeln.

Amplituden aller Frequenzen, auch die der Frequenz ω_0, können nur klein sein. Für mittlere Molekulargeschwindigkeiten hat die FOURIER-Komponente ω_0 ein Maximum. Unter diesen Bedingungen ist der Energieübergang vom Spinsystem auf das Gittersystem besonders begünstigt, und T_1 ist klein. Für die magnetischen Schwankungen errechnet man eine typische Zeit

$$\tau_c = \frac{4\pi}{3} \frac{a^3 \eta}{kT}, \qquad [II\text{-}4,4]$$

welche etwa der mittleren Zeit entspricht, die ein Molekül vom Radius a benötigt, eine Strecke a zu diffundieren. η ist dabei die Viskosität des Mediums. τ_c wird als Korrelationszeit bezeichnet und beträgt für Wasser bei 25° C etwa 10^{-11} sec. In Abb. 14 ist in der oberen Kurve T_1 gegen τ_c aufgetragen. Für kleine τ_c gilt $\tau_c \cdot T_1 = \text{const.}$, für große τ_c dagegen $\tau_c \cdot T_1^{-1} = \text{const.}$

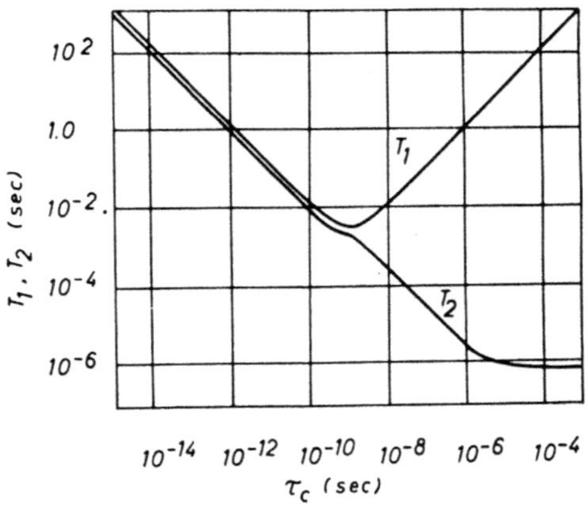

Abb. 14. Die Relaxationszeiten T_1 und T_2 als Funktion der Korrelationszeit τ_c.

Die FOURIER-Komponente des Rauschens mit der Frequenz ω_0 muß dann besonders groß sein, wenn $\frac{1}{\tau_c}$ gerade ω_0 entspricht. Eine genauere Rechnung (47, 172) ergibt

$$\frac{1}{T_1} = \text{const.} \left[\frac{\tau_c}{1 + \omega_0^2 \tau_c^2} + \frac{4\tau_c}{1 + 4\omega_0^2 \tau_c^2} \right]. \qquad [II\text{-}4,5]$$

Eine detailliertere Analyse des T_1-Relaxationsprozesses (276, 46, 292) zeigt, daß den verschiedenen Bewegungstypen der Molekularbewegung je eine Korrelationszeit τ_{ci} zuzuordnen ist. Für niedrig viskose Flüssigkeiten ist $\omega_0^2 \tau_{ci}^2 \ll 1$, so daß gilt

$$\frac{1}{T_1'} = \sum A_i \tau_{ci} \qquad [II\text{-}4,6]$$

Die A_i lassen sich aus Modellvorstellungen errechnen und setzen sich aus inner- und zwischenmolekularen Beiträgen zusammen. Weiterhin sind die A_i dem Quadrat der magnetischen Momente proportional, deren regellose Bewegungen die T_1'-Relaxation hervorrufen. Das hat zur Folge, daß paramagnetische Ionen bereits in sehr kleiner Konzentration T_1 sehr erheblich verkürzen, da das magnetische Moment ungepaarter Elektronen um rund drei Größenordnungen größer als das der Kernmomente ist.

Für außerordentlich hohe Relaxationsraten des Elektronenspins paramagnetischer Moleküle kann die FOURIER-Komponente des magnetischen Rauschens – ähnlich wie oben für die T_1-Relaxation erläutert – so klein werden, daß an diesen Molekülen auch Kernresonanzspektren beobachtet werden können. Derartige Spektren, die ungewöhnlich große chemische Verschiebungen aufweisen, ergeben wertvolle Informationen über die geometrische und elektronische Struktur paramagnetischer Moleküle. Besonders Protonenresonanzspektren von Liganden, die an Ni(II) oder Co(II) gebunden sind, wurden hierzu herangezogen (88).

Im Fall der Quadrupolrelaxation (s. Abschnitt II-9) ist A_i proportional dem Quadrat des Produktes $(eQ\frac{dE}{dx})$, wobei eQ das Quadrupolmoment des Kerns und $\frac{dE}{dx}$ der statistisch schwankende Gradient des elektrischen Feldes am Ort des Kerns ist. Die kompletten Formeln [II-4,6], die allerdings wegen der verwendeten Modellvorstellungen nur Näherungen sind, können benutzt werden, experimentell Molekularbewegungen zu studieren [siehe Abschnitt IV-3 und (141)].

Die entwickelten Vorstellungen wurden von BLOEMBERGEN, PURCELL und POUND (47) durch Messung der Relaxationszeit T_1 an Glycerin geprüft. Durch Variation der Temperatur läßt sich in Glycerin das Verhältnis $\frac{\eta}{T}$ so variieren, daß der kritische Wert von $\tau_c \approx \omega_0^{-1}$ im Meßbereich liegt. Die Messungen sind in Abb. 15 wiedergegeben.

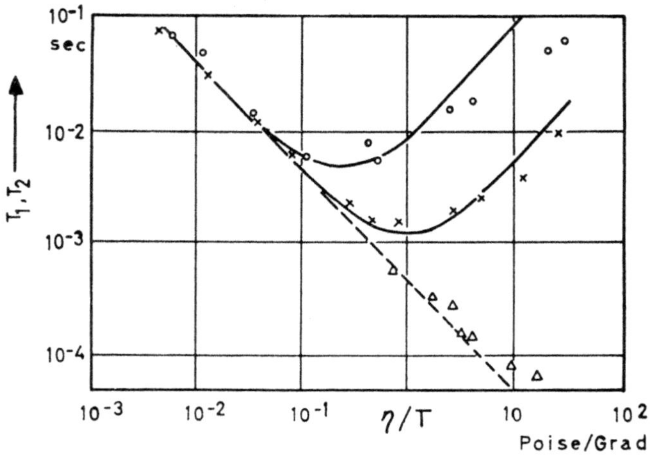

Abb. 15. Die Relaxationszeit T_1 in Glycerin als Funktion des Quotienten von Viskosität und Temperatur nach BLOEMBERGEN, PURCELL und POUND (47).
○ T_1 bei $\omega_0 = 29$ MHz; × T_1 bei $\omega_0 = 4{,}8$ MHz; $\Delta = T_2$

Außer T_1 spielt noch eine weitere Relaxationszeit bei der magnetischen Kernresonanz eine Rolle. Nicht nur der Aufbau oder Abbau der Magnetisierung in Richtung des Feldes H ist ein Vorgang, der eine endliche Zeit benötigt, sondern auch die Ausbildung der rotierenden Quermagnetisierung in der xy-Ebene geht mit einer endlichen Relaxationszeit vor sich. Durch das in der x-Richtung eingestrahlte magnetische Wechselfeld mit der Kreisfrequenz ω_0 werden die präzedierenden Kernmomente in die gleiche Phase gezwungen. Makroskopisch entspricht das der rotierenden Quermagnetisierung in Abb. 12. Beim Abschalten des Feldes H_1 klingt die Phasenbeziehung der Kernmomente mit einer Zeitkonstanten T_2 ab. Für die endliche Relaxationszeit T_2 kommen mehrere physikalische Ursachen in Betracht. Wegen des magnetischen Feldes, das am Ort eines Kerns von benachbarten Kernmomenten hervorgerufen wird, schwankt das Magnetfeld von Kern zu Kern um einen Betrag ΔH_{lokal}

(Größenordnung 1 Gauß). Die über einige Präzisionsumläufe gemittelte Streuung der Resonanzfrequenz ist dann

$$\Delta\omega' = \gamma \overline{\Delta H_{\text{lokal}}},$$

wobei $\overline{\Delta H_{\text{lokal}}}$ den entsprechend gemittelten Wert von ΔH_{lokal} bedeutet. In Flüssigkeiten mit Korrelationszeiten, die sehr klein gegen die Präzessionsperiode sind, ist wegen dieser Mittelung $\overline{\Delta H_{\text{lokal}}}$ um einige Größenordnungen kleiner als ΔH_{lokal}. In Festkörpern dagegen ist die beobachtete Linienbreite tatsächlich von der Größenordnung $\gamma \Delta H_{\text{lokal}}$.

Waren zur Zeit $t = 0$ alle Kernmomente in Phase, und wird zu dieser Zeit das äußere Wechselfeld H_1 abgeschaltet, so sind zur Zeit $t = T_2'$ die Phasen der präzedierenden Kernmomente wegen der verschiedenen Kreisfrequenz so weit gleichmäßig verteilt, daß das rotierende magnetische Moment auf den e-ten Teil geschwächt ist. Die Zeit T_2', die man sinngemäß als „Phasengedächtniszeit" bezeichnet, wird durch einen zweiten Effekt noch verkleinert. Das Moment eines Kerns kann durch einen mit ω_0 präzedierenden gleichartigen Kern zum Umklappen angeregt werden. Die beiden Kerne tauschen dann ihre Energie aus; das magnetische Moment in z-Richtung bleibt unverändert, die Phasenbeziehung dagegen geht verloren, und damit wird die Quermagnetisierung abgebaut.

Für den Zusammenhang zwischen T_2' und τ_c gilt folgende qualitative Überlegung: In sehr fluiden Medien mit kleinem τ_c wird ΔH_{lokal} durch die BROWNsche Molekularbewegung praktisch zu Null gemittelt, und die Quermagnetisierung wird nicht beeinflußt. Auch ein Energieaustausch ist nur möglich, wenn die Kerne einander hinreichend lange benachbart sind. Ähnlich wie bei T_1 gilt für kleine τ_c etwa $\tau_c T_2' = \text{const}$. Erst wenn T_2' von der Größenordnung τ_c wird, sind die Aufenthaltsdauern zweier benachbarter Kerne so lang, daß der Abbau der Quermagnetisierung mit maximaler Geschwindigkeit erfolgt: T_2' hat einen Minimalwert von größenordnungsmäßig 10^{-6} sec (Abb. 14). Außer durch die diskutierten Mechanismen geht auch bei jedem Umklappprozeß nach dem T_1-Mechanismus die Phasenbeziehung verloren. T_2 hängt also außer von T_2' auch von T_1 ab nach

$$\frac{1}{T_2} = \frac{1}{T_2'} + \frac{1}{2T_1} \qquad \text{[II-4,7]}$$

(die 2 in dieser Gleichung berücksichtigt, daß bei jedem Umklappprozeß die Differenz der Besetzungszahlen sich um zwei Einheiten ändert). T_2 wird als Spin-Spin-Relaxationszeit oder als transversale Relaxationszeit bezeichnet. Der Verlauf von T_2 mit τ_c ist in Abb. 14 eingezeichnet und aus der gegebenen Diskussion qualitativ verständlich. Für Flüssigkeiten ist $T_1 \approx T_2$.

Die präzedierenden Kernmomente schwanken in ihrer Frequenz um die Resonanzfrequenz ω_0 mit einem mittleren Betrage $\Delta\omega \approx \frac{1}{T_2}$, und da die zeitlich veränderliche Quermagnetisierung in der y-Spule der BLOCHschen Anordnung die Signalspannung induziert, muß das Signal eine Halbwertsbreite etwa gleicher Größe aufweisen. Die genauere Rechnung (siehe Gleichung [II-5,16]) ergibt

$$\Delta\omega_{1/2} = \frac{2}{T_2} \quad \text{bzw.} \quad \Delta\nu_{1/2} = \frac{1}{\pi T_2}. \qquad \text{[II-4,8]}$$

Für Wasser bei Zimmertemperatur beträgt T_2 ungefähr 4 sec. Bei einer Einstrahlungsfrequenz $\omega_0 = 2\pi\nu = 3{,}8 \cdot 10^8\ \mathrm{sec}^{-1}$ gilt also

$$\frac{\Delta\omega_{1/2}}{\omega_0} = 1{,}3 \cdot 10^{-9}. \qquad [\text{II-4,9}]$$

Ist das Feld über der Probe nicht völlig konstant, so erfahren die Kerne an verschiedenen Orten der Probe um ΔH unterschiedliche Feldstärken, wobei ΔH die Schwankung des Magnetfeldes bedeutet. Für die magnetische Feldstärke H muß daher über Probenausdehnung und Meßdauer wegen [II-4,9] $\Delta H/H < \Delta\omega_{1/2}/\omega = 1{,}3 \cdot 10^{-9}$ sein, wenn die natürliche Linienbreite noch aufgelöst werden soll. Für die wirklich gemessene Linienbreite erhält man daher

$$\Delta\omega_{\text{beob}} = \frac{2}{T_2} + \gamma\Delta H = \frac{2}{T_{2\,\text{eff}}}. \qquad [\text{II-4,10}]\,^{+)}$$

Fast immer ist bei Flüssigkeiten der von der Inhomogenität herrührende Anteil $\gamma\Delta H$ für die gemessene Halbwertsbreite bestimmend.

Eine unter Umständen starke Verkleinerung von T_1 (und damit auch von T_2; Gleichung [II-4,7]) beobachtet man bei Anwesenheit paramagnetischer Ionen. Ihre gegenüber den Kernmomenten sehr viel stärkeren magnetischen Momente ergeben eine erhebliche Verstärkung des magnetischen Rauschens und damit die experimentell zu beobachtende Verkürzung der Relaxationszeiten. Es ist daher erforderlich, auch Spuren von paramagnetischen Ionen, Radikalen und auch von Sauerstoff zu entfernen, wenn MKR-Spektren höchster Auflösung erzielt werden sollen. In einer 10^{-3} molaren $FeCl_3$-Lösung beträgt die Relaxationszeit T_2 der Protonen z. B. nur noch $5 \cdot 10^{-2}$ sec (47) verglichen mit 4 sec für reines Wasser. Der Effekt von gelöstem Luftsauerstoff ist schwächer, kann aber bei genauen Messungen nicht vernachlässigt werden.

Der Einfluß von Kernquadrupolmomenten auf die Relaxationszeiten wird in Abschnitt II-9 besprochen werden.

II-5 Die Blochschen Gleichungen

Weiterführende Literatur: (289, 40)

II-5,a) Die Lösung der Blochschen Gleichungen*

In den bisherigen Abschnitten ist ein qualitatives Verständnis des Vorganges der magnetischen Kernresonanz vermittelt worden. In diesem Abschnitt soll nun die durch die Kernmomente bewirkte induktive Koppelung der x-Spule mit der y-Spule quantitativ behandelt werden. Zu diesem Zweck ist die von Bloch (40) eingeführte makroskopische Beschreibung sehr zweckmäßig. Wie bereits in den Abb. 11 und 12 gezeigt wurde (vgl. Gl. [II-1,4]), bildet die Vektorsumme der Kernmomente in einem Kubikzentimeter die makroskopische Magnetisierung (= magnetisches Moment/cm³)

$$\sum_{1\,\text{cm}^3} \mu = M = \gamma \sum_{1\,\text{cm}^3} p = \gamma P. \qquad [\text{II-5,1}]$$

+) Wegen einer strengeren Diskussion des Einflusses der Feldinhomogenität siehe z. B. Laukien (176), S. 131 ff.

Unser Ziel ist es, die rotierende Quermagnetisierung und ihre Induktionswirkung auf die y-Spule unter Einschluß der Kernrelaxationserscheinungen quantitativ zu erfassen. Hierzu müssen zunächst die Differentialgleichungen für die drei Komponenten der Magnetisierung M angeschrieben werden. Auf die drei Komponenten der Magnetisierung wirken durch die Komponenten des magnetischen Feldes die drei Drehmomente L_x, L_y und L_z. In der xy-Ebene ist die wirksame rotierende Komponente gegeben durch $H_1 \cos \omega t - H_1 \sin \omega t$ (Gl. [II-3,3]). Die drei auf die Magnetisierung M einwirkenden Komponenten des Magnetfeldes sind also

in der x-Richtung: $H_1 \cos \omega t$,
in der y-Richtung: $-H_1 \sin \omega t$
und in der z-Richtung das statische Feld H.

Für alle Komponenten ist $L = \frac{dP}{dt}$ und nach Gleichung [II-5,1] $\frac{dP}{dt} = \frac{1}{\gamma} \frac{dM}{dt}$:

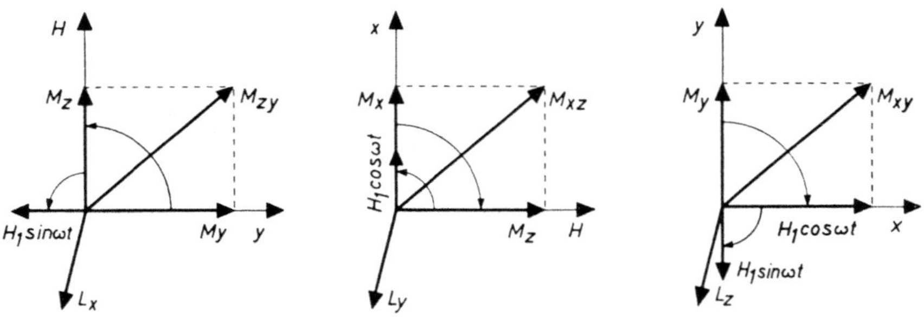

Abb. 16a Abb. 16b Abb. 16c

$$\text{Abb. 16a} \quad L_x = M_y H + M_z H_1 \sin \omega t = \frac{dP_x}{dt} = \frac{1}{\gamma} \frac{dM_x}{dt}$$

$$\text{Abb. 16b} \quad L_y = M_z H_1 \cos \omega t - M_x H = \frac{dP_y}{dt} = \frac{1}{\gamma} \frac{dM_y}{dt}$$

$$\text{Abb. 16c} \quad L_z = -M_x H_1 \sin \omega t - M_y H_1 \cos \omega t = \frac{dP_z}{dt} = \frac{1}{\gamma} \frac{dM_z}{dt} \qquad \text{[II-5,2]}$$

Der durch die Gleichungen [II-5,2] gegebenen Änderung von M mit der Zeit überlagern sich noch die durch die Relaxationserscheinungen bestimmten Änderungen von M

$$\left(\frac{dM_x}{dt}\right)_{\text{rel}} = -\frac{M_x}{T_2} \qquad \left(\frac{dM_y}{dt}\right)_{\text{rel}} = -\frac{M_y}{T_2}$$

$$\left(\frac{dM_z}{dt}\right)_{\text{rel}} = -\frac{M_z - M_0}{T_1}. \qquad \text{[II-5,3]}$$

Durch Summierung dieser Teilbeträge von dM/dt erhalten wir die vollständigen Blochschen Differentialgleichungen

$$\frac{dM_x}{dt} = \gamma [M_y H + M_z H_1 \sin \omega t] - \frac{M_x}{T_2}, \qquad \text{[II-5,4a]}$$

$$\frac{dM_y}{dt} = \gamma[M_z H_1 \cos\omega t - M_x H] - \frac{M_y}{T_2}, \qquad \text{[II-5,4b]}$$

$$\frac{dM_z}{dt} = \gamma[-M_x H_1 \sin\omega t - M_y H_1 \cos\omega t] - \frac{M_z - M_0}{T_1}. \qquad \text{[II-5,4c]}$$

Eine sehr vereinfachte Behandlung dieser Differentialgleichungen läßt sich erreichen, wenn man auf neue Koordinaten u und v transformiert, die mit der Kreisfrequenz ω in der xy-Ebene rotieren. In diesen Koordinaten liegt H_1 (Abb. 11) räumlich fest, dafür rotieren

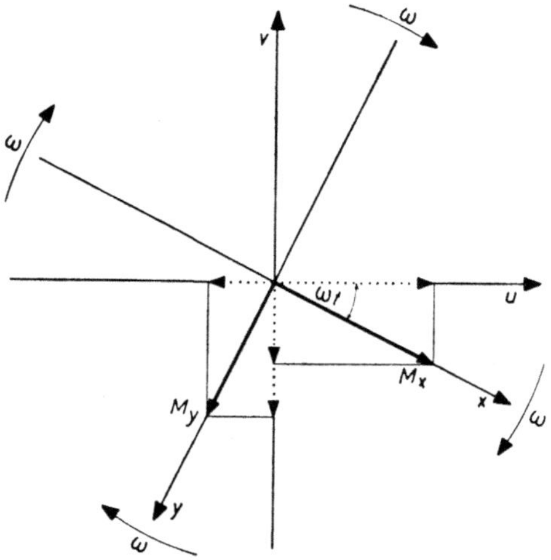

Abb. 17. Die Magnetisierung M im rotierenden Koordinatensystem u, v.

nun die x- und y-Achse mit der Kreisfrequenz $-\omega$ im neuen Koordinatensystem. Bezeichnen wir mit M_u die Komponente von M, die mit H_1 in Phase ist, und mit M_v die um 90° phasenverschobene Komponente, so gilt

$$M_u = M_x \cos\omega t - M_y \sin\omega t, \qquad \text{[II-5,5a]}$$

$$M_v = -M_x \sin\omega t - M_y \cos\omega t. \qquad \text{[II-5,5b]}$$

Die Rücktransformation erfolgt mittels

$$M_x = M_u \cos\omega t - M_v \sin\omega t, \qquad \text{[II-5,6a]}$$

$$M_y = M_v \cos\omega t - M_u \sin\omega t. \qquad \text{[II-5,6b]}$$

Die Blochschen Gleichungen auf die neuen Koordinaten transformiert lauten nun

$$\frac{dM_u}{dt} = -(\omega_0 - \omega)M_v - \frac{M_u}{T_2}, \qquad \text{[II-5,7a]}$$

$$\frac{dM_v}{dt} = -\omega_1 M_z + (\omega_0 - \omega)M_u - \frac{M_v}{T_2}, \qquad \text{[II-5,7b]}$$

$$\frac{dM_z}{dt} = \omega_1 M_v - \frac{M_z - M_0}{T_2} \qquad \text{[II-5,7c]}$$

Hierbei sind zur Abkürzung eingeführt worden

$$\gamma H = \omega_0 \qquad \text{[I-1]}$$

und

$$\gamma H_1 = \omega_1 . \qquad \text{[II-5,8]}$$

Die vollständige Lösung der Gleichungen [II-5,7] ist sehr kompliziert und für die Diskussion der magnetischen Kernresonanz auch nicht unbedingt notwendig. (Siehe aber Gleichung [II-5,25] sowie die qualitativen Erläuterungen in Abschnitt IV-3.) Besonders wichtig ist der Spezialfall des „langsamen Durchgangs", d. h. die Spektren werden so langsam durchfahren, daß für M_u, M_v und M_z in jedem Augenblick mit dem stationären Wert gerechnet werden darf

$$\frac{dM_u}{dt} = \frac{dM_v}{dt} = \frac{dM_z}{dt} = 0 . \qquad \text{[II-5,9]}$$

Aus den drei simultanen Differentialgleichungen [II-5,7] sind drei algebraische Gleichungen mit den drei Unbekannten M_u, M_v und M_z geworden. Wir interessieren uns nur für M_u und M_v, die allein eine Komponente in der y-Richtung haben. Die Auflösung der Gleichungen [II-5,7] unter Berücksichtigung von [II-5,9] liefert

$$M_u = M_0 \frac{\omega_1 T_2^2 (\omega_0 - \omega)}{1 + \omega_1^2 T_1 T_2 + T_2^2 (\omega_0 - \omega)^2} \qquad \text{[II-5,10a]}$$

und

$$M_v = -M_0 \frac{\omega_1 T_2}{1 + \omega_1^2 T_1 T_2 + T_2^2 (\omega_0 - \omega)^2} . \qquad \text{[II-5,10b]}$$

M_y ist gegeben durch

$$M_y = -M_v \cos \omega t - M_u \sin \omega t . \qquad \text{[II-5,6b]}$$

In Abb. 18a und 18b sind M_v und M_u als Funktion von ω wiedergegeben.

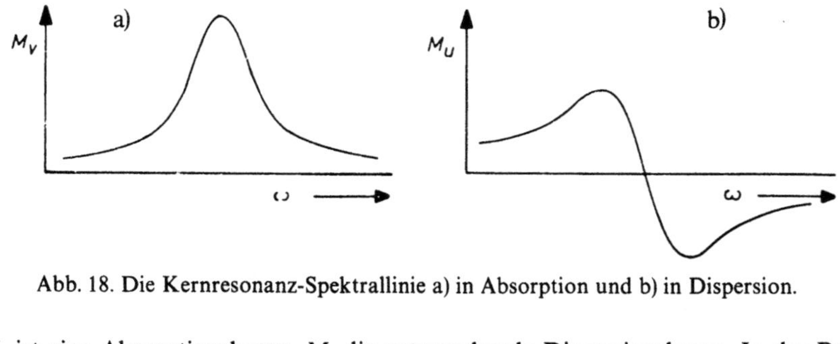

Abb. 18. Die Kernresonanz-Spektrallinie a) in Absorption und b) in Dispersion.

M_v ist eine Absorptionskurve, M_u die entsprechende Dispersionskurve. In der Praxis werden überwiegend Absorptionskurven gemessen, die daher im weiteren allein diskutiert werden sollen. M_y ist nach Gleichung [II-5,6b] eine Funktion von M_u und M_v. Die Kernresonanzspektrometer gestatten, M_y in einer wählbaren Phasenlage φ zur rotierenden Feldstärke H_1 zu messen ($\varphi = 0$: M_u; $\varphi = 90°$: M_v).

II-5,b Die Abhängigkeit der Signalintensität von den Kernrelaxationszeiten sowie von der Frequenz und Intensität des eingestrahlten Hochfrequenzfeldes

Die Signalintensität ist proportional der Amplitude der Magnetisierung M_y in Richtung der y-Spule (Abb. 12), die nach den im vorhergehenden Abschnitt abgeleiteten Gleichungen [II-5,10b], [II-5,13], [II-5,8] und [I-1] durch M_v gegeben ist

$$M_v = -M_0 \frac{\omega_1 T_2}{1 + \omega_1^2 T_1 T_2 + T_2^2(\omega_0 - \omega)^2} \qquad \text{[II-5,14]}$$

Es möge zunächst die für die Praxis wichtige Änderung von M_v mit den Parametern T_1, T_2 und der eingestrahlten Feldstärke H_1 diskutiert werden. Am einfachsten geschieht dies für den Fall $\omega = \omega_0$, d. h. für das Maximum der Absorptionskurve. [II-5,14] lautet dann (mit $\omega_1 = \gamma H_1$):

$$M_v^{\max} = M_0 \frac{\gamma H_1 T_2}{1 + \gamma^2 H_1^2 T_1 T_2}. \qquad \text{[II-5,15]}$$

Wenn T_2 gegen Null geht, verschwindet auch $M_v^{\max}$. Der Grund hierfür liegt darin, daß die Phasenbeziehung zwischen der eingestrahlten Magnetisierung und den präzedierenden Kernen nicht aufrechterhalten bleibt. Die in Abb. 11 angedeutete Auffächerung der Kernmomentvektoren um die korrekte Phasenlage ist um so ausgeprägter, je kleiner T_2 ist. M_v verschwindet auch bei endlichem H_1 und T_2, wenn T_1 gegen unendlich geht. In diesem Fall ist das Spinsystem vom Gittersystem ideal isoliert. Die Spintemperatur geht auch bei geringster Einstrahlung gegen unendlich, und die Besetzungszahlen der Energieniveaus gleichen sich aus. Da Emission und Absorption dann gleich wahrscheinlich sind, tritt insgesamt keine Nettoabsorption ein. Man spricht von magnetischer Sättigung des Systems. Besonders wichtig für die Praxis ist bei gegebenen T_1 und T_2 der Einfluß von H_1 auf M_v, da H_1 ein experimentell variabler Parameter ist. Für kleines H_1 ist der Summand im Nenner von [II-5,15] klein gegen 1; die Signalstärke ist dann proportional H_1. Für große H_1 kommt aber das in H_1 quadratische Glied im Nenner zum Tragen, und M_v nimmt schließlich mit wachsendem H_1 wie H_1^{-1} ab (Abb. 19).

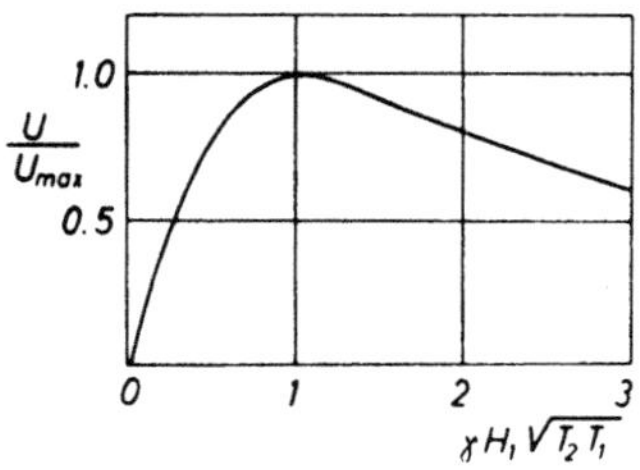

Abb. 19. Die Intensität des Kernresonanzsignals in Abhängigkeit von der eingestrahlten Feldstärke H_1 [in Einheiten $(\gamma^2 T_2 T_1)^{-1/2}$].

Mit sehr starker Einstrahlung wird auch bei endlichen Relaxationszeiten die Sättigung, d. h. der Ausgleich der Besetzungszahlen in den Energieniveaus erzwungen. Die für eine maximale Intensität optimale Einstrahlungsfeldstärke H_1 errechnet sich aus [II-5,15] zu

$$H_{1\,\mathrm{opt}} = \frac{1}{\gamma \sqrt{T_1 T_2}}. \qquad \text{[II-5,16]}$$

Allerdings ist bei dieser (für die Signalstärke optimalen) Feldstärke bereits eine deutliche Verbreiterung der Absorptionslinien zu beobachten (siehe Gleichung [II-5,17]). In Abb. 20 sind für verschiedene Werte von H_1 berechnete Absorptionskurven wiedergegeben.

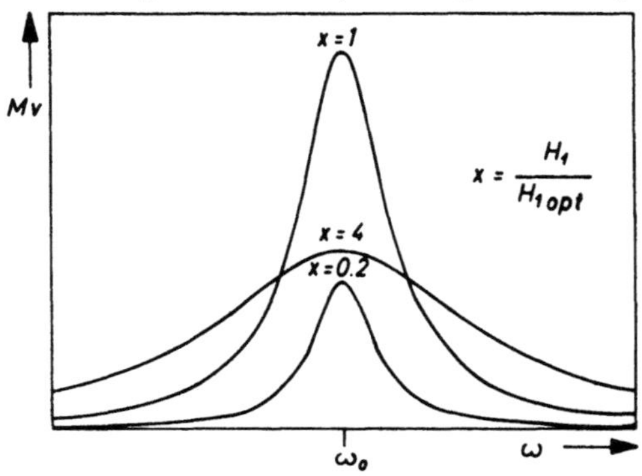

Abb. 20. Absorptionslinien bei zunehmender magnetischer Sättigung.

Die durch [II-5,15] gegebenen Abhängigkeiten der Signalstärke von T_1, T_2 und H_1 geben quantitativ das wieder, was die qualitative Diskussion der vorangehenden Abschnitte bereits erbracht hatte.

Die Halbwertsbreite des Signals (Abb. 18a) ist gegeben durch $\Delta\omega_{1/2} = 2(\omega_0 - \omega_{1/2})$, wobei $\omega_{1/2}$ diejenige Frequenz ist, bei der $M_v = \frac{M_v^{\max}}{2}$ ist. Aus Gleichung [II-5,10b] ergibt sich für $\Delta\omega_{1/2}$

$$T_2^2(\omega_0 - \omega_{1/2})^2 = 1 + \gamma^2 H_1^2 T_1 T_2$$

und

$$\Delta\omega_{1/2} = \frac{2}{T_2}\sqrt{1 + \gamma^2 H_1^2 T_1 T_2}\,. \qquad \text{[II-5,17]}$$

Bei geringer Einstrahlung, wenn $\gamma^2 H_1{}^2 T_1 T_2 \ll 1$, erhalten wir

$$\Delta\omega_{1/2} = \frac{2}{T_2}\,. \qquad \text{[II-4,8]}$$

Eine starke Einstrahlung verbreitert das Signal. Wenn höchste spektrale Auflösung gefordert ist, muß H_1 erheblich kleiner als $H_{1\,\mathrm{opt}}$ (Gl. [II-5,16]) sein, da hier die Verbreiterung bereits 40% ausmacht.

Die Spannung der Empfängerspule läßt sich aus dem Induktionsgesetz errechnen. Die magnetische Induktion B_y in der y-Richtung ist gegeben durch $4\pi M_y$ und die Spannung U in der y-Spule ergibt sich daraus zu

$$U = -\frac{d\Phi}{dt} = -ZFf\cdot 4\pi\frac{dM_y}{dt} = ZFf4\pi\omega M_v \sin(\omega t + \delta)\,. \qquad \text{[II-5,18]}$$

In Gleichung [II-5,18] bedeuten $\Phi = ZFB_y f$ der magnetische Fluß durch die y-Spule, Z die Windungszahl, F die Windungsfläche und f den Füllfaktor, d. h. den Bruchteil des Spulenvolumens, der von der Probe eingenommen wird.

Die Gleichgewichtsmagnetisierung in z-Richtung ist proportional der magnetischen Feldstärke H.

$$M_0 = \chi_v H\,. \qquad \text{[II-5,19]}$$

Die Proportionskonstante χ_v ist die magnetische Volumensuszeptibilität. Aus den Besetzungszahlen nach Gleichung [II-4,1] berechnet man für n Kerne pro Kubikzentimeter mit der Kernspinquantenzahl $I = 1/2$ eine Magnetisierung

$$M_0 = n\left\{\frac{1}{2}\left(1 + \frac{\mu H}{kT}\right)\mu - \frac{1}{2}\left(1 - \frac{\mu H}{kT}\right)\mu\right\} = \frac{n\mu^2 H}{kT} \qquad \text{[II-5,20]}$$

und daraus

$$\chi_v = \frac{n\mu^2}{kT}. \qquad \text{[II-5,21]}$$

Entsprechend gilt allgemein bei Kernen mit beliebiger Kernspinquantenzahl I für die magnetische Suszeptibilität

$$\chi_v = \frac{I+1}{I}\,\frac{n\mu^2}{3kT} = \frac{I(I+1)n\gamma^2 h^2}{12\pi^2 kT} \qquad \text{[II-5,22]}$$

Aus [II-5,10b], [II-5,8], [I-1], [II-5,18] und [II-5,22] erhalten wir dann die endgültige Gleichung für die Amplitude der Spannung in der Empfängerspule

$$U = \frac{ZFf\gamma^4 h^2 I(I+1)nH^2}{3\pi kT}\,\frac{H_1 T_2}{1 + \gamma^2 H_1^2 T_1 T_2 + T_2^2(\omega_0 - \omega)^2}. \qquad \text{[II-5,23]}$$

Besonders wichtig ist, daß die Signalspannung U proportional der Anzahl n absorbierender Kerne pro Kubikzentimeter ist. Dadurch wird die intensitätsmäßige Deutung von MKR-Spektren wesentlich einfacher als die von optischen Spektren.

U ist von der Größenordnung μV und muß daher vor der Anzeige erheblich verstärkt werden. Zwar wächst U mit H^2, aber auch die Rauschspannung R nimmt zu, und zwar mit $H^{1/2}$. Das für die nützliche Verstärkung allein wichtige Signal/Rausch-Verhältnis U/R wächst daher mit H wie

$$\frac{U}{R} = \text{const.}\, H^{3/2}. \qquad \text{[II-5,24]}$$

Um die größten Signalstärken zu erhalten, wird daher bei Kernresonanzspektrometern eine möglichst hohe magnetische Feldstärke angestrebt.

Eine weitere Möglichkeit, die Signalspannung zu erhöhen, liegt in der Vergrößerung der Faktoren ZFf und n. Die Konzentration n kann nicht beliebig gesteigert werden. Mit dem Faktor ZFf wird notwendig auch die Dimension der Probe vergrößert. Die damit verbundene Erhöhung der Magnetfeldinhomogenität über der Probe vermindert die Auflösung des Spektrums und macht zum Teil den Empfindlichkeitsgewinn wieder zunichte. Eine Methode, das Signal/Rausch-Verhältnis durch wiederholte Aufnahme desselben Spektrums zu verbessern, wird in Abschnitt II-10 besprochen.

In der bisherigen Diskussion haben wir angenommen, daß die Resonanzkurve in einer Zeit durchfahren wurde, die lang gegen T_2 ist. Wird aber die Resonanzkurve schnell durchfahren, so daß die Aufnahmezeit der Resonanzkurve klein gegen T_2 wird, so erhält man ein Signal, wie es in Abb. 21 gezeigt wird.

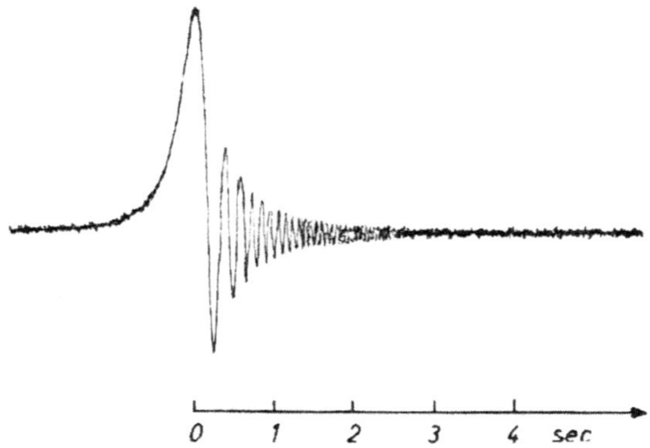

Abb. 21. Nachschwingungen (wiggles) hinter einer schnell durchfahrenen Resonanzlinie.

Die physikalische Ursache der in Abb. 21 wiedergegebenen Nachschwingungen sind Interferenzen folgender Art (45, 157): An der Resonanzstelle werden die Kerne mit einer Frequenz γH in Phase gebracht. Verändert sich nun H innerhalb der Zeit T_2 um ΔH, so ist die ursprüngliche Phasenbeziehung noch nicht abgeklungen, und die Senderfrequenz γH interferiert mit dem neuen Wert der Frequenz $\gamma(H + \Delta H)$. Die gesamte Phasendifferenz zur Zeit t ergibt sich dann zu

$$\varphi(t) = \gamma \int_0^t \{H(t) - H(0)\}\, dt\,. \qquad \text{[II-5,25]}$$

Bei einer Sägezahlmodulation von H gilt

$$H(t) = H(0) + \dot{H} t, \qquad \text{[II-5,26]}$$

wobei $\dot{H}$ die konstante Änderung des Magnetfeldes in der Zeiteinheit bedeutet. Geht man hiermit in [II-5,25] ein, so erhält man nach Integration für die momentane Phase

$$\varphi(t) = \frac{1}{2} \gamma \dot{H} t^2\,. \qquad \text{[II-5,27]}$$

Da die Amplitude der Interferenz mit der Zeitkonstanten T_2 abklingt, hat das Interferenzsignal die Form

$$U = U_0 \exp\left(-\frac{t}{T_{2\,\text{eff}}}\right) \cos\left(\frac{1}{2}\gamma \dot{H} t^2\right). \qquad \text{[II-5,28]}$$

Aus derartigen Schwingungen, wie sie in Abb. 21 gezeigt sind, können Rückschlüsse auf die Homogenität des Magnetfeldes gezogen werden, da bei kleinem effektivem T_2 (bei großer Inhomogenität; Gleichung [II-4,10]) durch den Exponentialfaktor in [II-5,28] die Schwingungen sehr rasch gedämpft werden. Die Messung der Nachschwingungen (englisch: wiggles) erlaubt eine bequeme Bestimmung von $T_{2\,\text{eff}}$ aus dem logarithmischen Dekrement *).

*) $T_{2\,\text{eff}}$ ist eine schlecht definierte Größe und hängt außer von der speziellen Topologie der Inhomogenität des Magnetfeldes auch vom wahren T_2 ab, wenn es mit der Nachschwingungsmethode gemessen wird.

Wenn innerhalb einer Zeit von der Größenordnung T_2 mehrere Resonanzstellen (Multipletts!) durchfahren werden, ergeben sich weit kompliziertere Schwingungsbilder, die zur genauen Messung von kleinen Resonanzfrequenzdifferenzen herangezogen werden können (siehe Abschnitt II-10 b).

II-6 Die chemische Verschiebung

Weiterführende Literatur: (93: Kap. 3,4; 289)

II-6,a Die chemische Verschiebung von Protonenresonanzen

Nachdem das Phänomen der chemischen Verschiebungen an den Kernen ^{31}P, ^{19}F und ^{14}N (252, 73) beobachtet worden war, wurden wenig später auch bei Protonenresonanzen für verschieden gebundene Protonen – allerdings wesentlich kleinere – Aufspaltungen gefunden (183, 306). Der Grund für die Abhängigkeit der Resonanzfrequenz von der speziellen chemischen Bindung liegt nicht in einer Variation des gyromagnetischen Verhältnisses, das für ein gegebenes Isotop eine Konstante ist. Es wird vielmehr beim Einbringen der Probe in das magnetische Feld in den Elektronenhüllen ein Kreisstrom induziert, der ein dem äußeren Feld entgegengesetztes schwaches Magnetfeld zur Folge hat. Die Größe dieses „diamagnetischen" Feldes H_{dia} ist proportional dem erzeugenden äußeren Feld H_0

$$H_{\text{dia}} = \sigma H_0 . \qquad [\text{II-6,1}]$$

Die Proportionalitätskonstante σ hängt von der Elektronendichte um den betreffenden Kern herum ab. Am Ort des Kerns herrscht also ein geschwächtes Magnetfeld H

$$H = H_0 - H_{\text{dia}} = H_0(1-\sigma) . \qquad [\text{II-6,2})$$

Die Abschirmkonstante σ kann für freie Atome sowie für die einfachsten Moleküle errechnet werden (257), in der Praxis werden aber die chemischen Verschiebungen δ auf die Abschirmkonstante σ_r einer Bezugssubstanz bezogen, da die experimentellen Daten wesentlich zuverlässiger als die berechneten sind,

$$\delta = \sigma - \sigma_r . \qquad [\text{II-6,3}]$$

σ und δ sind bei Protonen von der Größenordnung 10^{-6} und werden daher zweckmäßig in 10^{-6} (ppm) angegeben [gelegentlich wird auch das umgekehrte Vorzeichen für δ verwendet (212, 34, 35)]. Nach Gleichung [II-6,3] entspricht einem positiven δ bei konstanter Senderfrequenz ein größeres äußeres Magnetfeld als dasjenige der Bezugssubstanz.

Im vorliegenden Abschnitt wird zunächst die Messung der chemischen Verschiebung am Beispiel der Protonenresonanzverschiebung besprochen, da mit dieser Kernsorte die wertvollsten chemischen Informationen erhalten worden sind.

Die Bezugslinie wird zweckmäßig gleichzeitig mit dem interessierenden Spektrum gemessen, da sonst wegen unvermeidlicher zeitlicher Magnetfeldänderungen zwischen zwei Aufnahmen eine Verfälschung der Meßergebnisse eintritt. Für die gleichzeitige Messung von Spektrum und Bezugslinie ergeben sich zwei Möglichkeiten. Entweder füllt man die Bezugssubstanz in eine konzentrisch in das Probenröhrchen eingeschmolzene Glaskapillare*) (äußerer Standard, Abb. 22), oder man gibt der Lösung die Bezugssubstanz zu (innerer Standard), die häufig durch das Lösungsmittel selbst gegeben sein kann. (Man kann den äußeren Standard auch in eine feine, gerade Kapillare von 0,5 mm Durchmesser und etwa

*) Erhältlich bei Glas-Triebel, Mannheim-Käfertal.

5 cm Länge einschmelzen, die in ein normales Kernresonanzröhrchen ohne eingeschmolzene Kapillare eingebracht wird. Bei Rotation der Probe stellt sich die Kapillare hinreichend genau koaxial ein). Beide Verfahren haben ihre Vor- und Nachteile, die weiter unten diskutiert werden.

Abb. 22. Probenröhrchen mit eingeschmolzener Kapillare für äußeren Standard.

Die Substanzen werden in flüssiger Form untersucht, da bei Festkörpern die direkte Dipolwechselwirkung eine durch die chemische Verschiebung verursachte Feinstruktur überdeckt. In Gasen kann wegen der geringen Konzentration aus Intensitätsgründen nur bei erhöhtem Druck gemessen werden. Aus diesem Grund liegen relativ wenige Arbeiten über MKR-Absorption an Gasen vor. Bei Zimmertemperatur feste Substanzen müssen im gelösten oder bei erhöhter Temperatur im geschmolzenen Zustand untersucht werden. An das Lösungsmittel sind die folgenden Anforderungen zu stellen: Die Löslichkeit der betreffenden Substanz muß hinreichend groß sein, damit eine genügende Signalintensität gewährleistet ist. Weiter soll das Lösungsmittel selbst keine oder nur eine linienarme Absorption aufweisen, damit das Spektrum der interessierenden Substanz nicht durch die meist sehr viel intensiveren Resonanzlinien des Lösungsmittels verdeckt wird.

Besonders brauchbar sind vor allem die protonenfreien Lösungsmittel CCl_4 und CS_2. Polare Substanzen, die in diesen Flüssigkeiten unlöslich sind, können häufig vorteilhaft in schwerem Wasser untersucht werden. Auch andere perdeuterierte Verbindungen, besonders $CDCl_3$, haben sich als Lösungsmittel bewährt.

In Abb. 23 sind die Resonanzlinien einiger Lösungsmittel bezogen auf die Resonanzlinie des Benzols aufgezeichnet, deren Protonen untereinander chemisch äquivalent sind und die daher nur eine einzige Absorptionslinie zeigen. Diese Linie kann häufig als Bezugslinie benutzt werden.

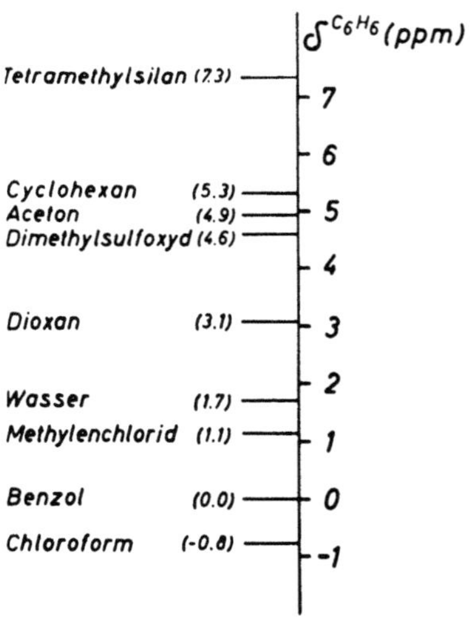

Abb. 23. Chemische Verschiebung einiger Lösungsmittel bezogen auf die Resonanzlinie des Benzols (in ppm).

Speziell das Wasser ist als innerer Standard nicht sehr geeignet. Im Wasser liegen bei Zimmertemperatur Assoziationsgleichgewichte der Form

$$(H_2O)_n \rightleftharpoons n\,H_2O \qquad [II\text{-}6,4]$$

vor. Dennoch beobachtet man nur eine Linie, da wegen des sehr raschen Protonenaustauschs im dynamischen Gleichgewicht [II-6,4] das einzelne Proton nur einen Mittelwert des magnetischen Feldes erfährt und daher eine mittlere chemische Verschiebung aufweist, die zwischen δ_{H_2O} und $\delta_{(H_2O)_n}$ liegt. Die genaue Lage von δ hängt von der Lage des Gleichgewichts [II-6,4] ab (vgl. Abschnitt III-3,6). Da aber das Gleichgewicht [II-6,4] von der Temperatur, der Konzentration oder vom eventuellen Elektrolytgehalt stark abhängt, ist die chemische Verschiebung des Wassers eine Funktion dieser Parameter. Die genannten Abhängigkeiten können selbst der Gegenstand interessanter Untersuchungen sein (siehe Abschnitt III-1, c), machen aber das Wasser zu einem ungeeigneten inneren Standard. Ähnliches wie für die Protonen des Wassers gilt für alle Protonen, die in Wasserstoffbrückenbindungen eingebaut sind, z. B. die OH-Protonen von Alkoholen, Phenolen u. a. Auch Moleküle, bei denen man derartige Tendenzen nicht ohne weiteres vermuten würde, zeigen Wasserstoffbrückenbindungen, die zu chemischen Verschiebungen Veranlassung geben, z. B. $CHCl_3$ in Aceton. Die Messung derartiger chemischer Verschiebungen hat sich als eine sehr empfindliche Methode zur Untersuchung von Wasserstoffbrückenbindungen erwiesen.

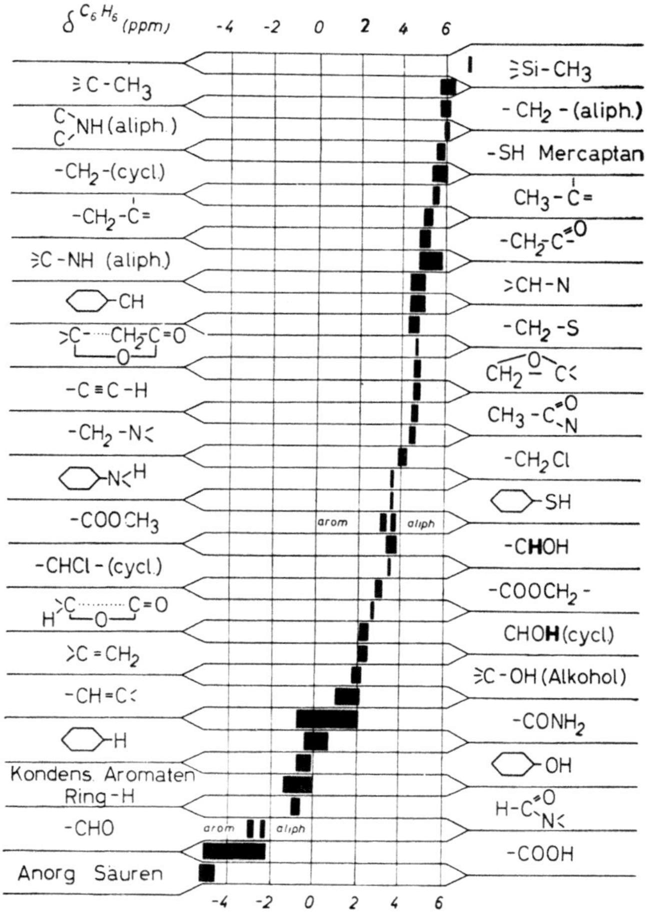

Abb. 24. Bereiche der chemischen Verschiebung für verschiedenartig gebundene Protonen, bezogen auf die Resonanzlinie des Benzols. Ausführlichere Diagramme dieser Art sind von Dietrich und Keller (76) veröffentlicht worden. Siehe auch (93; 34, 35).

Als besonders unabhängig von der Konzentration und der chemischen Zusammensetzung der Lösung hat sich die chemische Verschiebung des Tetramethylsilans erwiesen (155, 308). Da diese Verbindung noch dazu eine stark positive chemische Verschiebung ($\delta^{C_6H_6} = 7{,}266$ ppm) hat, stört ihre Absorption die Spektren organischer Moleküle nicht, deren Resonanzlinien durchweg bei kleineren δ-Werten liegen. Das Tetramethylsilan, häufig abgekürzt als TMS bezeichnet, sollte daher wenn immer die Löslichkeitsverhältnisse es erlauben, als innerer Standard gewählt werden. In wäßrigen Lösungen kann das wasserlösliche (z. B. bei Merck erhältliche) $(CH_3)_3SiCH_2CH_2SO_3Na$ als innerer Standard benutzt werden. Die Methylgruppen haben die gleiche chemische Verschiebung wie TMS. Die beiden Methylengruppen, die Spinkoppelung zeigen, ergeben im Kernresonanzspektrum eine geringere Intensität, die meist nicht stören wird. Von Tiers (308) ist eine häufig benutzte Skala für die chemischen Verschiebungen von Protonenrrsonanzspektren vorgeschlagen worden. Der Buchstabe τ wird als Symbol für die chemische Verschiebung benutzt, die in ppm angegeben wird; der chemischen Verschiebung des Tetramethylsilans wird der Wert $\tau = 10$ zuerteilt. Damit haben dann praktisch alle vorkommenden chemischen Verschiebungen positive Werte.

Für jeden Bindungszustand von Protonen ist eine bestimmte magnetische Abschirmung und chemische Verschiebung charakteristisch. In Abb. 24 sind aus einem umfangreichen Material (155, 213, 62, 52) für die wichtigsten Bindungstypen des Wasserstoffs die Bereiche der chemischen Verschiebung bezogen auf Benzol aufgezeichnet. In vielen Fällen kann allein aus der gemessenen chemischen Verschiebung ein bestimmter Bindungszustand der Protonen nachgewiesen werden. Aus der Intensität und Feinaufspaltung (siehe Kap. II-7) kann weitere Information über die relative Menge der betreffenden Protonensorte bzw. über die Anzahl benachbarter Protonen erhalten werden.

Direkt experimentell bestimmt wird die Differenz der Absorptionsfrequenz eines bestimmten Protons und derjenigen der Bezugssubstanz (Kap. II-11). Die zu einer chemischen Verschiebung δ gehörige Frequenzaufspaltung (in Hz), die wir im folgenden mit Δ bezeichnen wollen, errechnet sich aus

$$\text{Frequenzaufspaltung (in Hz)} = \text{Senderfrequenz (in MHz)} \cdot \text{chemische Verschiebung (in ppm)}. \quad \text{[II-6,5]}$$

II-6,b Empirische Regeln zur Berechnung chemischer Verschiebungen

Während absolute Berechnungen von chemischen Verschiebungen nur sehr ungenau möglich sind (siehe Abschnitt II-6, e), haben sich empirische Additivitätsregeln für die Praxis als gut brauchbar herausgestellt. Diese Regeln gelten für Wasserstoffatome, die direkt an Kohlenstoffatome gebunden sind.

Enthält eine CH-Gruppe mehr als eine elektronegative Gruppe, etwa

$$XCH_2X' \quad \text{oder} \quad \begin{array}{l} XCH\text{—}X', \\ \;\;\;\;\;| \\ \;\;\;\;X'' \end{array}$$

so läßt sich nach Shoolery (286) die chemische Verschiebung der Protonen nach der folgenden Additivitätsregel errechnen:

$$\delta^{C_6H_6} = 7{,}04 - \sum \delta_i, \quad \text{[II-6,6]}$$

wobei die Inkremente δ_i für einige Substituenten X_i in Tab. 1 zusammengestellt sind.

Tabelle 1

Verschiebungsinkremente δ_i verschiedener Substituenten X_i (in ppm)

Substituent X_i	δ_i
Cl	2,53
Br	2,33
J	1,82
NRR′	1,57
OR	2,36
SR	1,64
CR=O	1,70
CR=CR′R″	1,32
C≡CH	1,44
C≡N	1,70
CH_3	0,47

Für Disubstitutionsprodukte ist die SHOOLERY-Regel in ausgezeichneter Übereinstimmung mit den Experimenten. Für Trisubstitutionsprodukte werden allerdings größere Diskrepanzen beobachtet.

β-ständige Substituenten verschieben Protonenresonanzen bis zu 0,8 ppm, γ-ständige nur bis zu 0,15 ppm.

Eine sehr viel ausführlichere Methode ist später von PRIMAS, ARNDT und ERNST (251) angegeben worden. Dem Berechnungsverfahren liegen die zahlreichen Messungen von TIERS (308) sowie eigene Messungen der Autoren zugrunde. Die chemischen Verschiebungen werden auf die Resonanzlinie des Benzols bezogen, die 7,266 ppm negativer als die des Tetramethylsilans liegt. Für Protonen am Kohlenstoffgerüst berechnet sich die chemische Verschiebung nach

$$\delta^{C_6H_6} = \delta_0 + \sum n_i \delta_i = 6{,}333 + \sum n_i \delta_i , \qquad [II\text{-}6,7]$$

n_i ist dabei die Zahl der Atome, die in der Gruppierung i mit dem charakteristischen Inkrement δ_i vorkommen. Zur Ermittlung der Werte δ_i gelten dabei die folgenden Regeln: Das Kohlenstoffgerüst wird numeriert, wobei das Kohlenstoffatom, welches das Proton trägt, dessen chemische Verschiebung errechnet werden soll, die Nummer 1 erhält. Die folgenden vier Substituierungen am C^1-Atom entsprechen den in Tab. 2 angegebenen δ_i-Werten.

Tabelle 2

Werte für verschiedene Gerüstsubstitutionen

Substituent	δ_i
$—C^2$	$\delta_1 = —0{,}248$
$—C^2—C^3$	$\delta_2 = —0{,}244$
$—C^2(C^3)_2$	$\delta_3 = —0{,}147$
$—C^2(C^3)_3$	$\delta_4 = —0{,}006$

Für sonstige Substituenten in den verschiedenen möglichen Stellungen gelten die in Tab. 3 aufgeführten δ_i-Werte.

Tabelle 3

Substituent	Stellung	δ_i (in ppm)	Substituent	Stellung	δ_i (in ppm)
—CR_3	3	$\delta_5 = 0{,}038$	—O—CO—CR_3	1	$\delta_{20} = -2{,}931$
Doppelbindung	1	$\delta_6 = -3{,}802$		2	$\delta_{21} = -0{,}041$
	2	$\delta_7 = -0{,}583$		3	$\delta_{22} = 0{,}086$
	3	$\delta_8 = -0{,}203$	—F	2	$\delta_{23} = -0{,}089$
Dreifachbindung	1	$\delta_9 = -1{,}032$		3	$\delta_{24} = -0{,}131$
	2	$\delta_{10} = -0{,}694$	—Cl	1	$\delta_{25} = -2{,}170$
=O	1	$\delta_{11} = -8{,}536$ *)		2	$\delta_{26} = -0{,}254$
	2	$\delta_{12} = -1{,}021$		3	$\delta_{27} = -0{,}177$
	3	$\delta_{13} = -0{,}004$	—Br	1	$\delta_{28} = -1{,}995$
—OCH_3 . . .	2	$\delta_{14} = 0{,}374$		2	$\delta_{29} = -0{,}363$
—OCH_2CR_3	2	$\delta_{15} = 0{,}237$		3	$\delta_{30} = -0{,}023$
	3	$\delta_{16} = -0{,}210$	—J	1	$\delta_{31} = -1{,}846$
—OH	1	$\delta_{17} = -2{,}467$		2	$\delta_{32} = -0{,}388$
	2	$\delta_{18} = -0{,}048$	—NH_2	2	$\delta_{33} = -0{,}094$
	3	$\delta_{19} = -0{,}235$	—O—CH_3 . .	1	$\delta_{34} = 1{,}434$ *)

R kann jede Gruppe einschließlich *H* bedeuten.

*) δ_{11} und δ_{34} dürfen nur für die Verbindungen HCHO und $HCOOCH_3$ benutzt werden.

Folgende Gesichtspunkte sind weiter bei der Berechnung von δ nach der Methode von Primas, Arndt und Ernst zu beachten:

a) Enthält das Gerüst keinen Substituenten, so ist $\delta = \delta_0$.

b) Alle δ-Werte für Aldehyde, Ketone, Ester, Äther, Säureanhydride und Säurehalogenide setzen sich zusammen aus den Beiträgen der Substituenten =O, —OCOR, —OCH_3, —OC_2H_5 usw.

c) Werte für Säuren sowie für aromatische Ringprotonen sind in der Tabelle nicht enthalten.

d) Doppel- und Dreifachbindungen werden nach dem gleichen Schema numeriert.

Einige Beispiele mögen die Berechnung von chemischen Verschiebungen nach der Primas-Arndt-Ernst-Methode erläutern. Das betreffende Proton, auf das sich die Berechnung bezieht, ist jeweils unterstrichen.

1. $\underline{CH_3}$—CO—CO—CH_3

$$\delta = \delta_0 + \delta_2 + \delta_5 + \delta_{12} + \delta_{13} = 5{,}10.$$

Experimentell beobachtet (308): $\delta = 5{,}04$.

2. 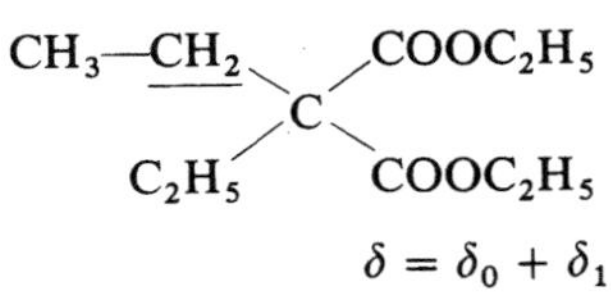

$$\delta = \delta_0 + \delta_1 + \delta_4 + \delta_5 + 2\delta_{13} + 2\delta_{16} = 5{,}689.$$

Experimentell beobachtet (308): $\delta = 5{,}43$.

3. $HC{\equiv}C{-}\underline{CH_2}Br$

$$\delta = \delta_0 + \delta_2 + \delta_{10} + \delta_{28} = 3{,}400.$$

Experimentell beobachtet (308): $\delta = 3{,}45$.

4. $CF_2Cl{-}\underline{C}HCl_2$

$$\delta = \delta_0 + \delta_1 + 2\delta_{23} + 2\delta_{25} + \delta_{26} = 1{,}313.$$

Experimentell beobachtet (308): $\delta = 1{,}35$.

Die Abweichungen der beobachteten von den berechneten δ-Werten betrugen in 45% der 284 geprüften Fälle weniger als 0,1 ppm, in 82% weniger als 0,3 ppm und nur in zwei Fällen mehr als 0,8 ppm. Die größeren Abweichungen traten bei halogenierten und ungesättigten Verbindungen auf.

*II-6,c**) Die Suszeptibilitätskorrektur bei Anwendung eines äußeren Standards*

Wenn ein äußerer Standard in einer Doppelwandröhre (Abb. 22) benutzt wird, muß für die gemessene chemische Verschiebung eine Korrektur wegen der unterschiedlichen magnetischen Suszeptibilitäten χ_v (siehe Gleichung [II-5,19]) der Probenlösung und der Bezugssubstanz angebracht werden. Das Feld innerhalb der Probe wird infolge der Magnetisierung der Substanz geringfügig verändert. Um diesen Einfluß auf einen herausgegriffenen Kern zu verstehen, denke man sich um den Kern herum eine kugelförmige Aussparung der Probe, die groß gegen die molekularen Dimensionen, aber klein gegen die Abmessungen der Probe ist. Innerhalb dieser Kugel ist die diamagnetische Abschirmung, die die Ursache der chemischen Verschiebung ist und allein interessiert, lokalisiert, da sie durch induzierte Kreisströme in der unmittelbaren Umgebung des Kerns bedingt ist. Das magnetische Feld, das auf diese Mikrokugel wirkt, ist nun nicht allein das äußere Feld H. Durch die Magnetisierung wird in der Probe ein magnetisches Dipolmoment pro Volumeinheit vom Betrage $M = \chi_v H$ erzeugt, das man sich als Belegungen der Kugel und der Zylinderwandung des Probengefäßes mit magnetischen Polen verschiedenen Vorzeichens denken kann. Die von der kugel- bzw. zylindersymmetrischen Polbelegung herrührenden Felder kompensieren sich am Ort des Kerns nicht. Für den Fall eines langen Zylinders [Länge/Durchmesser > 4 (75)] wirkt innerhalb der Probe (29)

$$H_i = H_0\left(1 - \frac{2\pi}{3}\chi_v\right). \qquad \text{[II-6,8]}$$

Bei Verwendung eines inneren Standards ist die Korrektur [II-6,8] ohne Bedeutung, weil ja die Bezugslinie um den gleichen Betrag wie die zu messende Linie verschoben wird. Die allein beobachtete Differenz bleibt konstant. Anders bei einem äußeren Standard, da im allgemeinen die magnetischen Suszeptibilitäten der zu untersuchenden Lösung und der Bezugssubstanz verschieden sind. Es ist dann wegen [II-6,8] eine Korrektion anzubringen

$$\delta_{\text{korr}} = \delta_{\text{beob}} + \frac{2\pi}{3}(\chi_{v\,\text{Bezug}} - \chi_v)\,. \qquad \text{[II-6,9]}$$

Werte der magnetischen Suszeptibilität für wichtige Flüssigkeiten sind in Tab. 17 im Anhang zusammengestellt. Danach kann $\delta_{\text{korr}} - \delta_{\text{beob}}$ etwa bis zu 1 ppm betragen und darf demnach, wenn es auf genaue Werte der chemischen Verschiebung ankommt, nicht vernachlässigt werden. Die Suszeptibilitäten von Mischungen lassen sich recht zuverlässig nach dem WIEDEMANNschen Gesetz berechnen

$$\chi_M = x_1 \chi_{M_1} + x_2 \chi_{M_2}, \qquad [II\text{-}6,10]$$

wobei x die Molenbrüche und die χ_M die molaren Suszeptibilitäten sind, die mit den Volumsuszeptibilitäten χ_v verknüpft sind durch

$$\chi_M = \frac{\chi_v}{\rho} M \qquad [II\text{-}6,11]$$

(M = Molekulargewicht, bei Mischungen: $M = x_1 M_1 + x_2 M_2$, ρ = Dichte).

Da die molekularen Suszeptibilitäten sich additiv aus Atomkonstanten, den PASCALschen Konstanten, zusammensetzen, kann für Substanzen, deren Suszeptibilität nicht gemessen wurde, der gesuchte Wert hinreichend genau berechnet werden. Im Anhang Tab. 18 sind die PASCALschen Konstanten (236) für die wichtigsten Atome sowie entsprechende Bindungsinkremente zusammengestellt. Aus den Werten dieser Tab. 18 und den Gleichungen [II-6,11] und [II-6,10] lassen sich dann die notwendigen Daten für die Korrekturgleichung [II-6,9] errechnen.

Eine weitere Möglichkeit, mit äußerem Standard exakte δ-Werte zu erhalten, wenn zuverlässige Angaben über die Suszeptibilitäten fehlen, besteht darin, in beiden Meßräumen (der Koaxialdoppelröhre) dasselbe Lösungsmittel zu verwenden und die zu untersuchende Substanz sowie die Bezugssubstanz nur in kleinen Konzentrationen anzuwenden. Die genauesten Messungen dieser Art erhält man durch Extrapolation von δ auf unendliche Verdünnung.

II-6,d Die chemische Verschiebung anderer Kerne

Während die besonders wichtigen Verschiebungen von Protonenresonanzen nur von der Größenordnung weniger ppm (10^{-6}) sind, werden bei anderen Kernen erheblich größere chemische Verschiebungen beobachtet. Abb. 25 zeigt im logarithmischen Maßstab die

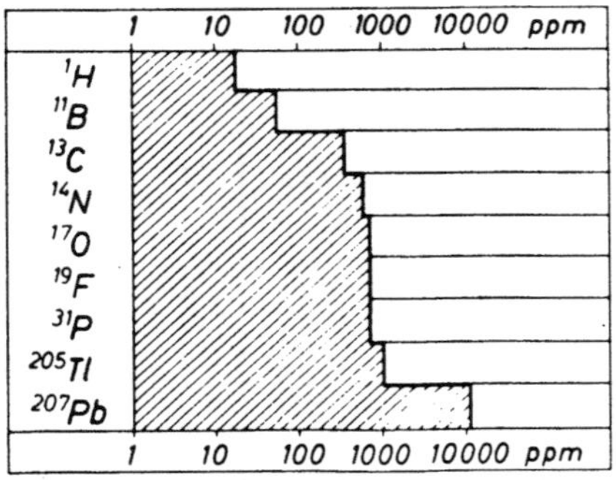

Abb. 25. Bereiche der chemischen Verschiebung für einige Kernarten.

beobachteten Bereiche der chemischen Verschiebung für einige wichtige Kernarten. Atomkerne mit magnetischem Moment lassen sich vom Standpunkt der praktischen Kernresonanzspektroskopie in vier Gruppen einteilen. Die erste Gruppe enthält nur das Proton, das ein großes gyromagnetisches Verhältnis, eine natürliche Isotopenhäufigkeit von nahezu $100\,\%$, eine Kernspinquantenzahl $I = 1/2$ aufweist und zu den chemisch wichtigsten Elementen (organische Chemie!) gehört. Die zweite Gruppe bilden ^{19}F und ^{31}P, die relativ gut meßbar sind, aber in der Chemie nicht eine so überragende Rolle wie der Wasserstoff spielen. Anwendungsbeispiele für diese Kerne sind auf den Seiten 77, 78, 79 und 127 diskutiert. Die für die organische Chemie wichtigen Elemente C, O und N sowie das Deuterium bilden die dritte Gruppe. ^{13}C hat den Kernspin $I = 1/2$ und kommt immerhin mit einer natürlichen Isotopenhäufigkeit von rund 1% vor, so daß Kernresonanzspektren an Proben mit natürlicher Isotopenzusammensetzung gemessen werden können. Die Emp-

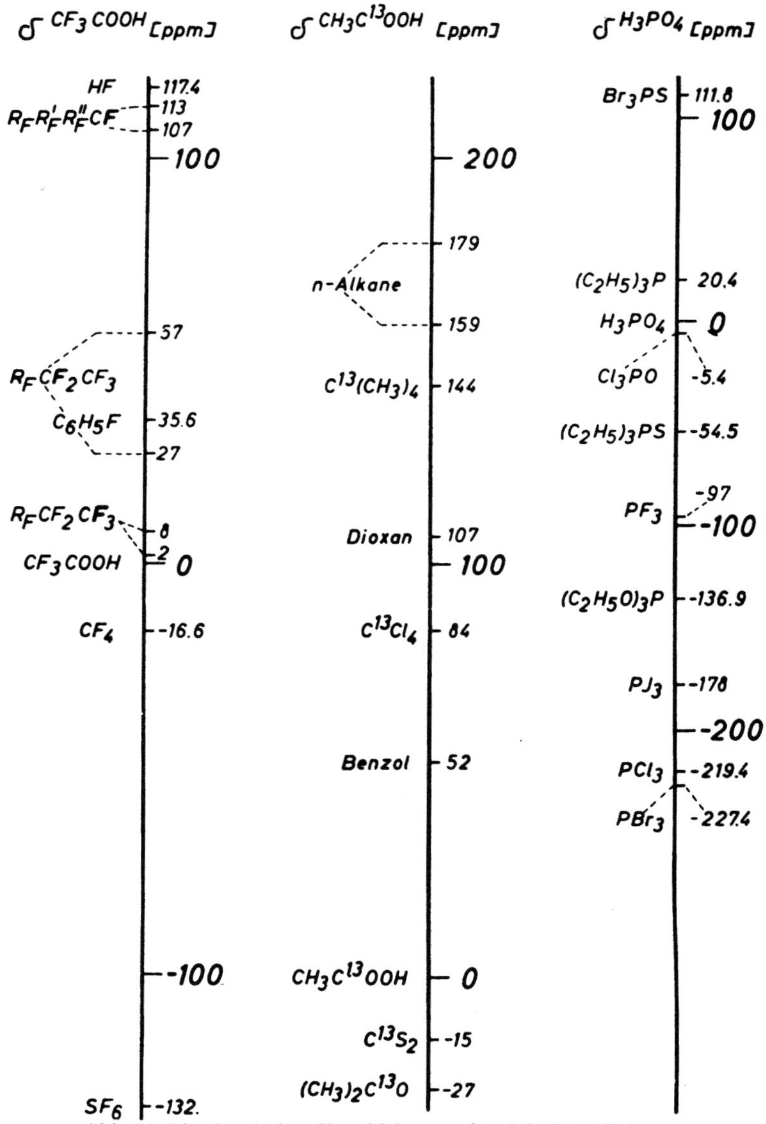

Abb. 26. Die chemischen Verschiebungen für einige Verbindungen mit ^{19}F, ^{13}C und ^{31}P-Kernen.

findlichkeit ist dann allerdings um den Faktor $1{,}7 \cdot 10^{-4}$ kleiner als bei einem Protonenresonanzspektrum. Bei der ^{13}C-Kernresonanzspektroskopie werden die in Abschnitt II-10,a besprochenen Methoden der Intensitätssteigerung eine wichtige Anwendung finden. Man kann erwarten, daß die ^{13}C-Kernresonanzspektroskopie in der organischen Chemie in nicht allzu ferner Zeit eine ähnliche Rolle spielen wird wie heute die Protonenresonanzspektroskopie. Viel ungünstiger sind die Möglichkeiten beim ^{17}O, das ein Quadrupolmoment aufweist. Das Kernresonanzspektrum kann nur mit kostspieligen, isotopisch angereicherten Proben gemessen werden (Beispiele: S. 92 und 142). Wegen des kleinen gyromagnetischen Verhältnisses und ihres Quadrupolmoments sind auch ^{14}N und ^{2}D schwer meßbar, obwohl hier die Isotopenhäufigkeit groß ist (^{14}N) bzw. verhältnismäßig einfach eine isotopische Anreicherung durchgeführt werden kann (^{2}D). Die Messungen der Deuteriumresonanz sind nur selten von Interesse (siehe aber Abb. 34), da das leichtere Isotop ^{1}H so viel günstiger ist. Die vierte Gruppe bilden die übrigen Kerne, die chemisch nicht so wichtig und kernresonanzspektroskopisch nicht günstig sind (Beispiele: ^{11}B, S. 79; ^{63}Cu, S. 109; ^{79}Br, S. 111; ^{121}Sb, S. 37; ^{127}J, S. 111; ^{205}Tl, S. 80).

In Abb. 26 sind für ^{19}F, ^{13}C und ^{31}P die chemischen Verschiebungen einer Anzahl Verbindungen wiedergegeben.

II-6,e Die Theorie der chemischen Verschiebung

Die diamagnetische Abschirmung eines Kerns hängt von der Abstandsfunktion der Elektronendichte an dem betreffenden Kern ab, die durch das Quadrat der SCHRÖDINGER-Funktion gegeben ist. Daß tatsächlich nur der Aufbau der Elektronenhülle für die Größe der chemischen Verschiebung maßgeblich ist, konnte an den Isotopen ^{14}N und ^{15}N nachgewiesen werden (252, 147). Die chemischen Verschiebungen von Stickstoffkernen eines Isotops in gleichen chemischen Verbindungen (gerechnet in ppm) sind unabhängig von der Art dieses Isotops, obgleich die gyromagnetischen Verhältnisse der beiden Kerne sich wie 1 : 1,4 verhalten und auch die beiden Kernspins verschieden sind ($I = 1$ bzw. $I = 1/2$).

Für freie Atome lassen sich die atomaren Kreisströme und damit die diamagnetischen Abschirmkonstanten berechnen (173, 74). Da aber, wie unten gezeigt wird, für Moleküle die Abschirmkonstante σ eine Differenz vergleichbarer Effekte ist, die nur einigermaßen theoretisch beherrscht werden, soll auf eine quantitative Darstellung verzichtet werden, und es sollen nur qualitativ die für die Praxis wichtigen Gesichtspunkte diskutiert werden.

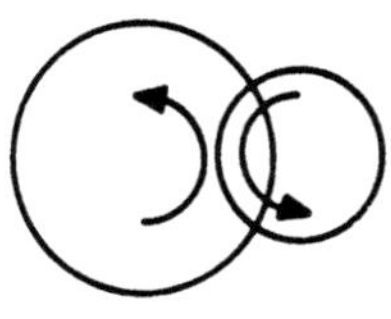

Abb. 27. Schematische Darstellung überlagerter atomarer Kreisströme.

Abgesehen von den veränderten Elektronendichten beeinflussen sich in Molekülen die Kreisströme um die einzelnen benachbarten Atome gegenseitig, wie es in Abb. 27 schematisch gezeigt ist.

Man kann diese Störung zweckmäßig darstellen (275) als die Überlagerung des ungestörten diamagnetischen Effekts, der sich bei Kenntnis der Elektronendichten berechnen läßt, und eines paramagnetischen Anteils (Abb. 27), der der Hemmung der Kreisströme Rechnung trägt (dieser Paramagnetismus ist, wie der Diamagnetismus, temperaturunabhängig und darf nicht mit dem normalen Paramagnetismus verwechselt werden, der bei Molekülen mit ungepaarten Elektronenspins auftritt und der mit steigender Temperatur abnimmt). Weiter sind die magnetischen Felder, die von Kreisströmen um benachbarte Atome herrühren, zu berücksichtigen (246, 203).

Für sehr einfache Moleküle konnten die absoluten Abschirmkonstanten berechnet werden. So wurde z. B. σ für molekularen Wasserstoff erhalten (226).

$$\sigma_{H_2} = \sigma_{\text{dia}} + \sigma_{\text{para}} = (32{,}1 - 5{,}5) \cdot 10^{-6} = 26{,}6 \cdot 10^{-6}.$$

Man könnte bei Kenntnis dieser einen absoluten Abschirmkonstanten alle chemischen Verschiebungen von Protonenresonanzen auf das freie Proton beziehen. Da aber die Zuverlässigkeit der gemessenen Unterschiede in δ weit größer als die der berechneten Werte für σ ist, werden zweckmäßig die gemessenen Absorptionsfrequenzen auf die Resonanzlinien geeigneter Bezugssubstanzen bezogen.

Bei in Molekülen gebundenen Wasserstoffatomen überwiegt häufig, wie im Wasserstoffmolekül, der diamagnetische Anteil von σ, so daß man aus chemischen Verschiebungen auf die Elektronendichten an Wasserstoffatomen und damit auf ihre Azidität schließen kann. Abb. 24 zeigt, daß schwachgebundenen Protonen negativere δ-Werte (kleine Elektronendichten) entsprechen. Diese Regel ist allerdings nicht ohne Ausnahmen. So liegt die chemische Verschiebung des Acetylenwasserstoffs positiver als die von olefinischem Wasserstoff, obgleich die Azidität des Acetylenwasserstoffs die größere ist. Diese und andere Ausnahmen von der Regel haben ihre Ursache in den für verschiedene Moleküle unterschiedlichen paramagnetischen Effekten (Kreisstromhemmung und Einfluß der Magnetfelder benachbarter Kreisströme).

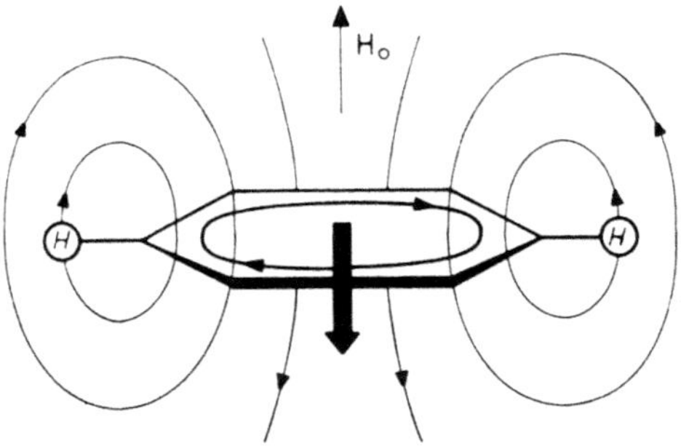

Abb. 28. Schematische Darstellung des molekularen Kreisstroms für ein Benzolmolekül.

Neben den diamagnetischen und paramagnetischen Effekten sowie dem Einfluß benachbarter Atomkreisströme sind – besonders in aromatischen Molekülen – noch molekulare Kreisströme zu berücksichtigen. Die sechs π-Elektronen etwa des Benzols bilden als Kollektiv im Magnetfeld einen molekularen Kreisstrom (Abb. 28), der an den Orten der Protonen eine Verstärkung des magnetischen Feldes bewirkt und damit die Resonanz der Phenylprotonen zu kleineren Feldstärken verschiebt. Tatsächlich liegen im Mittel die Resonanzlinien von Wasserstoffatomen an aromatischen Ringen um 1 – 2 ppm negativer als diejenigen von Wasserstoffatomen an Äthylendoppelbindungen, die eine vergleichbare Elektronenstruktur aufweisen (Abb. 24). WAUGH und FESSENDEN (316) berechneten für aromatische Protonen eine Änderung der chemischen Verschiebung durch den molekularen Kreisstrom von – 1,5 ppm in Übereinstimmung mit dem empirischen Befund. Interessant ist in diesem Zusammenhang auch das Kernresonanzspektrum von 1,4-Decamethylenbenzol, $\binom{C_6H_4}{(CH_2)_{10}}$, das von denselben Autoren gemessen und rechnerisch abgeschätzt wurde. Das Magnetfeld am Ort der mittleren CH_2-Gruppen in der Brücke wird durch den molekularen Kreisstrom geschwächt (Abb. 28), und damit wird für die chemische Verschiebung dieser Methylengruppen ein positiverer Wert als für die anderen CH_2-Gruppen beobachtet. In ähnlicher Weise werden die Resonanzlinien der NH-Protonen von Porphyrinderivaten zu hohen Feldern verschoben ($\tau \sim 14$ ppm), da das Porphyrin ein durchkonjugiertes Ringsystem enthält (28, 2). Eine weitere Anwendung der Ringstromtheorie liegt im Fall polycyklischer aromatischer Systeme vor. Die Magnetfelder der Ringströme in den verschiedenen aromatischen Ringen superponieren sich am Ort der Protonen und lassen sich aus den bekannten Dimensionen des Moleküls leicht berechnen. Die gemessenen und berechneten Werte für die chemischen Verschiebungen der verschiedenen Protonen in Naphthalin, Anthracen, Phenanthren, Pyren und Chrysen stimmen befriedigend überein (249: Kap. 11-4; 316).

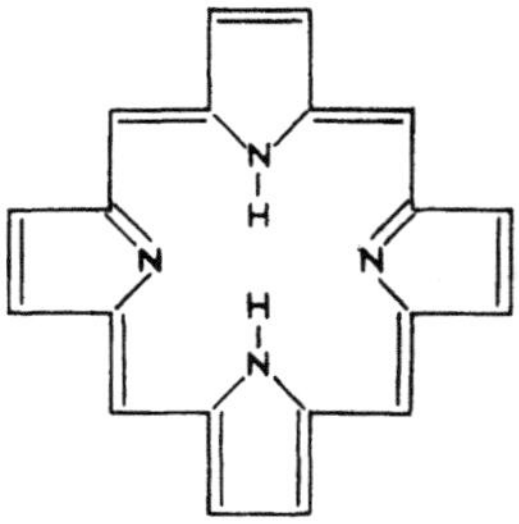

Die Abhängigkeit der chemischen Verschiebung von der Elektronendichte führt häufig zu linearen Beziehungen zwischen der chemischen Verschiebung und anderen ebenfalls von der Elektronendichte abhängigen Größen wie der Elektronegativität oder den HAMMETTschen σ-Konstanten (304). Da eine einfache Korrelation nur zu erwarten ist, wenn in einer Reihe untersuchter Substanzen der Einfluß des temperaturunabhängigen Paramagnetismus und der intramolekularen magnetischen Wechselwirkungen nahezu gleich sind, werden aber häufig auch beträchtliche Abweichungen von der erwarteten einfachen linearen Beziehung beobachtet.

II-7 Die elektronengekoppelte Spin-Spin-Wechselwirkung

Weiterführende Literatur: (93, Kap. 3,5)

Nach den Ausführungen des letzten Abschnitts sollte erwartet werden, daß die Anzahl Spektrallinien in einem MKR-Spektrum durch die Anzahl Sorten untereinander äquivalenter *) Kerne gegeben sei, also z. B. eine Linie für Wasser und Benzol C_6H_6, zwei Linien für CH_3OH, drei für CH_3CH_2OH usw.

Tatsächlich werden aber bei einer Vielzahl von Verbindungen erheblich linienreichere Spektren beobachtet (siehe Abb. 2). Das historisch erste Beispiel dieser Art wurde von PROCTOR und YU (253, 254) bereits 1950 publiziert. Das magnetische Kernresonanzspektrum des Antimonisotops ^{121}Sb in einer wäßrigen Lösung von $NaSbF_6$ besteht nicht aus einer einzelnen Linie, sondern aus sieben äquidistanten Linien (Abstand: $1{,}9 \cdot 10^3$ Hz) im Intensitätsverhältnis 1 : 6 : 15 : 20 : 15 : 6 : 1 (das sind die sechsten Binominalkoeffizienten). Ähnliche Aufspaltungen wurden wenig später auch bei vielen anderen Verbindungen beobachtet. GUTOWSKY und Mitarb. (128, 130) stellten fest, daß diese Feinaufspaltung unabhängig von

*) Unter äquivalenten Kernen verstehen wir solche, die sich im gleichen chemischen Bindungszustand befinden. Für viele Verbindungen ist der Begriff der Äquivalenz zu präzisieren. Zum Beispiel sind die Methylprotonen des Äthanols in einem bestimmten Augenblick nicht einander äquivalent, da ihre Abstände vom Sauerstoffatom und den übrigen Protonen des Moleküls unterschiedlich sind. Da aber die Rotation um die Symmetrieachse sehr wenig gehemmt ist, ist für die magnetische Kernresonanz nur der Mittelwert der momentanen Abschirmkonstanten maßgeblich, und die Methylprotonen sind einander effektiv äquivalent (siehe aber Abschnitt III-3, e).

der Temperatur und – im Gegensatz zur chemischen Verschiebung – auch unabhängig vom äußeren Feld ist.

Ramsey und Purcell (258, 259) konnten, nachdem einige von anderer Seite vorgeschlagene Erklärungen sich als unzureichend erwiesen hatten, eine physikalische Deutung der beobachteten Feinaufspaltung geben. Durch das magnetische Moment des Kerns 1 tritt im zeitlichen Mittel eine Polarisation des an diesen Kern gebundenen Elektrons 1 auf (Abb. 29). Das zweite Elektron muß die umgekehrte Spinorientierung aufweisen, und so wird am Ort des Kerns 2 je nach Spinorientierung des Kerns 1 durch Vermittlung der Bindungselektronen das magnetische Feld verändert. Durch alternierende Polarisation kann auch über mehrere Bindungen hinweg eine derartige Beeinflussung statthaben, allerdings mit einer Intensität, die meist sehr rasch mit der Anzahl der zwischenliegenden Bindungen abnimmt. Nach der gegebenen Interpretation hat man für den Effekt die sachlich gute, aber leider etwas umständliche Bezeichnung „elektronengekoppelte Spin-Spin-Wechselwirkung" geprägt; wir wollen im folgenden die Abkürzung Spin-Koppelung benutzen. Da die Spin-Koppelung von der Feldstärke unabhängig ist, wird sie zweckmäßig nicht in ppm, sondern in Frequenzeinheiten angegeben (hierbei wird in der Praxis meist die Frequenz ν in Hz benutzt, für theoretische Untersuchungen wird gelegentlich mit Kreisfrequenzeinheiten rd sec^{-1} gerechnet). Als Symbol für die durch Spin-Koppelung bewirkte Aufspaltung hat sich der Buchstabe J eingeführt. Für Protonen ist J von der Größenordnung weniger Hz, für schwerere Kerne sind J-Werte bis zu einigen kHz beobachtet worden.

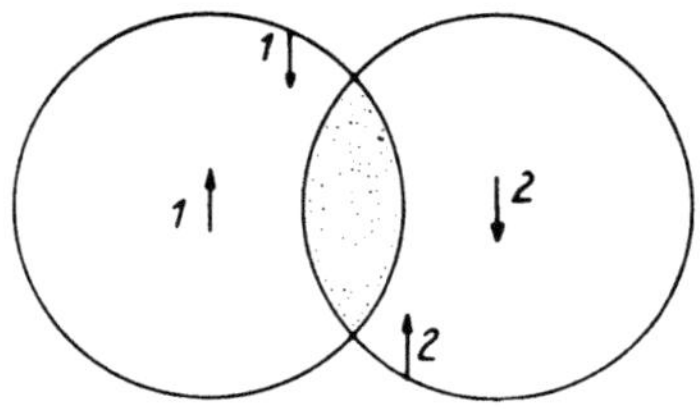

Abb. 29. Schematische Darstellung der durch Bindungselektronen vermittelten, gegenseitigen magnetischen Polarisation zweier Atomkerne.

Eine erhebliche Vereinfachung der Spektren wird durch den Umstand bedingt, daß sich die Spin-Koppelung untereinander äquivalenter Kerne im Spektrum nicht auswirkt (eine Begründung hierfür wird im nächsten Abschnitt gegeben). Es ist hierbei allerdings zu beachten, daß zwei Sätze unter sich äquivalenter Kerne unter Umständen durch mehrere Spin-Koppelungskonstanten charakterisiert sein können (116), wie etwa im Falle des $F_2C{=}CH_2$, bei dem eine cis- und eine trans-Spin-Koppelungskonstante J_{F-H} beobachtet werden.

Leicht überschaubare Verhältnisse ergeben sich dann, wenn die durch chemische Verschiebung erfolgte Frequenzaufspaltung $\Delta = \dfrac{\gamma \delta H_0 \cdot 10^{-6}}{2\pi}$ groß gegen die durch Spin-Koppelung erzeugte Aufspaltung J ist. Das ist immer der Fall, wenn die Spin-Koppelung verschiedene Isotope betrifft wie etwa im oben erwähnten Beispiel der Aufspaltung der ^{121}Sb-Resonanz in ein Septett. Für diese Aufspaltung ist die Koppelung des Antimonkerns mit den sechs Fluorkernen verantwortlich.

Aber auch für viele Spektren, bei denen Kerne derselben Art durch Spin-Spin-Wechselwirkung miteinander gekoppelt sind, gilt noch hinreichend $\Delta \gg J$. Für alle diese Spektren lassen sich sehr einfache Regeln für die Interpretation angeben, die in diesem Abschnitt abgeleitet werden sollen.

Ein großer Teil der MKR-Spektren läßt sich bereits mit diesen einfachen Regeln auswerten. Die notwendige quantenmechanische Berechnung für Spektren mit vergleichbaren Δ

und J ist kompliziert und recht zeitraubend. Die hierfür entwickelten Methoden werden im nächsten Abschnitt besprochen.

Am praktischen Beispiel des MKR-Spektrums des Acetaldehyds sollen die Regeln für die Multiplizität einer durch Spin-Koppelung aufgespaltenen Linie und für die Intensität der einzelnen Komponenten erläutert werden.

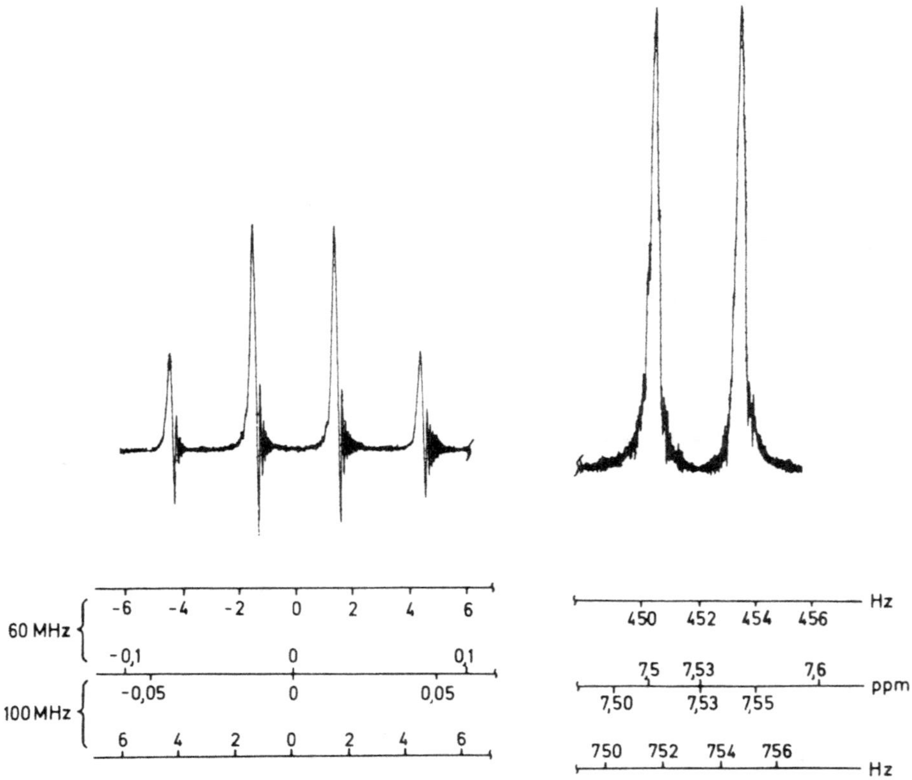

Abb. 30. Das Kernresonanzspektrum des Acetaldehyds.

Abb. 30 zeigt das Protonenresonanzspektrum des Acetaldehyds. Die Abszisse ist in ppm und in Hz für die Senderfrequenzen von 60 MHz (H_0 = 14,1 kG) und 100 MHz (H_0 = 23,4 kG) angegeben. CH_3CHO enthält zwei Sätze unter sich äquivalenter Protonen, die Methylprotonen und das Aldehydproton. Den Methylprotonen ist das Dublett bei 452 Hz bzw. 753 Hz ($\delta^{C_6H_6} = +5{,}15$ ppm) zuzuordnen, dem Aldehydproton das Quadruplett bei 0 Hz ($\delta^{C_6H_6} = -2{,}38$ ppm). Dem entsprechen die Flächen unter den Multipletts, die sich wie 3 : 1 verhalten. Die Spektren zeigen, daß die chemische Verschiebung der Feldstärke proportional ist, während für J unabhängig vom Magnetfeld J = 2,85 Hz gemessen wird. Die Aufspaltung erfolgt durch den Gesamtspin eines Satzes äquivalenter Kerne. Speziell die drei Protonen der Methylgruppe können insgesamt den Spin $+3/2$, $+1/2$, $-1/2$ und $-3/2$ aufweisen. Die Kernspinsummen der Methylprotonen spalten daher die Linie des Aldehydprotons zu dem beobachteten Quadruplett auf. Die Intensitäten der Multiplettkomponenten sind proportional der Wahrscheinlichkeit, mit der sich die einzelnen Spins mit ihren beiden Einstellungsmöglichkeiten zu den unterschiedlichen Spinsummen addieren können. In Abb. 31 sind für drei Kerne mit $I = 1/2$ die verschiedenen Möglichkeiten schematisch dargestellt. Die Intensitäten der Multiplettkomponenten müssen sich demnach wie 1 : 3 : 3 : 1 verhalten (siehe Abb. 30). Eine entsprechende Überlegung zeigt, daß der Spin des Aldehydprotons mit gleicher Wahrscheinlichkeit einen der beiden möglichen Spinzustände $m = 1/2$ und $m = -1/2$ aufweisen kann (der geringfügige Besetzungsunterschied nach Gleichung [II-4,1] spielt in diesem Zusammenhang praktisch keine Rolle). Die Methylprotonenresonanz wird also, wie beobachtet, in ein symmetrisches Dublett aufgespalten. Es ist zu beachten, daß die J-Werte für die beiden Multipletts von gleichem Betrage sind, da die gegenseitige magnetische Polarisation sich über die gleichen Elektronenhüllen erstreckt. Die für den Acetaldehyd angestellten Überlegungen lassen sich verallgemeinern. Die Multiplizität Z der Feinstruktur bei N benachbarten Kernen mit der Spinquantenzahl I ist gegeben durch

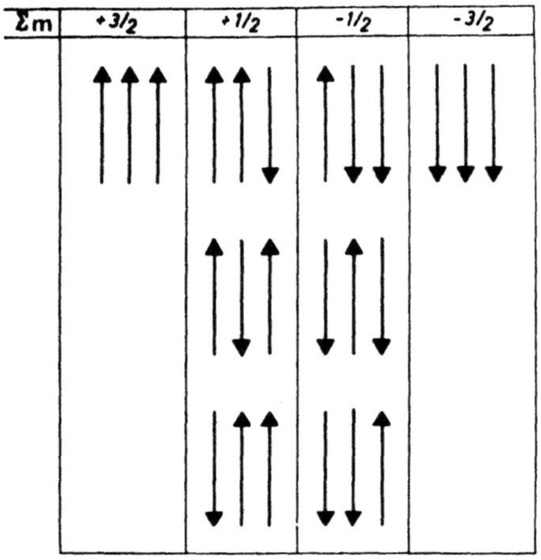

Abb. 31. Die möglichen Spinorientierungen von drei äquivalenten Kernen mit der Kernspinquantenzahl $I = {}^1/_2$.

$$Z = 2NI + 1 \qquad \text{[II-7,1]}$$

oder speziell für Protonen mit $I = 1/2$

$$Z = N + 1 \qquad \text{[II-7,2]}$$

Die Intensitäten verhalten sich dabei wie die N-ten Binomialkoeffizienten. Ein Beispiel mit $I = 1/2$ und $N = 6$ war das oben angeführte Septett der durch sechs Fluorkerne ($I = 1/2$) aufgespaltenen ^{121}Sb-Resonanz.

Sind zwei Sätze äquivalenter Kerne in Nachbarschaft des in Frage stehenden Kerns, die mit unterschiedlichen J-Werten aufspalten, so ergibt sich für die Gesamtmultiplizität

$$Z = Z_1 Z_2 = (2N_1 I_1 + 1)(2N_2 I_2 + 1). \qquad \text{[II-7,3]}$$

Ein Beispiel für eine derartige doppelte Aufspaltung zeigt das Kernresonanzspektrum für ^{11}B in $(CH_3)_2PHBH_3$ (284) in Abb. 32. Sehr häufig kann die durch [II-7,3] gegebene Multiplizität einer mehrfach aufgespaltenen Linie nicht mehr aufgelöst werden.

Als Beispiel einer Aufspaltung durch einen Kern mit $I = 1$ sei in Abb. 33 das (schematische) Spektrum des halbschweren Wasserstoffmoleküls HD gezeigt (59, 324). Abb. 33a zeigt die Resonanzlinie des Deuteriums, die durch Spin-Spin-Wechselwirkung des Protons nach Gleichung [II-7,2] in ein Dublett aufgespalten ist. Andererseits zeigt das Protonenspektrum in Abb. 33b ein Triplett mit gleicher Intensität der Komponenten. Das Deuteron mit $I = 1$ hat die drei Einstellungsmöglichkeiten $m = +1, 0$ und -1, die alle gleich wahrscheinlich sind; die beobachtete Aufspaltung ist dadurch gedeutet. Für beide Spektren wurde $J_{HD} = (42{,}7 \pm 0{,}7)$ Hz gefunden. Sowohl D_2 wie auch H_2 haben nur äquivalente Kerne und ergeben eine einfache Linie als Kernresonanz-Spektrum.

Eine wichtige Ausnahme für diese Multiplettaufspaltungsregel sei am Beispiel des Äthylalkohols (Abb. 2) erläutert. Wegen der zwei Methylenprotonen wird die Linie der Methylprotonen in ein Triplett nach [II-7,2] aufgespalten. Obgleich die Spin-Koppelungskonstante J_{OH,CH_2} hinreichend groß ist, wird für die Methylenprotonen wegen der benachbarten Methylgruppe nur ein Quadruplett und nicht nach [II-7,3] ein Oktuplett beobachtet. Entsprechend zeigt die OH-Gruppe statt des erwarteten Tripletts nur ein Singulett. Die Ursache für diese Spektrenvereinfachung ist reaktionskinetischer Art. Die OH-Gruppe tauscht mit anderen OH-Gruppen ihr Wasserstoffatom so schnell aus, daß die Methylenprotonen nur einen Mittelwert des Spinzustandes für das OH-Proton „sehen" und daher keine Aufspaltung beobachtet wird. Bei sorgfältigem Ausschluß von $C_2H_5O^-$- und H^+-Ionen, die den Austausch sehr wirksam katalysieren, kann die Austauschgeschwindigkeit so stark herabgesetzt werden, daß in der Tat für die Methylengruppe ein Oktuplett und für die OH-Gruppe ein Triplett gemessen wird (15). Diese durch reaktionskinetische Effekte beeinflußten Spektrallinien werden in Abschnitt III-3 noch ausführlich besprochen werden.

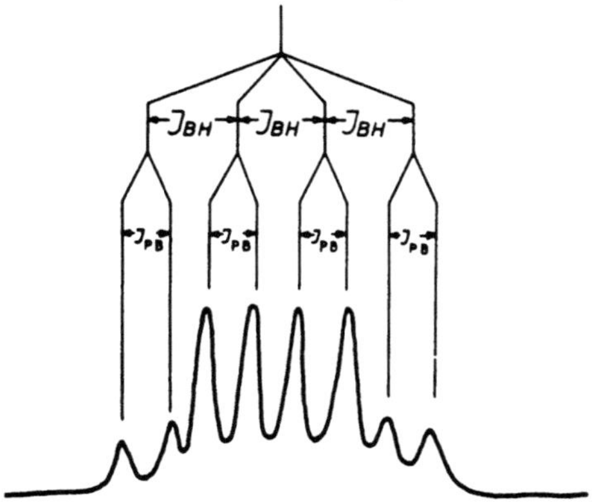

Abb. 32.
^{11}B-Resonanzspektrum des $(CH_3)_2HPBH_3$. Doppelte Spin-Koppelung des ^{11}B-Kerns mit den 3 BH_3-Protonen und mit dem Phosphorkern ^{31}P. $I_P = I_H = 1/2$; $J_{BH} = 93$ Hz; $J_{PB} = 50$ Hz [nach SHOOLERY (286); vgl. Abb. 61].

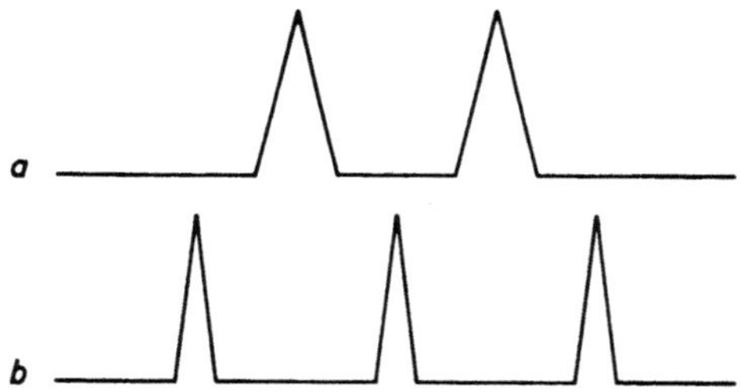

Abb. 33. Das Deuteronen- (a) und das Protonenresonanzspektrum (b) des HD-Moleküls (schematisch).

Alle in diesem Abschnitt angestellten Überlegungen gelten hinreichend genau, wenn Δ, die chemische Verschiebung in Hz (Gleichung [II-6,5]), etwa 10mal größer als J ist. Dann allerdings lassen sich aus Kernresonanzspektren in höchst einfacher Weise chemisch bedeutsame Informationen gewinnen. Die Anzahl der Multipletts entspricht der Zahl Sätze äquivalenter Kerne, ihre Intensität der Anzahl der zu den einzelnen Sätzen gehörenden Kerne, und die Multiplizität schließlich gibt Auskunft über die Anzahl benachbart gebundener Kerne.

Die Frage, ob es sich bei einem beobachteten Dublett um eine chemische Verschiebung oder um eine durch Spin-Koppelung bewirkte Aufspaltung handelt, kann experimentell sehr einfach durch Messung desselben Spektrums mit zwei verschiedenen Feldstärken entschieden werden (vgl. Abb. 30). (Diese Möglichkeit besteht natürlich nur, wenn zwei Senderfrequenzen in der Kernresonanzapparatur zur Verfügung stehen). Andererseits läßt sich häufig aus dem Betrag der Aufspaltung, den Intensitätsverhältnissen und aus bekannten Strukturelnzelheiten der untersuchten Substanz die gestellte Frage bereits beantworten. Weitere experimentelle Möglichkeiten zur Vereinfachung der Analyse eines gegebenen Spektrums sind die Doppelresonanzmethode und die Möglichkeit der Messung an geeignet isotop substituierten Verbindungen. Die beiden Verfahren werden in den Abschnitten IV-1 und IV-2 behandelt. In Tab. 4 sind für einige wichtige Verbindungstypen die zu erwartenden Beträge von Proton-Proton Spin-Koppelungskonstanten zusammengestellt.

Tabelle 4

Proton-Proton Spin-Koppelungskonstanten (249)

Verbindung	J_{H-H} (Hz)
CH_3—CH_2—X	6—8
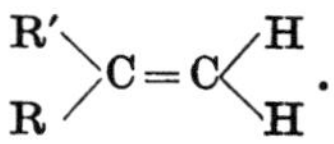	1—2
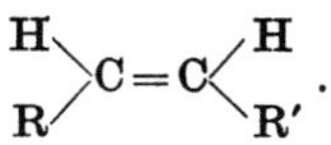	8—11
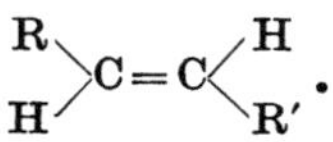	17—18
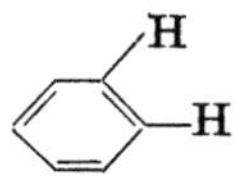	5—8,5
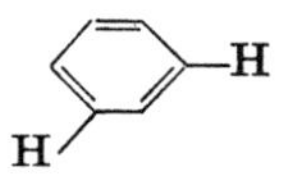	1—3
	~ 1

Ausführliche Tabellen für Spinkoppelungskonstanten sind von Brügel (55), für geminale und vicinale Protonen von Bothner-By (49) und für Konstanten für die Koppelung über mehr als drei Bindungen von Sternhell (300) veröffentlicht worden. Zahlreiche Spinkoppelungskonstanten, an denen andere Kerne als Protonen beteiligt sind, hat Fluck (99) tabellarisch zusammengestellt.

Eine quantentheoretische Berechnung von Spinkoppelungskonstanten stößt im allgemeinen auf große Schwierigkeiten. Selbst für das einfachste Molekül H_2, für dessen Eigenfunktionen sehr gute Näherungen zur Verfügung stehen, läßt sich J (siehe Abb. 33) nur halbquantitativ berechnen. Die berechnete Spinkoppelungskonstante hängt empfindlicher von der Güte der verwendeten Eigenfunktionen ab als der Kernabstand oder die Bindungsenergie (25). Eine für die Praxis ergiebige quantentheoretische Berechnung wurde dagegen von Karplus (163) für die Spinkoppelungskonstante zweier vicinaler H-Atome als Funktion des Drehwinkels φ (Abb. 34) durchgeführt.

Natürlich hängt J außer von φ auch von der Art der sonstigen Substituenten sowie vom Winkel C—C—H ab, φ ist aber der wichtigste Faktor. Die beobachtete (193) Abhängigkeit

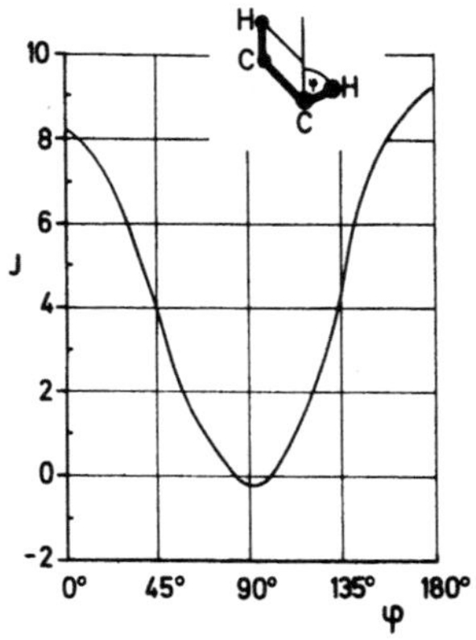

Abb. 34. Abhängigkeit der Spinkoppelungskonstanten J vom Winkel φ für vicinale Protonen [nach KARPLUS (163)].

der Spinkoppelungskonstanten von φ entspricht qualitativ der berechneten, ihre Zahlenwerte sind aber fast um den Faktor 2 größer. Die Rechnungen begründen den empirischen Befund, daß bei vicinalen Protonen in Äthanderivaten

$$|J_{\mathrm{HH}}^{\mathrm{trans}}| \sim 10-18 \text{ Hz} > |J_{\mathrm{HH}}^{\mathrm{gauche}}| \sim 1-3{,}5 \text{ Hz}$$

und daß in Äthylenderivaten

$$|J^{\mathrm{trans}}| > |J^{\mathrm{cis}}|$$

ist (siehe Tab. 4).

Für schwerere Kerne sind ähnlich wie die chemischen Verschiebungen auch die Spin-Koppelungskonstanten im allgemeinen erheblich größer als die für Protonen. Man vergleiche hierzu das zu Beginn dieses Abschnitts zitierte Beispiel J_{SbF} in $NaSbF_6$: $J = 1900$ Hz.

Zum Abschluß dieses Abschnitts sei die Struktur des Spektrums einer bekannten Verbindung abgeleitet und das berechnete Spektrum mit dem experimentell beobachteten verglichen. Ähnlich geht man vor, wenn für eine noch nicht voll aufgeklärte Verbindung zwischen zwei oder mehreren möglichen Strukturen aus dem Kernresonanz-Spektrum entschieden werden soll. Wir wählen das Protonenresonanzspektrum des Bernsteinsäurediäthylesters

$$\begin{array}{l} CH_2\text{—}COO\text{—}CH_2\text{—}CH_3 \\ | \\ CH_2\text{—}COO\text{—}CH_2\text{—}CH_3. \end{array}$$

In dieser Verbindung liegen drei Sätze äquivalenter Protonen vor:

1. Die 4 Methylenprotonen des Säurerestes, $\delta(1)$;
2. Die 4 Methylenprotonen der Äthylgruppen, $\delta(2)$;
3. Die 6 Methylprotonen der Äthylgruppen, $\delta(3)$.

Zunächst berechnen wir die chemischen Verschiebungen $\delta(1)$, $\delta(2)$ und $\delta(3)$ dieser Protonen mit der in Abschnitt II-6, b geschilderten Methode von PRIMAS, ARNDT und ERNST.

$$\delta(1) = \delta_0 + \delta_1 + \delta_2 + \delta_{12} + \delta_{13} + \delta_{15} + \delta_{16} = 4{,}843\ \text{ppm}.$$
$$\delta(2) = \delta_0 + \delta_1 + \delta_{20} = 3{,}154\ \text{ppm}$$
$$\delta(3) = \delta_0 + \delta_1 + \delta_{21} = 6{,}044\ \text{ppm}.$$

Da die Methylenprotonen des Bernsteinsäurerestes durch fünf Atombindungen von denen der Äthylgruppen getrennt sind, kann die Spin-Koppelung zwischen diesen Protonen nur sehr klein sein. Die Linie (1) ist daher ein Singulett. Die Linie der Methylenprotonen

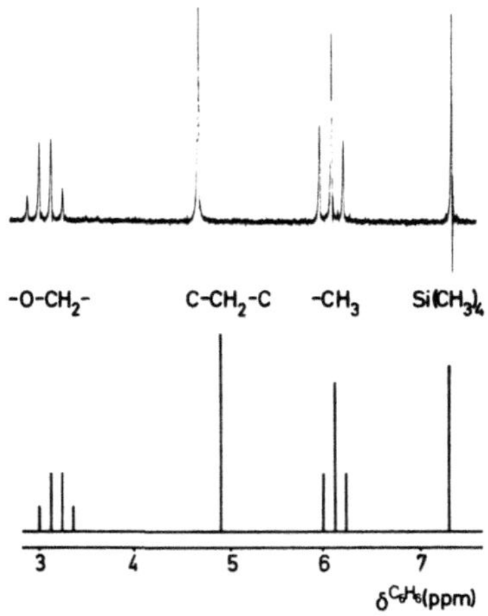

Abb. 35. Das berechnete und beobachtete Protonenresonanzspektrum des Bernsteinsäurediäthylesters ($C_2H_5OOCCH_2CH_2COOC_2H_5$) [reine Flüssigkeit, 25° C, 60 MHz, $Si(CH_3)_4$ als innerer Standard].

der Äthylgruppe wird durch die benachbarte CH_3-Gruppe zu einem Quadruplett und die Linie der Methylgruppe durch die CH_2-Gruppe zu einem Triplett aufgespalten. Die Spin-Koppelungskonstante J in einer Äthylgruppe beträgt durchschnittlich etwa 7 Hz (114). Die Intensitäten L der drei Linien verhalten sich wie

$$L(1) : L(2) : L(3) = 2 : 2 : 3.$$

Abb. 35 zeigt das so berechnete und das experimentell beobachtete Spektrum.

II-8 Aufspaltungen höherer Ordnung

Weiterführende Literatur: (270, 69, 93: Kap. 8)

II-8,a Vorbemerkungen

Die einfachen Regeln für die Beurteilung eines MKR-Spektrums, wie sie in Abschnitt II-7 erläutert wurden, gelten nur, wenn die durch die chemische Verschiebung bedingte Frequenzaufspaltung $\Delta = \dfrac{\gamma \delta H_0 \cdot 10^{-6}}{2\pi}$ groß gegen die Spin-Koppelungskonstante J ist. Ist diese Bedingung nicht erfüllt, so erscheinen im Spektrum mehr Linien, als man nach der ersten Näherung erwartet. Diese zahlreicheren Linien sind zudem nicht mehr deutlich in Gruppen getrennt, die den Sätzen äquivalenter Kerne zugeordnet werden können. Weiter ist die Anzahl der Kerne in einem Satz äquivalenter Kerne nicht mehr durch die Gesamtintensität der Linien gegeben, die diesem Satz zuzuordnen sind, da auch gemischte Übergänge erfolgen, deren Linienintensität durch verschiedene Sätze von Kernen bestimmt wird. Die Intensität dieser „gemischten" Linien wird allerdings etwa erst für $J \geq \Delta$ wesentlich. Der Habitus der Spektren ist nur durch das Verhältnis J/Δ bestimmt. Wenn J kleiner, aber nicht sehr viel kleiner als Δ ist, macht sich als erste Abweichung von den Regeln erster Näherung eine Unsymmetrie in der Intensität von Multipletts bemerkbar. Dieser Effekt tritt bereits auf, wenn die Aufspaltung höherer Ordnung noch nicht aufgelöst werden kann. Als Beispiel sei das Äthylgruppenspektrum des Bernsteinsäurediäthylesters (Abb. 35) diskutiert. Die einander zugewandten Absorptionslinien des Tripletts und des Quadrupletts sind deutlich größer als die zugehörigen „Außenlinien", die nach der ersten Näherung die gleiche Intensität wie die „Innenlinien" haben sollten. Dieser Effekt kann bei komplizierteren Spektren für die Entscheidung nützlich sein, wo der Koppelungspartner im Spektrum zu finden ist.

Für die Berechnung von Spektren mit beliebigen J/Δ sind verschiedene Methoden entwickelt worden. Entweder wird der vollständige quantenmechanische Ansatz durchgerechnet, oder aber es genügt, wenn $J < \Delta$ ist, eine quantenmechanische Störungsrechnung, die nicht allzu große Abweichungen von der ersten Näherung erfaßt. Schließlich ist noch eine mehr analytische, die sogenannte Momentenmethode entwickelt worden. Bei den beiden ersten Verfahren müssen die Zahl der äquivalenten Sätze und die Anzahl der Kerne in den Sätzen – d. h. der Typus des Spektrums – sowie alle chemischen Verschiebungen und alle Spin-Koppelungskonstanten bekannt sein. Die Frequenzen und Intensitäten der einzelnen Spektrallinien können dann berechnet werden. Praktisch werden bei der Deutung eines komplizierten Spektrums die Spektren für verschiedene Kombinationen von Δ und J berechnet und nach Anzahl, Frequenz und Intensität der Linien mit dem beobachteten Spektrum verglichen. Die korrekten Δ- und J-Werte können auf diese Weise recht genau, allerdings umständlich, ermittelt werden. Die anfallende rechnerische Arbeit wird dann zweckmäßig mit einer elektronischen Rechenmaschine bewältigt.

Bei der in Abschnitt II-8, c abgehandelten Momentenmethode erhält man, wenn der Spektraltyp bekannt ist, aus den experimentellen Daten ohne langwieriges Probieren die chemische Verschiebung und die Spin-Koppelungskonstante. Dieser große Vorteil wird aber leider durch die übergroße Empfindlichkeit des Verfahrens gegenüber geringen Meßfehlern aufgewogen.

Bei der praktischen Anwendung der MKR auf chemische Probleme kommt es dem Chemiker weniger darauf an, sehr präzise Werte für die chemische Verschiebung oder die Konstanten J zu erhalten. Er ist vielmehr daran interessiert, ob das Spektrum einer Verbindung mit einer bestimmten vorgeschlagenen Struktur vereinbar ist oder nicht. Wenn $\Delta \gg J$ ist, kann diese Frage oft sehr einfach beantwortet werden. Für vergleichbare Δ- und J-Werte sollen in diesem Abschnitt an Hand einiger Beispiele das Erkennen des Spektrentyps und die Berechnung der Spektren aus gegebenen Tabellen oder nach der Momentenmethode erläutert werden. Auf eine vollständige Darstellung der Methoden muß im Rahmen dieses Buches verzichtet werden. Es kann dies um so leichter geschehen, als die quantenmechanische Berechnung von MKR-Spektren in der Literatur in jüngster Zeit zusammenfassend behandelt worden ist (68; 249, Kapitel 6; 69).

Für die Systematik von Kernresonanzspektren hat sich eine zusammenfassende Schreibweise als zweckmäßig erwiesen. Jeder Satz äquivalenter Kerne wird mit einem großen lateinischen Buchstaben bezeichnet und die Zahl seiner Kerne als Index geschrieben. Ist zwischen den Sätzen J/Δ nicht vernachlässigbar klein, so werden für beide Sätze die ersten Buchstaben des Alphabets gewählt, kann aber, weil J/Δ sehr klein ist, die Aufspaltung höherer Ordnung vernachlässigt werden, so werden für den zweiten Satz die Buchstaben X, Y oder Z verwendet. So ist z. B. das Protonenspektrum des Acetaldehyds ein A_3X-Spektrum, da Δ (bei 60 MHz) = 452 Hz, J aber nur 2,85 Hz beträgt. Das Spektrum des Bernsteinsäurediäthylesters (Abb. 35) ist ein $(A_3B_2X_2)_2$-Spektrum; Δ_{CH_2, CH_2} ist zwar in diesem Falle nicht groß, aber J_{CH_2, CH_2} ist vernachlässigbar klein, da die Protonen der beiden CH_2-Gruppen durch fünf Bindungen voneinander getrennt sind. Spin-Spin-Aufspaltungen zwischen verschiedenen Isotopen führen immer zu A_mX_n-Spektren, da hier $J/\Delta = 0$ sehr weitgehend erfüllt ist.

Für die relative Abweichung eines Spektrums von der ersten Näherung ($J/\Delta = 0$) ist nur der Wert des Verhältnisses J/Δ maßgebend. Da Δ proportional der äußeren magnetischen Feldstärke und J unabhängig von ihr ist, nehmen die Aufspaltungen höherer Ordnung mit wachsender magnetischer Feldstärke ab. Als ein Beispiel hierfür sei das Fluorresonanzspektrum des Chlortrifluorids (Abb. 36) diskutiert, das von MUETTERTIES und PHILLIPS

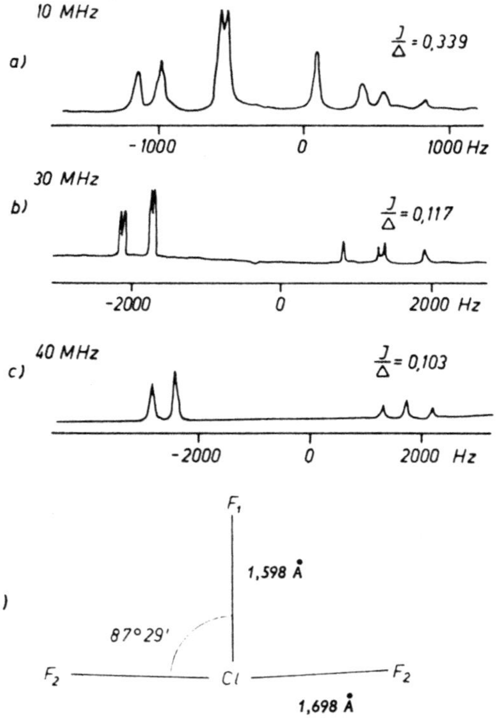

Abb. 36. Die Struktur (d) und das Fluorresonanzspektrum (a – c) des Chlortrifluorids bei – 60° C. Gemessen mit 10, 30 und 40 MHz. Nach MUETTERTIES und PHILLIPS (216). (Die nicht korrekte Abhängigkeit der Größe J/Δ von der Senderfrequenz wird von den Autoren auf nicht hinreichende Meßgenauigkeit zurückgeführt.)

(216) mit den drei Senderfrequenzen 10, 30 und 40 MHz aufgenommen wurde (Abb. 36a, b, c). Von den drei Fluoratomen des Chlortrifluorids sind zwei einander äquivalent, das dritte hat eine andere magnetische Umgebung (Abb. 36d) und zeigt daher eine chemische Verschiebung gegen die beiden anderen Fluoratome. In der oben diskutierten Bezeichnungsweise handelt es sich um ein A_2B-Spektrum (man vergleiche die Spektren der Abb. 36 mit den theoretisch berechneten in Abb. 38). In erster Näherung sollte demnach dem einzelnen Fluoratom ein Triplett und den beiden äquivalenten ein Dublett entsprechen. Tatsächlich wird dieses Spektrum bei einer Senderfrequenz von 40 MHz (H = 9,99 kGauß) beobachtet. Bei dieser Senderfrequenz ist $J/\Delta = 0{,}103$. Die Flächen unter den beiden Multipletts verhalten sich wie 2 : 1. Der Einfluß eines endlichen Verhältnisses J/Δ macht sich im Spektrum (Abb. 36c) bei der vorliegenden Auflösung nur noch dadurch bemerkbar, daß die Intensitäten der Multiplettkomponenten sich nicht mehr wie 1 : 1 bzw. wie 1 : 2 : 1 verhalten. Im Spektrum Abb. 36b (30 MHz; $J/\Delta = 0{,}117$) ist schon sehr deutlich eine Aufspaltung zweiter Ordnung zu bemerken, während sie in Abb. 36a so ausgeprägt ist, daß die Dublett-Triplett-Struktur nicht mehr zu erkennen ist.

Abb. 36 zeigt deutlich die großen Vorteile, die, abgesehen von der erhöhten Empfindlichkeit (Gleichung [II-5,24]), eine möglichst hohe magnetische Feldstärke für Kernresonanzspektren mit sich bringt. Während bei 10 MHz (H = 2,49 kGauß) das ClF_3-Spektrum noch ein typisches A_2B-Spektrum ist und daher eine ausführliche Diskussion nach den Methoden dieses Abschnitts erfordert, läßt das Spektrum derselben Verbindung, das mit 40 MHz aufgenommen wurde, schon in der ersten Näherung erkennen, daß zwei Fluoratome äquivalent sind und eines andersartig gebunden sein muß.

II-8,b*) Die Auswertung von Spektren mit endlichem J/Δ

In diesem Abschnitt sollen die Ergebnisse der quantenmechanischen Rechnungen in Abbildungen und Tabellen für Spektren vom Typus A_mB_n mit nur einer Spinkoppelungskonstanten zum praktischen Gebrauch zusammengestellt werden. Die Rechnungen sind von Corio (69) in einer ausführlichen Übersicht veröffentlicht worden. Auch die ältere Literatur kann in dieser Arbeit nachgeschlagen werden.

Für kompliziertere Spektren vom Typus $A_mB_nC_p$ würden analoge Tabellen außerordentlich umfangreich, da die Zahl der Spektrentypen mit den Zahlenkombinationen m, n, p stark ansteigt und weil zur Beschreibung solcher Spinsysteme zwei chemische Verschiebungen (Δ_{AB} und Δ_{AC}; Δ_{BC} ist damit gegeben) und drei Spinkoppelungskonstanten J_{AB}, J_{AC} und J_{BC} erforderlich sind. Außerdem muß für solche Fälle nicht nur der Betrag der Spinkoppelungskonstanten bekannt sein; auch ihr (relatives) Vorzeichen bestimmt den Charakter der Spektren. Trotz dieser Schwierigkeiten lassen sich aber doch manche derartigen Spektren mit den in diesem Buch gegebenen Mitteln wenigstens näherungsweise berechnen. Hierzu möge das praktisch besonders wichtige Beispiel eines *ABC*-Spinsystems diskutiert werden. In vielen Fällen wird eine der chemischen Verschiebungen größer, wenn auch nicht sehr viel größer, als die vorkommenden Spinkoppelungskonstanten sein. Dann kann das Spektrum näherungsweise als ein ABX-Spektrum betrachtet werden. Es sind dann wieder zwei leicht berechenbare Grenzfälle möglich. Wenn $\Delta_{AB} > J_{AB}$ ist, berechnet man zunächst ein AB-Spektrum und spaltet dann jede Linie dieses Spektrums mit J_{AX} bzw. J_{BX} auf. Die X-Linie wird entsprechend durch Koppelung mit A und B in ein Quadruplett mit der Intensität 1 : 1 : 1 : 1 aufgespalten (die Intensitäten stimmen wegen der vorgenommenen Vernachlässigungen nicht gut, die Übereinstimmung der Frequenzen ist besser).

Das analoge Verfahren für ein A_3B_2X-Spektrum wird am Beispiel des Propionaldehyds weiter unten vorgeführt. Ein anderer Grenzfall liegt vor, wenn $J_{AB} \gg \Delta_{AB}$ und $J_{AB} \gg (J_{AX} - J_{BX})$ ist. Die A- und B-Kerne sind dann näherungsweise äquivalent, und wir erhalten ungefähr ein A_2X-Spektrum. Die am X-Triplett bzw. am A_2-Dublett beobachtete Spinkoppelungskonstante J ist dann das arithmetische Mittel von J_{AX} und J_{BX} (Vorzeichen beachten!). Im allgemeinen Fall muß das $A_mB_nC_p$-Spektrum vollständig mit abgeschätzten Parametersätzen berechnet und die korrekten Parameter durch Vergleich des beobachteten mit den berechneten Spektren gewonnen werden. Die erhebliche numerische Arbeit wird dabei von elektronischen Rechenmaschinen bewältigt. Eine leicht lesbare Einführung in die quantenmechanische Berechnung von Kernresonanzspektren wird von ROBERTS (270) gegeben.

Abb. 37 zeigt die theoretischen AB-Spektren für verschiedene Verhältnisse J/Δ. Die Spinkoppelung ergibt für beide Linien je ein Dublett, das um den Betrag J aufgespalten ist. Für $\Delta \gg J$ sind die Intensitäten der vier Linien gleich, wird aber Δ vergleichbar mit J, so nimmt die Intensität der inneren Linien zu, die der äußeren ab. Wird schließlich $\Delta \ll J$, bleiben mit meßbarer Intensität nur noch die beiden inneren Linien, die dann einen gegenseitigen Abstand von etwa $\Delta^2/2\,J$ aufweisen, und für $\Delta = 0$ errechnet sich nur noch eine Linie. Die Kerne sind magnetisch äquivalent geworden. Der Abstand der Linien A_1 und A_2 bzw. B_1 und B_2 bleibt auch bei großem J/Δ konstant und gleich J, so daß die Spinkoppelungskonstante ohne Rechnung aus dem Spektrum entnommen werden kann. Die relativen Intensitäten und die Frequenzen der vier Linien in Abhängigkeit von J und Δ sind der Tab. 5 zu entnehmen.

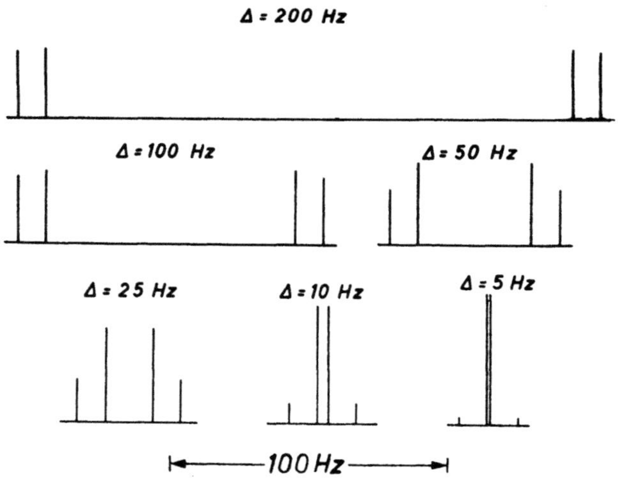

Abb. 37. Berechnete Spektren für das AB-Spinsystem. $J = 10$ Hz, Δ variabel.

Tabelle 5

Relative Intensitäten und Frequenzen eines AB-Spektrums
(Die Frequenzen sind auf den Schwerpunkt des Spektrums bezogen.)

Linie	Relative Intensität	Frequenz
A_1	$1 - \frac{J}{\sqrt{\Delta^2 + J^2}}$	$1/2(J + \sqrt{\Delta^2 + J^2})$
A_2	$1 + \frac{J}{\sqrt{\Delta^2 + J^2}}$	$1/2(-J + \sqrt{\Delta^2 + J^2})$
B_1	$1 + \frac{J}{\sqrt{\Delta^2 + J^2}}$	$1/2(J - \sqrt{\Delta^2 + J^2})$
B_2	$1 - \frac{J}{\sqrt{\Delta^2 + J^2}}$	$1/2(-J .- \sqrt{\Delta^2 + J^2})$

Die Momentenmethode zur Berechnung von AB-Spektren wird im nächsten Abschnitt erläutert werden.

Die Abb. 38, 39, 41 und 43 zeigen die berechneten Spektren für die Spinsysteme A_2B, A_3B, A_2B_2 und A_3B_2.

Die Abbildungen sind für einen konstanten Wert von J und abnehmende Werte für Δ berechnet. Da der Habitus des Spektrums nur vom Verhältnis J/Δ abhängt, können die gerechneten Spektren (Abb. 37, 38, 39, 41 und 43) selbstverständlich auch für den Vergleich gemessener Spektren mit anderen J-Werten verwendet werden. Z. B. erhält man mit $J = 5$ Hz gleiche Spektren, wenn die chemischen Verschiebungen und der Frequenzmaßstab ebenfalls halbiert werden. Entsprechendes gilt für andere Werte von J.

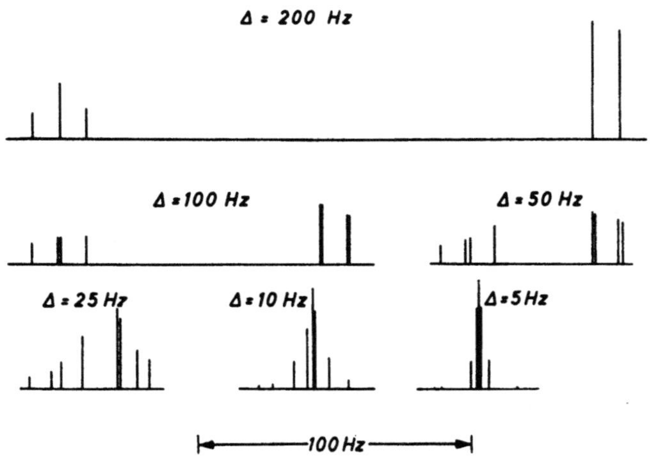

Abb. 38. Berechnete Spektren für das A_2B-Spinsystem. $J = 10$ Hz, Δ variabel.

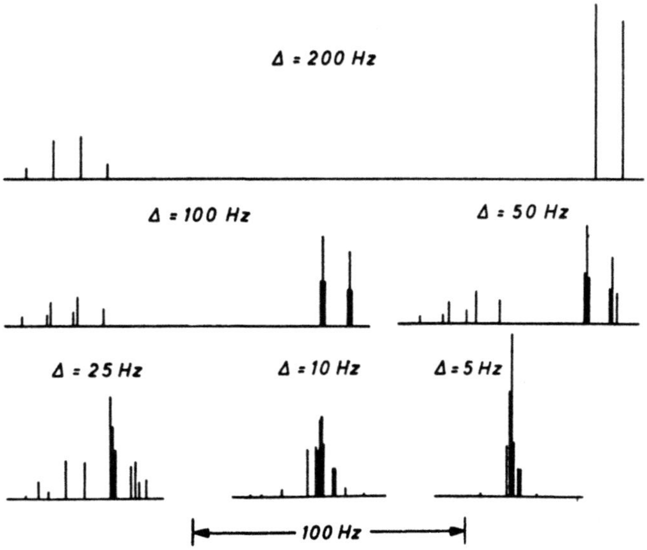

Abb. 39. Berechnete Spektren für das A_3B-Spinsystem. $J = 10$ Hz, Δ variabel.

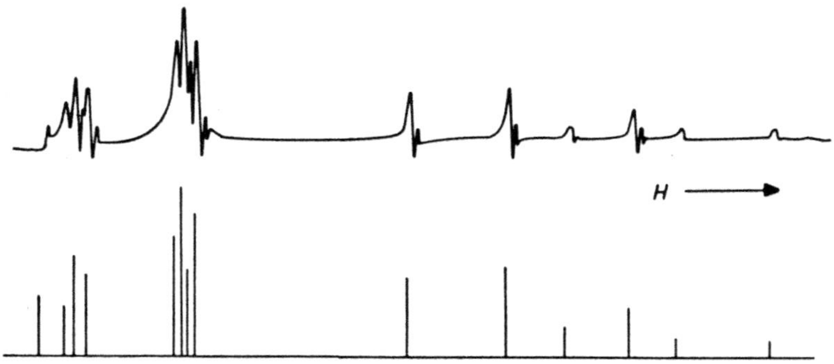

Abb. 40. Protonenresonanzspektrum des Methylmercaptans. Beobachtet und berechnet. Reine Flüssigkeit bei Zimmertemperatur, 40 MHz. Nach CORIO (69).

Wie im Falle des AB-Spektrums fallen alle Spektren für $\Delta = 0$ (bei endlichem J) in ein Singulett zusammen. Die theoretischen Intensitäten und Frequenzen für die verschiedenen Spinsysteme sind im Tabellenanhang in den Tab. 19 bis 22 mit kleinen Intervallen von J/Δ zusammengestellt. Durch lineare Interpolation lassen sich für beliebige J/Δ-Werte die theoretischen Spektren berechnen und mit dem Experiment vergleichen.

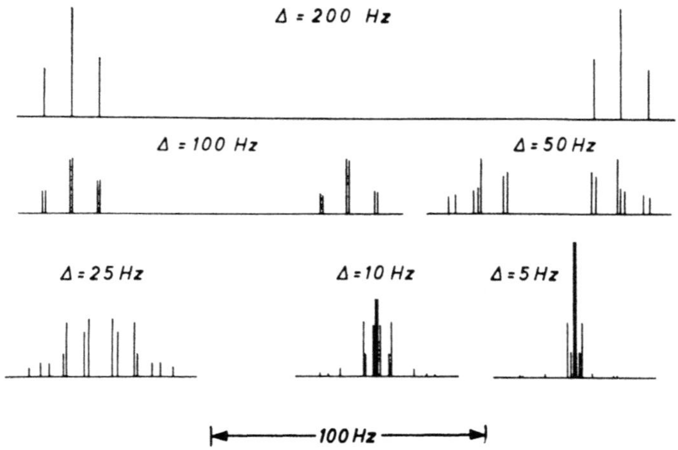

Abb. 41. Berechnete Spektren für das A_2B_2-Spinsystem. $J = 10$ Hz, Δ variabel.

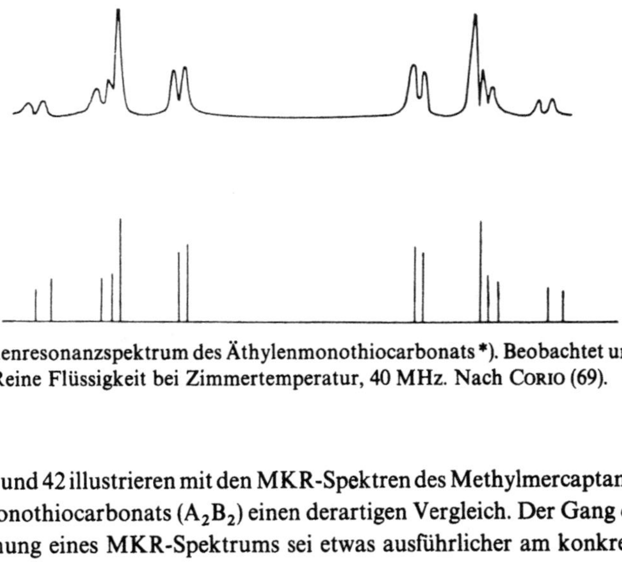

Abb. 42. Protonenresonanzspektrum des Äthylenmonothiocarbonats *). Beobachtet und berechnet. Reine Flüssigkeit bei Zimmertemperatur, 40 MHz. Nach Corio (69).

Die Abb. 40 und 42 illustrieren mit den MKR-Spektren des Methylmercaptans (A_3B) bzw. des Äthylenmonothiocarbonats (A_2B_2) einen derartigen Vergleich. Der Gang der theoretischen Berechnung eines MKR-Spektrums sei etwas ausführlicher am konkreten Beispiel eines komplizierteren Spektrums besprochen. Im Propionaldehyd CH_3—CH_2—CHO liegen drei Sätze äquivalenter Protonen vor: $CH_3 = A_3$, $CH_2 = B_2$ und CHO = X. Das Übersichtsspektrum des Propionaldehyds zeigt Abb. 44a.

*) Da im Äthylenmonothiocarbonat die Mittelung der cis- und trans-Spinkoppelungskonstanten durch schnelle Rotation nicht möglich ist, läßt sich das System nur zufällig als A_2B_2-Spektrum mit einer Spinkoppelungskonstanten beschreiben. Das ist sofort verständlich, wenn $J_{AB}^{cis} = J_{AB}^{trans}$; aber auch für andere Kombinationen der Spinkoppelungskonstanten kann ein einfaches A_2B_2-Spektrum vorgetäuscht werden (116).

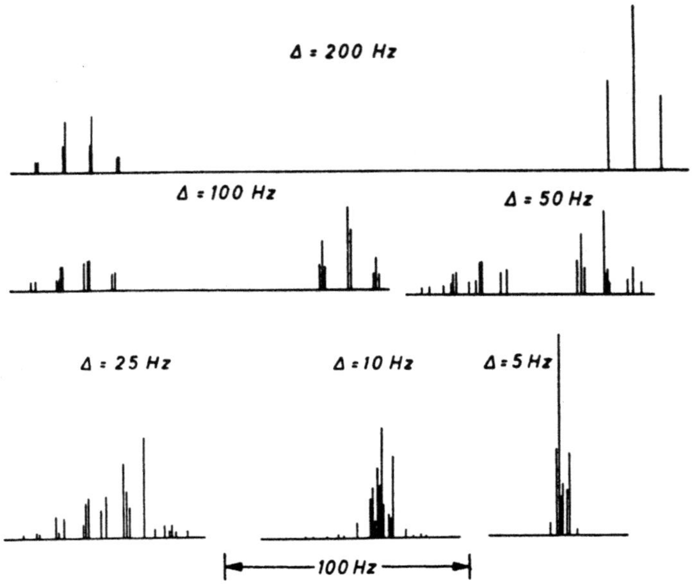

Abb. 43. Berechnete Spektren für das A_3B_2-Spinsystem. $J = 10$ Hz, Δ variabel.

Die Auswertung des Spektrums ergibt $\Delta_{AB} = 87{,}5 \pm 0{,}5$ Hz und $\Delta_{BX} = 438$ Hz. Mit höherer Auflösung (Abb. 44b) erhält man einen ersten Näherungswert für die Spin-Koppelungskonstanten: $J_{AB} = (7{,}5 \pm 0{,}1)$ Hz und aus einem (in Abb. 44 nicht gezeigten) hoch-

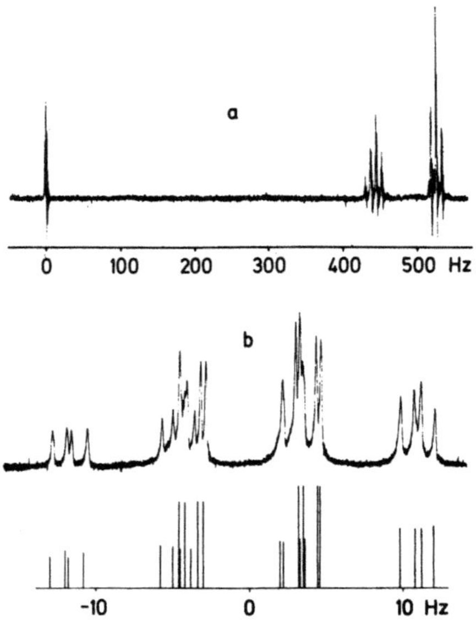

Abb. 44. Das Protonenresonanzspektrum des Propionaldehyds. a) Übersichtsspektrum. b) Beobachtetes und berechnetes Teilspektrum der Methylengruppe. Reine Flüssigkeit bei Zimmertemperatur, 60 MHz.

aufgelösten Teilspektrum des Aldehydprotons $J_{BX} = (1{,}25 \pm 0{,}05)$ Hz. J_{AX} kann vernachlässigt werden. Der Propionaldehyd zeigt also ein A_3B_2X-Spektrum. Für die Äthylgruppe ist das Verhältnis $J_{AB}/\Delta_{AB} = (0{,}086 \pm 0{,}003)$. Aus Tab. 22 werden nun für verschiedene J/Δ-Werte zwischen 0,080 und 0,090 die Intensitäten und Frequenzen interpoliert. Die so erhaltenen Spektren können in ihrem A_3-Teil sofort mit dem beobachteten Spektrum verglichen und so kann der beste Wert für J/Δ ermittelt werden. Die berechneten 12 B-Linien der CH_2-Gruppe werden noch durch Spin-Koppelung mit dem Proton der Aldehydgruppe in je zwei Linien aufgespalten, deren Abstände in sehr guter Näherung (vgl. 69, 225) durch J_{BX} gegeben sind. Das theoretische Spektrum der CH_2-Gruppe (Abb. 44b), das mit dem beobachteten am besten übereinstimmt, wurde mit den Parametern $J_{AB}/\Delta_{AB} = 0{,}0860$ und $J_{BX} = 1{,}24$ Hz berechnet.

II-8,c) Die Momentenmethode*

Eine weitere Methode zur Berechnung von MKR-Spektren mit vergleichbaren Δ- und J-Werten wurde 1957 von ANDERSON und MCCONNELL (8) entwickelt. Auch für dieses Verfahren kann hier nur das Ergebnis, nicht die Ableitung mitgeteilt werden. Man geht vom experimentellen Spektrum aus und berechnet daraus die „Momente" des Spektrums, aus denen sich dann Δ und J errechnen lassen. Die n-ten Momente bezüglich einer zunächst beliebigen Frequenz sind dabei definiert durch

$$\langle \nu^n \rangle \equiv \frac{\sum (\nu_i)^n L_i}{\sum L_i}. \qquad [II\text{-}8,1]$$

Hier ist ν_i die Frequenz und L_i die Intensität der i-ten Linie des Spektrums. Nach dieser Definition bestimmt das erste Moment $\langle \nu \rangle$ den Schwerpunkt des Spektrums (das zweite Moment hat die Bedeutung eines Trägheitsradius des Spektrums um die Bezugsfrequenz; für die höheren Momente fehlen entsprechende anschauliche Analoga aus der Mechanik). Zweckmäßig wählt man als Bezugsfrequenz den Schwerpunkt des Spektrums und bezeichnet die Abweichungen von dieser Frequenz mit

$$\Delta \nu_i = \nu_i - \langle \nu \rangle. \qquad [II\text{-}8,2]$$

Wie durch einfache algebraische Umformung folgt, gilt dann für die ersten vier Momente

$$\langle \Delta \nu \rangle = 0 \qquad [II\text{-}8,3]$$

$$\langle (\Delta \nu)^2 \rangle = \langle \nu^2 \rangle - \langle \nu \rangle^2 \qquad [II\text{-}8,4]$$

$$\langle (\Delta \nu)^3 \rangle = \langle \nu^3 \rangle - 3\langle \nu^2 \rangle \langle \nu \rangle + 2\langle \nu \rangle^3 \qquad [II\text{-}8,5]$$

$$\langle (\Delta \nu)^4 \rangle = \langle \nu^4 \rangle - 4\langle \nu^3 \rangle \langle \nu \rangle + 6\langle \nu^2 \rangle^2 - 3\langle \nu \rangle^4. \qquad [II\text{-}8,6]$$

ANDERSON und MCCONNELL (8) zeigten, daß für eine Gruppe von N Kernen mit dem Spin I für diese Momente weiter die Beziehungen gelten

$$\langle (\Delta \nu) \rangle = \frac{1}{N} \sum \Delta \nu_i = 0. \qquad [II\text{-}8,7]$$

$$\langle (\Delta \nu)^2 \rangle = \frac{1}{N} \sum (\Delta \nu_i)^2 \qquad [II\text{-}8,8]$$

$$\langle(\Delta\nu)^3\rangle = \frac{1}{N}\sum(\Delta\nu_i)^3 \qquad [II\text{-}8,9]$$

$$\langle(\Delta\nu)^4\rangle = \frac{1}{N}\left\{\sum(\Delta\nu_i)^4 + \frac{2}{3}I(I+1)\sum_{i<j}\Delta_{ij}^2 J_{ij}^2\right\}. \qquad [II\text{-}8,10]$$

Wenn nur zwei Sätze äquivalenter Kerne zu der Gruppe gehören mit N_1 bzw. N_2 Kernen und mit einer Verschiebung $\Delta\nu_1$ bzw. $\Delta\nu_2$ gegen den Schwerpunkt, so gilt

$$N_1\Delta\nu_1 + N_2\Delta\nu_2 = 0. \qquad [II\text{-}8,11]$$

Es ist zu beachten, daß $\Delta\nu_1$ und $\Delta\nu_2$ nicht direkt aus dem Spektrum zu entnehmen sind, wenn statt einzelner Linien Multipletts vorliegen. Aus Gleichung [II-8,8] und [II-8,11] erhält man aber

$$\Delta_{12}^2 = (\Delta\nu_1 - \Delta\nu_2)^2 = \frac{(N_1+N_2)^2}{N_1N_2}\langle(\Delta\nu)^2\rangle. \qquad [II\text{-}8,12]$$

Die chemische Verschiebung kann also aus dem zweiten Moment erhalten werden, während die Spin-Koppelungskonstanten erst das vierte Moment beeinflussen. Die Gleichung [II-8,10] für das vierte Moment kann für den vorliegenden Spezialfall umgeschrieben werden

$$\frac{J^2}{\Delta^2} = \frac{3N_1^2N_2^2}{2I(I+1)(N_1+N_2)^3} \times \left\{\frac{\langle(\Delta\nu)^4\rangle}{\langle(\Delta\nu)^2\rangle^2} - \frac{N_1^3+N_2^3}{N_1N_2(N_1+N_2)}\right\}. \qquad [II\text{-}8,13]$$

Die Momentenmethode sei nur auf einen einfachen Fall, das AB-Spektrum des 2-Brom-5-chlorthiophens angewendet. Mit $N_1 = N_2 = 1$ und $I = 1/2$ vereinfacht sich Gleichung [II-8,13] zu

$$\frac{J}{\Delta} = \frac{1}{2}\sqrt{\frac{\langle(\Delta\nu)^4\rangle}{\langle(\Delta\nu)^2\rangle^2} - 1}. \qquad [II\text{-}8,14]$$

Das von ANDERSON (7) aufgenommene MKR-Spektrum des 2-Brom-5-chlorthiophens zeigt Abb. 45.

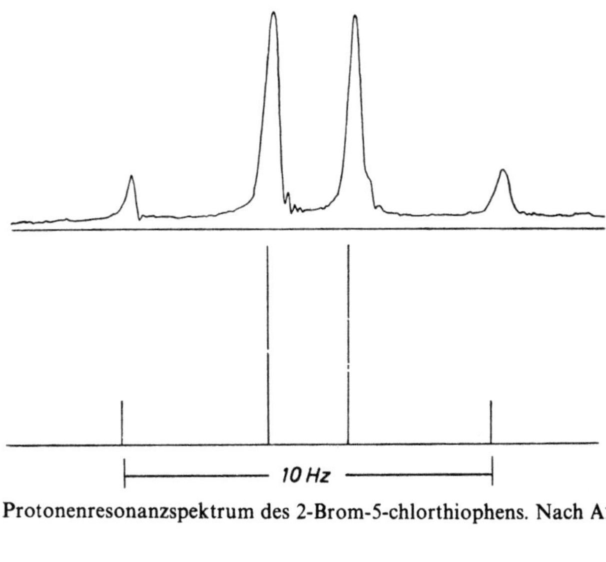

Abb. 45. Das Protonenresonanzspektrum des 2-Brom-5-chlorthiophens. Nach ANDERSON (7).

Die Intensitäten der Linien dieses Spektrums verhalten sich wie

$$1:5{,}5:5{,}5:1$$

und die Frequenzen liegen bei $-5{,}00$; $-1{,}09$; $1{,}09$ und $5{,}00$ Hz. Damit erhält man aus den Gleichungen [II-8,3] bis [II-8,6]

$$\langle(\Delta\nu)\rangle = \langle(\Delta\nu)^3\rangle = 0; \qquad \langle(\Delta\nu)^2\rangle = 5{,}76\,\text{sec}^{-2} \quad \text{und} \quad \langle(\Delta\nu)^4\rangle = 148{,}6\,\text{sec}^{-4}.$$

Diese Werte in [II-8,12] und [II-8,14] eingesetzt ergeben für Δ und J

$$\Delta = 4{,}8\,\text{Hz} \qquad \text{und} \quad J = 4{,}4\,\text{Hz}.$$

Eine Auswertung nach dem Verfahren des vorhergehenden Abschnitts ergab (7)

$$\Delta = (4{,}7 \pm 0{,}2)\,\text{Hz} \qquad \text{und} \quad J = (3{,}9 \pm 0{,}2)\,\text{Hz}.$$

Es ist zu beachten, daß bei der Momentenmethode der Zahlenwert von $\langle(\Delta\nu)^4\rangle$ und damit der des berechneten J außerordentlich empfindlich von den genauen Werten der Frequenzen und der Intensitäten abhängt. Ferner erhält man für den allgemeineren Fall eines $A_{N_1}B_{N_2}$-Spektrums nach Gleichung [II-8,13] nur eine Linearkombination der J_{ij}^2. Andererseits hat die Momentenmethode den Vorteil, daß die Rechnung sehr viel schneller zum Ziel führt als der Vergleich mit berechneten Spektren.

Wegen der Ermittlung von chemischen Verschiebungen für $A_{N_1}B_{N_2}C_{N_3}$-Spektren aus Spektralmomenten sowie wegen weiterer Anwendungsmöglichkeiten der Methode sei auf die Arbeit von Anderson und McConnell (8) verwiesen.

II-9*) Quadrupolrelaxation

Weiterführende Literatur: (318)

Während man sich bei Kernen mit der Spinquantenzahl $I = 1/2$ das magnetische Moment durch Rotation einer kugelförmigen, positiven Ladungsverteilung erzeugt denken kann, ist dieses einfache Bild für die Kerne mit $I \geq$ nicht mehr hinreichend. Die Ladung erfüllt in solchen Kernen ein rotationssymmetrisches, gestrecktes oder abgeflachtes Ellipsoid, dessen Rotationsachse mit der Richtung des magnetischen Moments übereinstimmt (Abb. 46). Einem solchen Ellipsoid kommt nun neben seiner elektrischen Ladung, dem Pol,

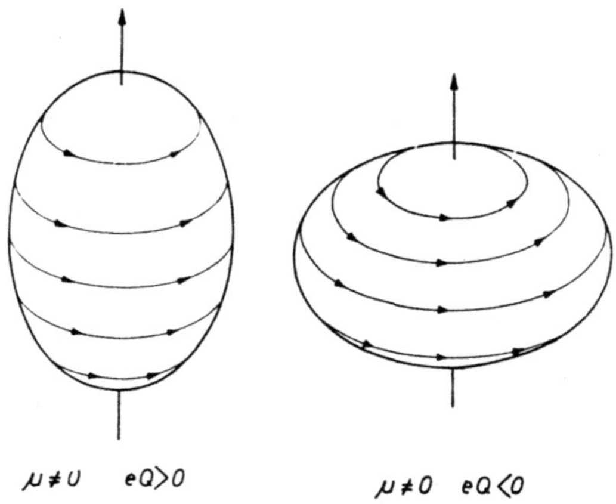

Abb. 46. Schematische Darstellung zweier Atomkerne ($I > 1/2$) mit positivem bzw. negativem Quadrupolmoment.

noch ein Quadrupolmoment zu. Im Gradienten eines elektrischen Feldes E wirkt auf einen Quadrupol ein Drehmoment L

$$L = e \cdot Q \frac{dE}{dx}, \qquad [\text{II-9,1}]$$

e ist dabei die Elektronenladung und eQ das Quadrupolmoment. Die Größenordnung von Q wird durch das Quadrat der linearen Dimensionen von Atomkernen zu 10^{-24} cm^2 bestimmt (siehe Tab. 16). Kerne mit langer Drehachse (Abb. 46a) haben ein positives, Kerne mit kurzer Drehachse (Abb. 46b) ein negatives Quadrupolmoment.

Nach Abschnitt II-4 ist die FOURIER-Komponente des magnetischen Rauschens mit der Kreisfrequenz ω_0 (der LARMOR-Frequenz) die Ursache für das Umklappen der magnetischen Momente und damit für die Energieübertragung vom Spinsystem auf das Gittersystem. Auf diesem Mechanismus beruht die endliche Relaxationszeit T_1 für die Energieübertragung. T_1 wird aber ganz entsprechend auch durch Umklappvorgänge verkürzt, die durch das Quadrupolmoment des Kerns und das durch die BROWNsche Molekularbewegung verursachte Rauschen des Gradienten des elektrischen Feldes am Ort des Kerns bewirkt werden:

$$\left.\begin{array}{r} H_{\omega_0} \cdot \mu = L \rightarrow \\ \left(\dfrac{dE}{dx}\right)_{\omega_0} \cdot eQ = L \rightarrow \end{array}\right\} T_1\text{-Relaxation.}$$

Bei Kernen mit großen Quadrupolmomenten können die Relaxationszeiten T_1 bis zu 10^{-7} sec verkürzt werden. T_1 und T_2 sind auch bei Quadrupolrelaxation einander gleich, wenn $\omega \tau_c \ll 1$ ist [Flüssigkeiten (276); siehe Abschnitt II-4].

Die MKR-Linien von Kernen mit Quadrupolmomenten können also durch Quadrupolrelaxation so stark verbreitert sein, daß sie nicht mehr nachweisbar sind. Auch die Resonanzen von Kernen mit $I = 1/2$ wie z. B. Protonen, die an ^{14}N ($I = 1$) gebunden sind, werden durch Spin-Koppelung mit dem rasch relaxierenden ^{14}N verbreitert. Dadurch können H-Atome, die an Stickstoff gebunden sind, im MKR-Spektrum an ihren Linienbreiten oft leicht identifiziert werden.

Der Effekt der Quadrupolverbreiterung von MKR-Spektrallinien wächst mit dem Gradienten der elektrischen Feldstärke am Orte des Quadrupolkerns. In Molekülen oder Ionen, die bezüglich des Quadrupolkerns symmetrisch gebaut sind, ist der Gradient des elektrischen Feldes dort sehr klein, und die Quadrupolrelaxation ist entsprechend nur schwach. So zeigt das Protonenresonanzspektrum des NH_4^+-Ions relativ scharfe Linien, während die am Stickstoff gebundenen Protonen im $CH_3NH_3^+$-Ion durch Quadrupolrelaxation stark verbreiterte Linien aufweisen.

Ähnlich zeigen auch die Ionen $^{79}Br^-$ und $^{81}Br^-$ (beide $I = 3/2$ und $Q = 0{,}3 \cdot 10^{-24}$ cm^2) eine Kernresonanzlinie, während die Linien dieser Isotope in unsymmetrischer Umgebung, z. B. in C_2H_5Br, nicht mehr aus dem Rauschen herausgelöst werden können. Die Quadrupolverbreiterung der Kernresonanzlinien kann also unter Umständen Auskunft über die Symmetrie der molekularen Umgebung des betreffenden Kerns geben. Eine reaktionskinetische Anwendung der Symmetrieabhängigkeit von Quadrupolrelaxationen wird in Abschnitt III-3,f besprochen.

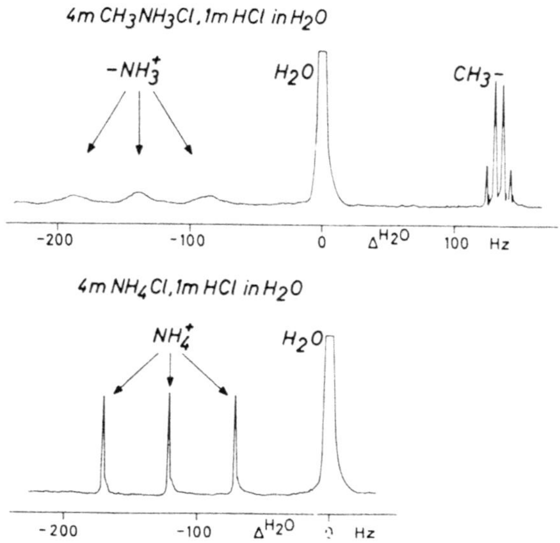

Abb. 47. Protonenresonanzspektrum von NH_4^+- und $CH_3NH_3^+$-Ionen in saurer, wäßriger 4m-Lösung. Zimmertemperatur, 60 MHz.

Weiter lassen sich an Festkörpern aus den Asymmetrien des elektrischen Feldgradienten wertvolle Schlußfolgerungen über die Struktur des Festkörpers erhalten. Wegen derartiger Anwendungen sei auf eine zusammenfassende Arbeit von WEISS verwiesen (318).

II-10 Experimentelle Technik

Weiterführende Literatur: (93: Kap. 6,7)

Dieser Abschnitt soll nicht die Bedienungsanweisungen käuflicher Kernresonanzspektrometer ersetzen, sondern nur, nach einer Diskussion der grundsätzlichen Unterschiede dieser Instrumente, einige spezielle Meßtechniken erläutern. Auch die komplizierten elektronischen Probleme können im Rahmen dieses Buches nicht behandelt werden. Es kann hier auf eine ausführliche Literatur verwiesen werden (9, 93, 176).

II-10,a Kernresonanzspektrometer

Kernresonanzspektrometer können entweder nach der PURCELLschen Brückenmethode oder nach dem BLOCHschen Induktionsverfahren arbeiten. (Das BLOCHsche Induktionsverfahren ist ceteris paribus empfindlicher als die PURCELLsche Brückenmethode und daher bei den großen Kernresonanzspektrometern verwirklicht worden. Das Prinzip dieser Anordnung ist in Abb. 5 gezeigt worden. Die in der Literatur beschriebenen Selbstbaugeräte (126, 9, 165, 109, 37, 22, 21) sowie die preiswerteren käuflichen Geräte sind dagegen nach der Brückenmethode konstruiert, da bei dieser Anordnung nur zwei Zuleitungen zum Probenkopf erforderlich sind; dadurch wird eine erhebliche Vereinfachung der Konstruktion ermöglicht.)

Ferner kann als Magnet ein Permanentmagnet oder ein Elektromagnet verwendet werden. Beide Möglichkeiten haben ihre Vor- und Nachteile. Permanentmagnete können bei hohen Anforderungen an die Feldhomogenität bis zu Feldstärken von etwa 14 kGauß konstruiert werden, während z. B. Elektromagnete bis 23 kGauß im Gebrauch sind. Der Vorteil der Elektromagnete liegt damit in einer höheren Empfindlichkeit (bei sonst gleicher Ausrüstung), siehe Gleichung [II-5,24], und, was entscheidender ist, in einem günstigeren Verhältnis J/Δ. Aufspaltungen höherer Ordnung, die ja keine zusätzliche chemische Information liefern, sondern nur die Diskussion des Spektrums erschweren, werden durch das höhere Magnetfeld verkleinert. Man vergleiche hierzu die Abb. 36 und 48. Andererseits erfordert der Betrieb eines Elektromagneten erhebliche Verbrauchskosten an Röhren, Strom und Kühlwasser, das thermostatiert sein muß, wenn die Langzeitkonstanz eines Permanentmagneten erreicht werden soll. Weiter muß der Elektromagnet nach dem Einschalten „cyclisiert" werden, d. h. das endgültige Magnetfeld muß in einem empirisch zu ermittelnden Zeitprogramm erst etwas überschritten, dann unterschritten und schließlich genau eingestellt werden, damit eine gute Homogenität des Magneten erreicht wird. Beim Permanentmagneten entfällt dieser Arbeitsgang. Da Permanentmagnete einen größeren Temperaturkoeffizienten des Magnetfeldes als Elektromagnete haben, und da sie nicht durch Kühlwasser temperaturkonstant gehalten werden, muß bei höchster Auflösung mit Permanentmagneten in einem temperaturkonstanten Raum gearbeitet werden. Elektromagnete sind in dieser Hinsicht etwas weniger anspruchsvoll.

In neuerer Zeit sind Magneten sehr hoher Feldstärke mit supraleitenden Spulen entwickelt worden, die auch für die hochauflösende Kernresonanzspektroskopie eine hinreichende Feldhomogenität aufweisen. In Abb. 48 sind Protonenresonanzspektren wiedergegeben, die bei 200 MHz mit einem Kryomagneten gemessen worden sind*). Sie zeigen deutlich die erheblichen Vorteile des großen Magnetfeldes ($\sim$47 kGauß). Grundsätzlich lassen sich mit supraleitenden Magnetspulen noch höhere Magnetfelder erzeugen. Natürlich muß dann für eine geforderte Auflösung der Spektren (z. B. 1 Hz) die relative Homogenität des Magneten proportional der Feldstärke gesteigert werden. Leider sind die Kosten derartiger Geräte und insbesondere die laufenden Betriebskosten (Heliumverbrauch) noch erheblich größer als für die konventionellen Kernresonanzspektrometer. Trotz dieser Nachteile wird dieses neuartige Verfahren voraussichtlich eine verbreitete Anwendung auf dem Gebiet der Kernresonanzspektroskopie finden. Neben dem großen Vorteil, daß bei sehr hohen Magnetfeldstärken fast alle Spektren nach den Regeln der ersten Näherung diskutiert werden können, ist auch der Empfindlichkeitsgewinn, besonders für Atomkerne mit kleinem gyromagnetischen Verhältnis und kleiner natürlicher Isotopenhäufigkeit (^{13}C) von Bedeutung.

Wie in Abschnitt II-4 ausgeführt wurde, sind die Energiedifferenzen zwischen den verschiedenen Einstellungsmöglichkeiten eines magnetischen Kernmoments auch bei den höchsten erreichbaren Magnetfeldern sehr klein gegen die Energie kT bei Zimmertemperatur. Die Besetzungsunterschiede der verschiedenen Energieniveaus sind daher sehr viel kleiner als diejenigen bei optischer Anregung. Dadurch bedingt ist die Empfindlichkeit der magnetischen Kernresonanzmethode im allgemeinen geringer als die der übrigen spektroskopischen Methoden.

*) Der Verfasser dankt der Firma Varian für die freundliche Überlassung der Spektren.

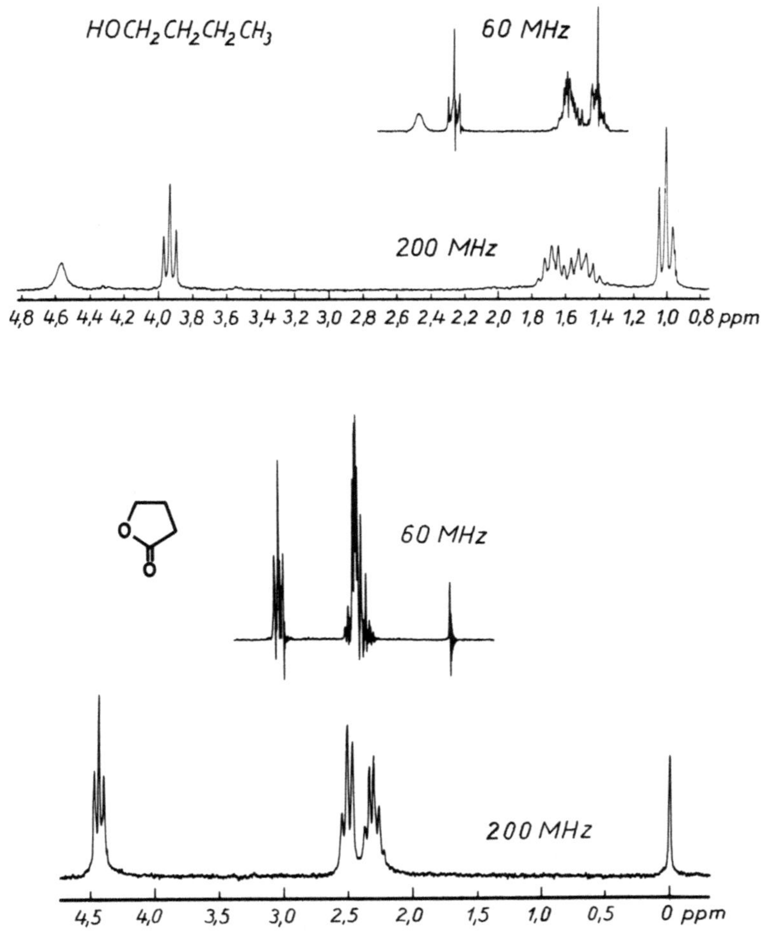

Abb. 48. Protonenresonanzspektren bei 60 MHz und bei 200 MHz (VARIAN-Kryomagnetspektrometer)

Was kann nun geschehen, um eine optimale Empfindlichkeit zu erreichen; d. h. bei einer kleinen Konzentration der absorbierenden Substanz ein möglichst großes Signal/Rausch-Verhältnis im Kernresonanzspektrum zu erhalten?

Eine Möglichkeit, das Absorptionssignal zu verstärken, bietet die Repetitionstechnik. Das Spektrum wird mehrfach durchfahren, und die Einzelspektren werden in einem elektronischen Speichergerät mit 1024 Kanälen einander superponiert. Die Signale addieren sich, so daß bei n Durchgängen die Signalintensität sich um den Faktor n vergrößert. Das Rauschen jedoch, dessen Größe und Vorzeichen statistisch verteilt sind, nimmt nur um den Faktor $\sqrt{n}$ zu, und das Signal/Rausch-Verhältnis verbessert sich um den Faktor $\sqrt{n}$. Allerdings nimmt die Aufnahmezeit entsprechend zu. Abb. 49 zeigt das Kernresonanzspektrum der Methylengruppe einer 0,25%igen Äthylbenzollösung in Tetrachlorkohlenstoff für verschiedene Durchgangszahlen n. Aus Zeit- und auch aus Auflösungsgründen empfiehlt es sich, mit dieser Technik nur die wirklich interessierenden Abschnitte des Spektrums aufzunehmen. Abb. 49 gibt gleichzeitig einen Eindruck über die heute (1966) etwa erreichbare Empfindlichkeit der magnetischen Protonenresonanzspektroskopie.

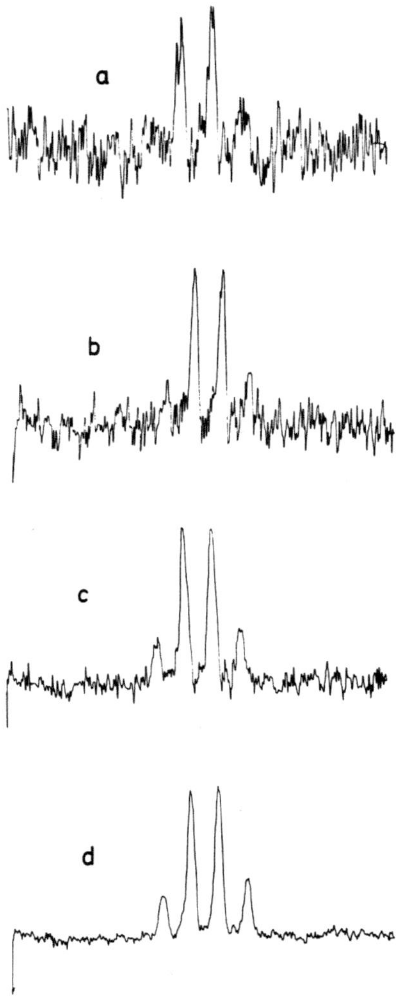

Abb. 49. Verbesserung des Signal/Rausch-Verhältnisses durch Repetitionstechnik. Das Protonenresonanzspektrum der Methylengruppe einer 0,25%igen Äthylbenzollösung in CCl_4 Anzahl der Durchgänge: a) 1; b) 4; c) 16; d) 100 (nach VARIAN).

Die Höhe einer Linie eines durch Spinkoppelung hervorgerufenen Multipletts hängt nicht allein von der Konzentration der entsprechenden Verbindung ab, sondern außerdem noch von der Zahl Z der äquivalenten absorbierenden Kerne sowie von der Multiplizität des Multipletts. Bei einer gegebenen Linienbreite ist also für die Linienhöhe in einem Multiplett eine effektive Konzentration c_{eff} maßgeblich

$$c_{\text{eff}} = c Z f_M . \qquad \text{[II-10,1]}$$

c ist dabei die Konzentration der absorbierenden Substanz in Mol/l, Z ist die Zahl der absorbierenden äquivalenten Kerne und f_M ist ein Faktor, der angibt, welcher Anteil der gesamten Multiplettintensität der speziellen Linie des Multipletts zukommt. So sind z. B. die effektiven Konzentrationen für das Spektrum in Abb. 49 in Tabelle 6 zusammengestellt.

Tabelle 6

Die effektiven Konzentrationen für die einzelnen Kernresonanzlinien eines Protonenresonanzspektrums einer 0,25%igen Äthylbenzollösung in Tetrachlorkohlenstoff (Gl. [II-10,1]) (berechnet nach der ersten Näherung)

Protonenart	Multiplett	Linie des Multipletts	effektive Konzentration
Phenylprotonen	Singulett	–	$c_{eff} = 3{,}76 \cdot 10^{-2} \cdot 1 \cdot 5 \cdot 1 = 0{,}187$ M
Methylenprotonen	Quadruplett	kleine Linie	$c_{eff} = 3{,}76 \cdot 10^{-2} \cdot 2 \cdot \frac{1}{8} = 9{,}40 \cdot 10^{-3}$ M
Methylenprotonen	Quadruplett	große Linie	$c_{eff} = 3{,}76 \cdot 10^{-2} \cdot 2 \cdot \frac{3}{8} = 2{,}83 \cdot 10^{-2}$ M
Methylprotonen	Triplett	kleine Linie	$c_{eff} = 3{,}76 \cdot 10^{-2} \cdot 3 \cdot \frac{1}{4} = 2{,}83 \cdot 10^{-2}$ M
Methylprotonen	Triplett	große Linie	$c_{eff} = 3{,}76 \cdot 10^{-2} \cdot 3 \cdot \frac{1}{2} = 5{,}66 \cdot 10^{-2}$ M

Kleine Konzentrationen bei der Aufnahme von Kernresonanzspektren können aus verschiedenen Ursachen notwendig sein. Die Löslichkeit der interessierenden Substanz kann in allen Lösungsmitteln klein sein, oder es ist erwünscht, eine chemische Verschiebung bei möglichst kleinen Konzentrationen zu kennen (z. B. Abb. 62, Abb. 65, Gl. [III-3,21]). Aber auch, wenn von einer gut löslichen Substanz nur sehr geringe Mengen zur Verfügung stehen, kann das Intensitätsproblem kritisch werden. In diesem Fall läßt sich das Signal/Rausch-Verhältnis dadurch verbessern, daß ein spezielles Probenröhrchen verwendet wird, in dem sich die Probe in einer nur 25 mm^3 großen Hohlkugel in der Empfängerspule befindet. Die Konzentration der untersuchten Substanz kann dann entsprechend höher gewählt werden als bei den üblichen Röhrchen, die etwa 600 mm^3 enthalten, dafür aber bequemer in der Handhabung (und auch wesentlich billiger) sind.

Weitere Methoden existieren, die sehr geringe Empfindlichkeit der magnetischen Kernresonanz bei Atomkernen mit kleinem gyromagnetischen Verhältnis zu steigern. Man kann mit erhöhtem H_1-Feld und schnellem Durchgang die Dispersionskurve messen, die durch hohe H_1-Felder nur verbreitert wird (Gleichung [II-5,10a]). Auch eine Einstellung der Gleichgewichtsmagnetisierung im statischen Magnetfeld und anschließendes Einbringen der Probenflüssigkeit mit einer Strömungsanordnung in ein starkes H_1-Feld kann zur Intensitätssteigerung bei Systemen mit großer Relaxationszeit T_1 Verwendung finden (103). Die von Baker und Burd (23, 20) vorgeschlagene INDOR-Spektroskopie für Kerne mit ungünstigen Kernresonanzintensitäten wird in Abschnitt IV-2 behandelt.

Strebt man für ein Spektrum die höchstmögliche Auflösung an, so können die erwähnten Methoden der Empfindlichkeitssteigerung nur bedingt angewendet werden, da ein großes H_1-Feld (Gleichung [II-5,17]), die Anwendung der Repetitionstechnik (Abb. 49) oder auch extrem große Magnetfelder (Abb. 48) Linienverbreiterungen zur Folge haben. Da aber das Integral unter einer Linie bei gegebenem H_1 der Zahl der absorbierenden Kerne proportional ist, erhöht sich automatisch die Linienhöhe, wenn man das für die hohe Auflösung notwendige, sehr homogene Magnetfeld realisiert. Die Ursachen für verbreiterte Linien und eventuelle Möglichkeiten zu ihrer Behebung sind in Tab. 7 aufgeführt.

Tabelle 7

Verbreiterungsursachen für magnetische Kernresonanzlinien

Verbreiterungsursache	Verbreitert werden	Abhilfe	Diskutiert in
Inhomogenes Magnetfeld	alle Linien	Magnetfeld homogenisieren	Gl. [II-4,10]
Hohe Viskosität	alle Linien	Änderung des Lösungsmittels Erhöhung der Temperatur	Gl. [II-4]
Paramagnetische Substanzen in der Lösung	alle Linien	Entfernung der paramagnetischen Substanzen	Gl. [II-4]
Magnetische Sättigung	alle Linien	Senderintensität H_1 reduzieren	Gl. [II-5,15] Abb. 20, Abb. 21
Kernquadrupolmomente	nicht alle Linien	Doppelresonanz	Gl. [II-9]
Chemischer Austausch	nicht alle Linien	Temperaturerhöhung Temperaturerniedrigung Zugabe von Katalysatoren	Gl. [III-3]

Bei allen Geräten kann mit einem elektronischen Integrator das Spektrum integriert werden, so daß das ungenaue und zeitraubende Vermessen der Flächen unter den Absorptionslinien durch die wesentlich genauere und einfachere Messung von Stufenhöhen ersetzt wird. Abb. 50 zeigt ein Beispiel (siehe auch Abschnitt III-1, a).

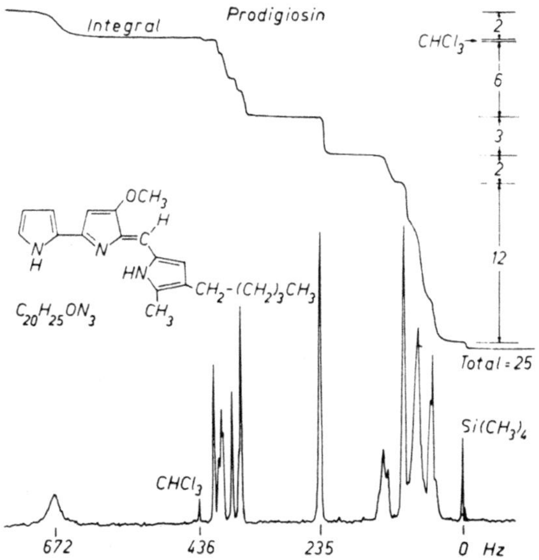

Abb. 50. Das Kernresonanzspektrum des Prodigiosins (314) und das integrierte Spektrum (nach Varian, NMR at work Nr. 65).

Es gelingt so, die relative Anzahl unterschiedlich gebundener Protonen mit guter Genauigkeit zu bestimmen, eine besonders für die Praxis des organischen Chemikers sehr wertvolle Möglichkeit.

Die Bedienung eines hochauflösenden Kernresonanzspektrometers ist leider erheblich umständlicher als etwa die eines Ultrarotspektrographen. Der Grund hierfür liegt in den extremen Anforderungen, die an die Homogenität und Stabilität des Magnetfeldes gestellt werden müssen. Die Frequenz des Senders kann mit verhältnismäßig einfachen Mitteln zeitlich so konstant gehalten werden ($1:10^9$ während der Meßzeit), daß ihre Schwankungen für die Linienbreite nicht mehr verantwortlich sind. Die erforderliche Homogenität des Magnetfeldes dagegen ist nur mit erheblichem experimentellem Aufwand zu erreichen. Bei Benutzung eines Elektromagneten ist die erste hierzu notwendige Maßnahme eine gute Stabilisierung des Magnetstromes, die bis zu etwa 10^{-5} möglich ist. Die große Selbstinduktion des Magneten stellt dabei ein stabilisierendes Element dar. Wie schon erwähnt, muß das Kühlwasser des Magneten thermostatiert sein und seine Durchflußmenge pro Zeiteinheit konstant gehalten werden. Ferner muß der Magnet richtig zyklisiert werden. Eine weitere Stabilisierung wird durch einen elektronischen Magnetfeldstabilisator erreicht. Etwaige Feldschwankungen $\frac{dB}{dt}$ im Magneten induzieren in einer Spule eine Spannung, die integriert wird. Ein diesem Integral proportionaler Strom wird durch eine zweite Spule geschickt, der die erzeugende Magnetfeldänderung gerade wieder aufhebt. Ein besonders wirksames Homogenisierungsmittel sind geeignet gewickelte, flache Spulen auf den Polflächen des Magneten, durch die schwache Ströme geschickt werden, welche die noch vorhandenen Inhomogenitäten des Magnetfeldes kompensieren, deren Art und Größe man aus der Form eines Resonanzsignals auf dem Oszillographenschirm ersieht. Schließlich wird nach BLOCH (40) eine Linienverengung durch Rotation der Probe mit einer kleinen luftgetriebenen Turbine erreicht. Da in Flüssigkeiten die Kernrelaxationszeiten von der Größenordnung von Sekunden sind, „sieht“ der Kern bereits bei mäßigen Rotationsgeschwindigkeiten nur den Mittelwert des Magnetfeldes auf der Kreisbahn, die er beschreibt. Die Linienverengung durch Probenrotation ist sehr beträchtlich; es kann aber natürlich nur in der Ebene senkrecht zur Rotationsachse, der y-Achse, eine Mittelung der Feldinhomogenitäten erreicht werden. Die Inhomogenitäten in der y-Richtung können durch eine mechanische Einrichtung vermindert werden. Eine verstellbare Schraube drückt auf das Magnetjoch und läßt eine äußerst geringfügige Neigung der Polflächen zu. Schließlich sucht man noch an Hand des Resonanzsignals für die Probe die Stellung optimaler Homogenität im Magnetspalt aus. Mit all diesen Maßnahmen gelingt es, in relativ kurzer Zeit eine Homogenität von 10^{-8} zu erreichen. Bessere Magnetfelder erfordern ein sorgfältiges Abstimmen der teilweise voneinander abhängigen Homogenisierungsmethoden, sind aber durchaus erreichbar. Als Kriterium für die Homogenität des Magnetfeldes dienen die Interferenzen nach schnellem Durchgang durch eine einzelne scharfe Linie (Abb. 21). Die Zeitkonstante des Amplitudenabfalls der Schwingungen ist nach Gleichung [II-5,28] durch $T_{2\,\mathrm{eff}}$ bestimmt, das nach Gleichung [II-4,10] mit der Inhomogenität des Magnetfeldes verknüpft ist. Bei inhomogenen Feldern klingen die Interferenzen sehr schnell ab. Eine andere Prüfungsmöglichkeit der Güte des Magnetfeldes besteht in der Messung des Dubletts für die Methylgruppe des Acetaldehyds (Abb. 30). J_{CH_3CHO} beträgt 2,85 Hz, und nur für hinreichend gute Magnetfelder sind die beiden Linien des Dubletts vollständig voneinander getrennt.

II-10,b Die Messung von chemischen Verschiebungen und Spin-Koppelungskonstanten

Auch wenn ein ideal homogenes und stabiles Magnetfeld zur Verfügung steht, sind für die Aufnahme eines hochaufgelösten Spektrums noch zwei weitere Gesichtspunkte zu berücksichtigen. Um tatsächlich die in Gleichung [II-5,9] geforderte Bedingung für den langsamen Durchgang hinreichend zu erfüllen, muß die Linie in einer Zeit aufgenommen werden, die länger als die reziproke Linienbreite in Kreisfrequenzeinheiten ist (157). Mißt man also z. B. in einem Magnetfeld, das ein Spektrum mit einer Auflösung von 1 Hz zuläßt, so muß die Durchfahrgeschwindigkeit kleiner als 2 π Hz/sec (~1,58 mGauß/sec bei 60 MHz Senderfrequenz) sein. Für ein 600 Hz breites Gesamtspektrum ergibt sich damit eine Aufnahmezeit von 100 sec. Für eine höhere Auflösung z. B. 0,2 Hz, die schon von der Größenordnung der natürlichen Halbwertsbreiten von Protonenresonanzen in Flüssigkeiten ist, muß das genannte Spektrum in 2500 sec durchfahren werden, da die einzelne um den Faktor 5 schmalere Linie fünfmal so langsam durchfahren werden muß. Es ergeben sich also recht lange Aufnahmezeiten für hoch aufgelöste MKR-Spektren. Bei schnellerem Durchgang treten hinter jeder Linie Interferenzen nach Art der Abb. 21 auf, die allerdings bis zu einem gewissen Grade toleriert werden können. Bei sehr ausgedehnten Spektren, die aus einzelnen durch große chemische Verschiebungen getrennten Multipletts bestehen, kann man eine übermäßig lange Aufnahmezeit in folgender Weise umgehen: Zunächst wird mit größerer Durchfahrgeschwindigkeit ein Übersichtsspektrum aufgenommen, bei dem man die Nachschwingungen in Kauf nimmt, und dann werden nochmals mit höchster Auflösung die einzelnen Multipletts langsam durchfahren, wie das in den Abb. 30 und 44 gezeigt ist. Ferner kann trotz idealen Magnetfeldes kein optimal aufgelöstes Spektrum erhalten werden, wenn eine Linienverbreiterung durch magnetische Sättigung nach Gleichung [II-5,17] verursacht wird. Damit diese Verbreiterung vernachlässigt werden kann, muß gelten

$$H_1^2 \ll \frac{1}{\gamma^2\, T_1\, T_2}. \qquad \text{[II-10,2]}$$

Für sehr hoch aufgelöste Spektren ist nach [II-4,7] und [II-4,8]

$$T_1 \approx T_2 = \frac{1}{\pi \Delta \nu_{1/2}},$$

so daß [II-10,2] geschrieben werden kann

$$H_1 < \frac{\Delta \nu_{1/2}}{\gamma}. \qquad \text{[II-10,3]}$$

Für die oben angenommene Auflösung von 0,2 Hz bedeutet das eine Einstrahlungsfeldstärke kleiner als $4 \cdot 10^{-5}$ Gauß. Wenn aus Gründen einer erhöhten Empfindlichkeit die Feldstärke H_1 erhöht werden muß, kann nicht mehr mit einer optimalen Auflösung gerechnet werden.

Bei protonenstabilisierten Kernresonanzspektrometern wird das Spektrum mit geeichter Abszisse geschrieben, so daß die Frequenzdifferenz zweier Linien unmittelbar abgelesen werden kann. Bei Spektrometern ohne Protonenstabilisierung ist es dagegen nicht möglich, die Frequenzaufspaltungen eines MKR-Spektrums aus der Steilheit der Sägezahnspannung an der Magnetfeldmodulation hinreichend genau zu bestimmen. Geringe zeitliche Feldschwankungen, die ihre Ursache z. B. in Temperaturänderungen des Magneten haben können, überlagern sich der Sägezahnmodulation. Solange diese Änderungen linear mit der Zeit verlaufen – und sie tun das häufig sehr weitgehend –, wird dadurch die Güte des Spektrums nicht verändert, wohl aber ändert sich die Ausdehnung des Spektrums unter Umständen sehr erheblich. Es sind daher andere Verfahren notwendig, um die Abszisse der MKR-Spektren in Hz (bzw. Gauß) zu eichen.

Das gebräuchlichste Verfahren hierzu (42) ist die Seitenbandtechnik. Man überlagert der Senderfrequenz eine niederfrequente Wechselspannung von z. B. 100 Hz. Hat der Sender eine Frequenz von 60 MHz, so strahlt er nach der Modulation die drei Frequenzen $(6 \cdot 10^7 - 100)$ Hz, $6 \cdot 10^7$ Hz und $(6 \cdot 10^7 + 100)$ Hz aus. Ein Spektrum, das aus einer Linie besteht, zeigt nach der Modulation bei ± 100 Hz von der ursprünglichen Linie zwei weitere, die sogenannten Seitenbänder. Entsprechend spaltet ein Spektrum mit *n* Linien in *n* Tripel von Linien auf mit einer Aufspaltung, die durch die Modulationsfrequenz gegeben ist. Bei großen Amplituden der Modulationsspannung treten noch weitere Seitenbänder bei $6 \cdot 10^7 \pm 200$, ± 300 usw. Hz auf. Abb. 51 zeigt das Spektrum des *t*-Butylalkohols mit einer

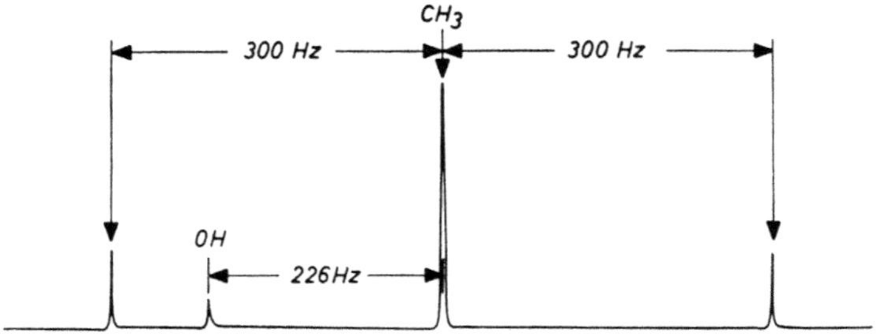

Abb. 51. Die Vermessung des Protonenresonanzspektrums für *t*-Butylalkohol mit der Seitenbandmethode.

Modulation von 300 Hz sowie die Auswertung der chemischen Verschiebungen. Weist das Spektrum zwei oder mehr intensive, scharfe Linien auf, so kann die Frequenzaufspaltung auch sehr einfach und genau auf dem Oszillographen bestimmt werden. Man moduliert die Senderfrequenz wie oben und variiert die Modulationsfrequenz so lange, bis das Seitenband der einen Linie mit der anderen Linie zusammenfällt. Beim Durchgang durch diese Frequenz superponieren sich gerade die Intensitäten des Seitenbandes und der Linie, was sehr genau auf dem Oszillographen beobachtet werden kann. Die dann auf dem Niederfrequenzgenerator abgelesene Frequenz entspricht der Frequenzdifferenz der beiden Linien. Da die Meßmethode genauer sein kann als die Ablesegenauigkeit der üblichen Niederfrequenzoszillatoren, ist es zweckmäßig, die Frequenz des Oszillators unmittelbar vor und nach der Superposition der beiden Linien mit einem Frequenzzähler auf $\pm 0{,}1$ Hz zu vermessen (278). Die Genauigkeit der Methode ist unabhängig vom Betrag der Frequenzaufspaltung. Das Verfahren ist daher bei großen chemischen Verschiebungen allen anderen Verfahren überlegen; es läßt sich allerdings nur bei nicht allzu linienreichen Spektren anwenden.

Die Seitenbandtechnik kann selbstverständlich auch auf die Bestimmung von Spin-Koppelungskonstanten *J* angewendet werden, wie Abb. 52 für das Dublett der Acetaldehyd-

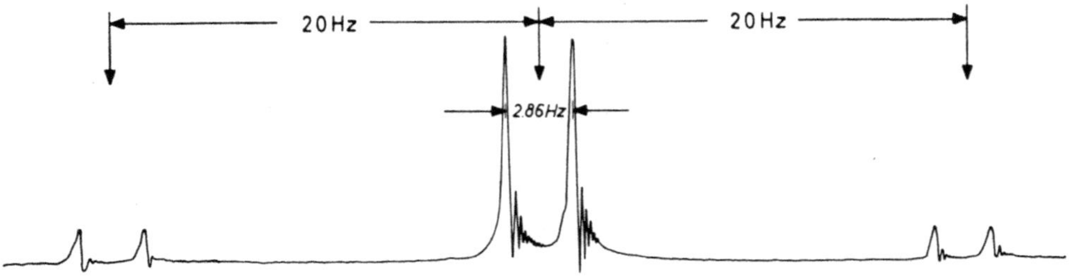

Abb. 52. Die Vermessung der Spin-Koppelungskonstanten des Acetaldehyds mit der Seitenbandmethode.

Methylgruppe zeigt. Eine andere Methode zur Messung von J beruht auf den Interferenzen von Nachschwingungen, die bei schnellem Durchfahren des Spektrums auftreten (31, 114, 265). Das Verfahren sei gleichfalls am Dublett des Acetaldehyds erläutert. Wenn in einer Zeit, die kurz gegen T_2 ist, eine Linie durchfahren wird, so erhält man, wie in Abschnitt II-5, b und in Abb. 21 gezeigt, Nachschwingungen, die mit einer Zeitkonstanten $T_{2\,\mathrm{eff}}$ abklingen. Werden aber zwei Absorptionslinien in einer Zeit $< T_2$ durchfahren, so interferieren die beiden

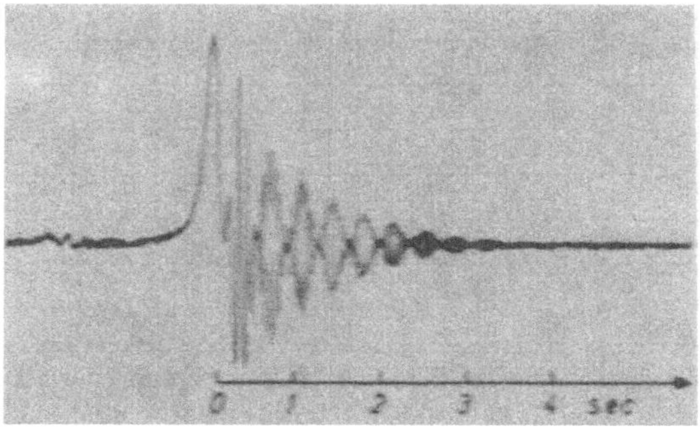

Abb. 53. Die Vermessung der Spin-Koppelungskonstanten des Acetaldehyds mit der Schwingungsinterferenzmethode.

resultierenden Abklingkurven miteinander so, daß aufeinanderfolgende Schwingungsknoten einen Zeitabstand $1/J$ aufweisen. Abb. 53 zeigt die Nachschwingungen für das Dublett des Acetaldehyds. Wegen weiterer Einzelheiten der Methode sowie ihrer Erweiterung auf höhere Multipletts sei auf eine Arbeit von Reilly (267) verwiesen.

*II-10,c**) Die Messung von Kernrelaxationszeiten*

Für die meisten chemischen Anwendungen der magnetischen Kernresonanz spielt die Spin-Gitter-Relaxationszeit T_1 nur eine untergeordnete Rolle; siehe aber Abschnitt IV-3, b sowie (299). Von den verschiedenen Meßmethoden (82, 64, 112), die mit einem konventionellen Kernresonanzspektrometer durchgeführt werden können, soll deshalb hier nur eine (82) besonders einfache kurz besprochen werden.

Die betreffende Resonanzlinie wird auf dem Oszillographenschirm sichtbar gemacht und dann ein sehr starkes H_1-Feld eingestrahlt, so daß wegen Sättigung nach Gleichung [II-5,15] bzw. Abb. 19 das Signal verschwindet. Die Spintemperatur ist unendlich geworden. Dann wird H_1 plötzlich auf einen kleinen Wert heruntergeschaltet, der aber zur Messung des Signals ausreicht. Das Signal erscheint wieder und nähert sich exponentiell mit einer Zeitkonstanten T_1 seinem Endwert (Gleichung [II-4,3]). Das Spinsystem gibt Energie an das Gittersystem ab und kühlt dabei aus. Das Erscheinen des Signals kann mit einer Oszillographenkamera zeitlich verfolgt und daraus T_1 ermittelt werden. Die Kernrelaxationszeit T_2 ist für die chemische Praxis von größerer Bedeutung als T_1, da sie nach Gleichung [II-4,8] ein Maß für die erreichbare Linienbreite darstellt. Ferner ist für die Messung von Reaktionsgeschwindigkeiten aus Linienverbreiterungen eine Kenntnis der Linienbreite ohne kinetische Effekte erforderlich (Abschnitt III-3). Die Linienbreite wird allerdings in praxi nicht durch die natürliche Relaxationszeit T_2, sondern durch die effektive Relaxationszeit $T_{2\,\mathrm{eff}}$

bestimmt, wie sie durch Gleichung [II-4,10] definiert ist. Für die Messung von $T_{2\,\mathrm{eff}}$ kommen zwei Methoden in Betracht. Entweder bestimmt man die Abklingkonstante der Nachschwingungen eines Singuletts – etwa an einer Wasserprobe – aus Gleichung [II-5,28], oder man mißt die Halbwertsbreite und gewinnt $T_{2\,\mathrm{eff}}$ aus Gleichung [II-4,10]. Im letzteren Fall muß die Linie hinreichend langsam durchfahren werden, damit die Trägheit des Schreibers nicht eine zu große Halbwertsbreite und damit ein zu kleines $T_{2\,\mathrm{eff}}$ vortäuscht.

Die Messung von T_1 und T_2 (in diesem Fall die natürliche Relaxationszeit T_2) mit der Spin-Echo-Technik wird in Abschnitt IV-3, a beschrieben.

III. Chemische Anwendungen

Im Kapitel III sollen an einzelnen ausgewählten Beispielen die Anwendungsmöglichkeiten der magnetischen Kernresonanzmessungen auf verschiedenen Gebieten der chemischen Forschung und Praxis demonstriert werden. Vollständigkeit wurde dabei – auch bezüglich der Literaturzitate – nicht angestrebt. Hierauf konnte um so leichter verzichtet werden, als in den Annual Reviews of Physical Chemistry der letzten Jahre eine ziemlich vollständige Literaturzusammenstellung geboten wird.

III-1 Die Struktur chemischer Verbindungen

III-1,a Organische Verbindungen

Weiterführende Literatur: (155, 302)

Die magnetische Kernresonanz und speziell die magnetische Protonenresonanz haben in der Strukturaufklärung organischer Moleküle eine besonders fruchtbare Anwendung gefunden. In einfachen Fällen ist es möglich, aus der bekannten Bruttoformel und dem Kernresonanzspektrum eine eindeutige Strukturbestimmung vorzunehmen. In Abb. 54

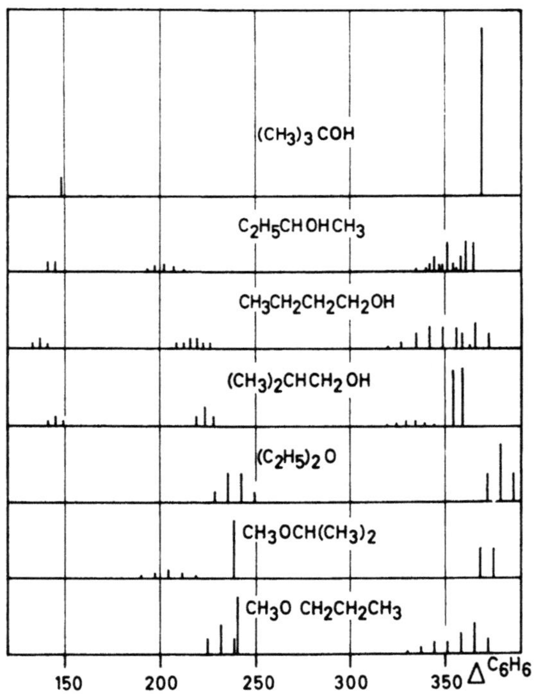

Abb. 54. Berechnete Spektren der sieben Isomeren der Formel $C_4H_{10}O$. (Nach der ersten Näherung.)

sind die nach der in Abschnitt II-7 besprochenen Methode von PRIMAS, ARNDT und ERNST synthetisierten Spektren erster Näherung*) für die möglichen Isomeren der Bruttoformel $C_4H_{10}O$ dargestellt. Die Frequenzskala ist in Hz eingeteilt und auf die Resonanzlinie des Benzols bezogen. Als Senderfrequenz wurden 60 MHz angenommen. Für die Spin-Koppelungskonstanten wurden

$$J_{CH_2CH_2} = 7\,\text{Hz}, \qquad J_{CHOH} = 4\,\text{Hz} \qquad \text{und} \qquad J_{CH_2CH} = 5\,\text{Hz}$$

gewählt. Die drei ersten Alkohole unterscheiden sich in der Multiplizität der OH-Resonanzlinien, die allerdings nur in sehr reinen Alkoholen zu beobachten sind. Aber auch wenn die OH-Multipletts wegen schnellen Protonenaustauschs zu einem Singulett zusammenfallen (siehe Abschnitt III-3), kann eine Zuordnung der Spektren aus den Intensitätsverhältnissen der drei Liniengruppen bei $\Delta = 140$ Hz, 210 Hz und 350 Hz gewonnen werden, die sich für diese drei Alkohole wie 1 : 0 : 9 bzw. 1 : 1 : 8 bzw. 1 : 2 : 7 verhalten. Die Spektren des *n*-Butanols und des Isobutanols unterscheiden sich zwar nicht in der Multiplizität der OH-Resonanzlinie und im Intensitätsverhältnis der drei genannten Liniengruppen, sind aber leicht durch das intensive Dublett bei 360 Hz, das für Isobutanol charakteristisch ist, zu identifizieren. Die Spektren der drei Äther unterscheiden sich von denen der Alkohole und untereinander ebenfalls so stark, daß eine eindeutige Zuordnung aus dem Spektrum möglich ist.

Für die Praxis weit wichtiger sind aber Strukturaufklärungen, bei denen nur zwischen einer kleinen Anzahl chemisch möglicher Strukturen aus dem Kernresonanzspektrum die Entscheidung getroffen wird. Die Information, die man aus der chemischen Verschiebung der Linien, ihrer Intensität und der Feinaufspaltung gewinnt, ist häufig hinreichend, alle übrigen Strukturen außer der richtigen auszuschalten. Das einzuschlagende Verfahren soll im folgenden an einigen Beispielen illustriert werden.

1. Die Struktur der Sterculsäure

Sterculsäure hat die Formel $C_{19}H_{34}O_2$. Sie enthält einen Cyclopropanring und eine Doppelbindung. Die Abbauprodukte und die sonstigen Eigenschaften der Verbindung sind mit den folgenden Strukturformeln verträglich

I 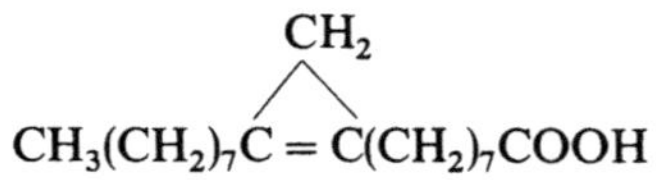

II 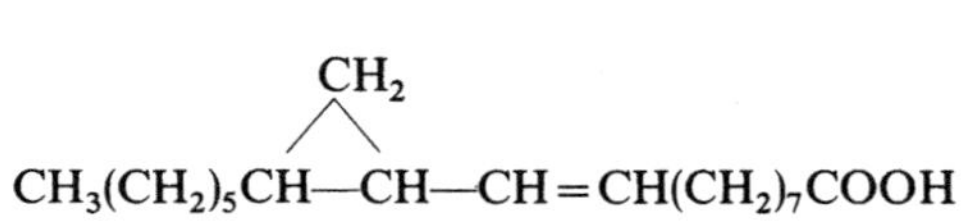

$III_{a,b}$ 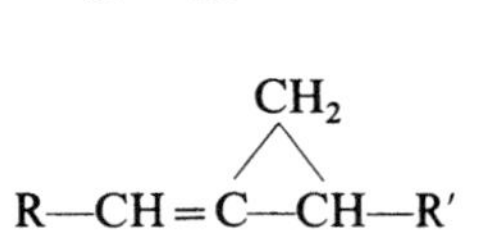

*) Wegen Aufspaltungen höherer Ordnung sind die linienreichen Multipletts der wirklichen Spektren noch komplizierter; hierdurch wird aber die Zuordnung der Spektren nicht beeinträchtigt.

$IV_{a,b}$ 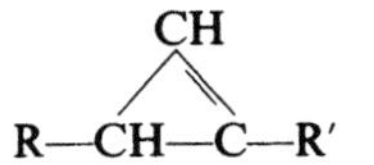

mit:

III_a	$R = n\text{—}C_7H_{15}$;	$R' = \text{—}(CH_2)_7COOH$
III_b	$R' = n\text{—}C_8H_{17}$;	$R = \text{—}(CH_2)_6COOH$
IV_a	$R = n\text{—}C_8H_{17}$;	$R' = \text{—}(CH_2)_7COOH$
IV_b	$R' = n\text{—}C_8H_{17}$;	$R = \text{—}(CH_2)_7COOH$.

Das Kernresonanzspektrum der Sterculsäure (268) zeigt im Bereich der chemischen Verschiebung für olefinische Protonen keine Absorptionslinie. Damit scheiden außer I alle anderen Strukturen aus, die sämtlich ein oder zwei olefinische Protonen enthalten.

2. Di-tetramethylcyclobutadien

Bei dem Versuch, Tetramethylcyclobutadien zu synthetisieren, erhielten CRIEGEE und LOUIS (70) ein Dimeres $C_{16}H_{24}$. Das magnetische Kernresonanzspektrum zeigte zwei Linien ohne Feinstruktur im Intensitätsverhältnis 1 : 1. Von den denkbaren Dimerisierungsprodukten kann dies nur die Verbindung sein:

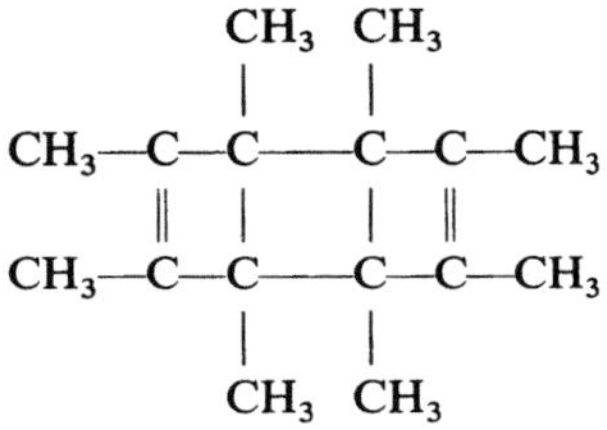

Die Struktur steht in Übereinstimmung mit anderen chemischen und optischen Befunden an der fraglichen Substanz.

3. Diketen

Ein weiteres Beispiel, bei dem eine Strukturaufklärung bereits aus der relativen Intensität der Linien möglich ist, stellt das Kernresonanzspektrum des Diketens dar (19, 215). Für diese Verbindung $(CH_2CO)_2$ sind folgende Strukturformeln möglich:

$CH_3\text{—}CO\text{—}CH{=}C{=}O$

I

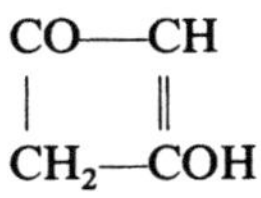

II

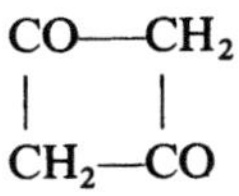

III

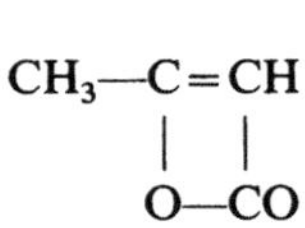

IV

und

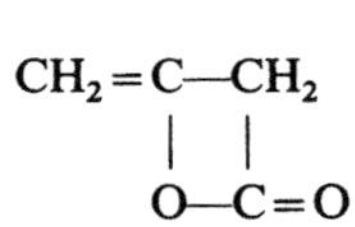

V

In fester Form liegt die Verbindung nach dem Röntgendiagramm in der Form V vor (164)*). Ultrarotspektren legen dagegen für flüssiges Diketen eine Mischung von V mit IV oder III nahe (319, 214). Verbindung III muß eine Protonenresonanzlinie zeigen, I und IV je zwei Linien im Intensitätsverhältnis 3 : 1, V zwei Linien im Verhältnis 1 : 1 und II drei Linien im Verhältnis 2 : 1 : 1. Beobachtet wurde ein Spektrum von zwei Linien im Verhältnis 1 : 1, womit Formel V bewiesen ist (19). Auch die beobachteten chemischen Verschiebungen sowie die Spin-Spin-Aufspaltungen bestätigen Formel V. Die beiden Protonen der olefinischen Methylengruppe in V sind übrigens nicht völlig äquivalent, da sie in cis- bzw. trans-Stellung zur Laktongruppe stehen. Entsprechend besteht ihr Spektrum aus zwei überlagerten, nicht voll aufgelösten Multipletts. Eine Mischung von V mit den anderen Isomeren kann nach dem Kernresonanzspektrum höchstens bis zu $5^0/_0$ vorliegen.

4. 3-Libocedroxythymochinon

Aus Zedernholz konnte Zavarin (326) eine Substanz isolieren, die nach den Resultaten des chemischen Abbaus wie folgt aufgebaut sein muß

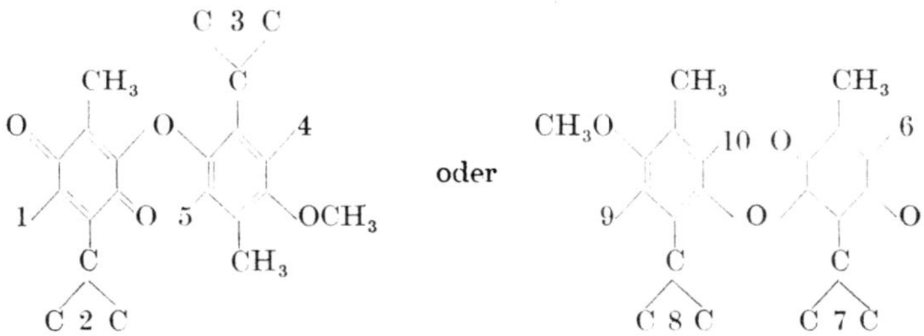

An einer der Stellen 1 bis 10 muß die Gruppe

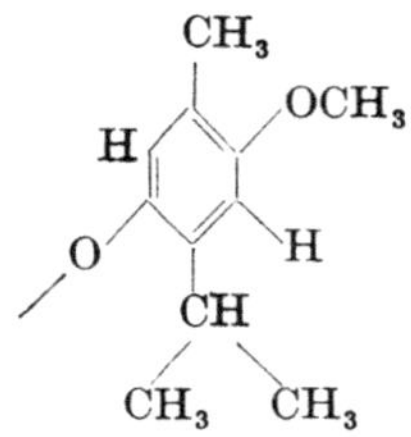

substituiert sein. Aus dem Kernresonanzspektrum folgte, daß das Molekül 3 unterschiedliche Phenylprotonen im Verhältnis 1 : 1 : 1 und ein Chinoidproton, dessen Resonanzlinie zu einem Dublett aufgespalten ist, enthält. Die Zuordnung der betreffenden Linien konnte aus den Kernresonanzspektren bekannter, ähnlich aufgebauter Substanzen erschlossen werden. Das Chinoidproton muß sich also wegen der Feinaufspaltung benachbart zu einer Isopropylgruppe und nicht zu einer Methylgruppe (Quadruplett!) befinden. Damit scheiden die Substitutionsmöglichkeiten 6 bis 10 aus. Ferner muß im chinoiden Ring ein Proton frei sein, so daß auch eine Substitution an 1 nicht möglich ist. Die gefundenen drei Phenylprotonen schließen eine Substitution an den Isopropylgruppen aus, da in diesem Falle vier Phenylprotonen frei wären. Es verbleiben die Möglichkeiten 4 und 5. Da eine Substitution in der

*) Siehe auch Abschnitt III-4, a

Metastellung recht unwahrscheinlich ist, ergibt sich für das 3-Libocedroxythymochinon die Strukturformel.

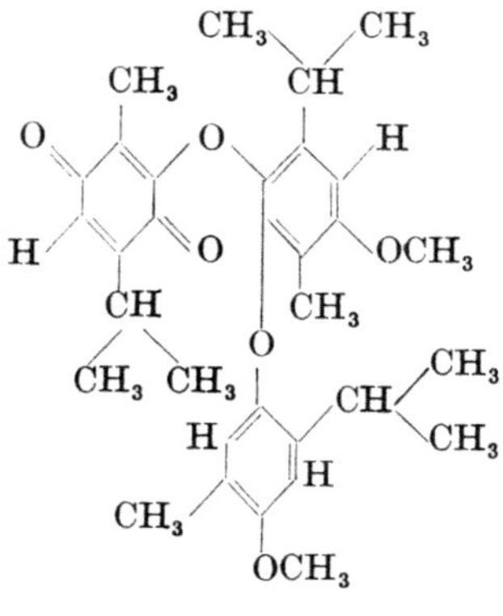

5. Unterscheidung zweier isomerer Nitroverbindungen

In Abb. 55a ist das Spektrum einer Lösung von 2-Nitropropan $(CH_3)_2CHNO_2$ in $CDCl_3$ gezeigt. Die sechs äquivalenten Methylprotonen zeigen ein Dublett durch Spinkoppelung mit dem siebten Proton der Verbindung

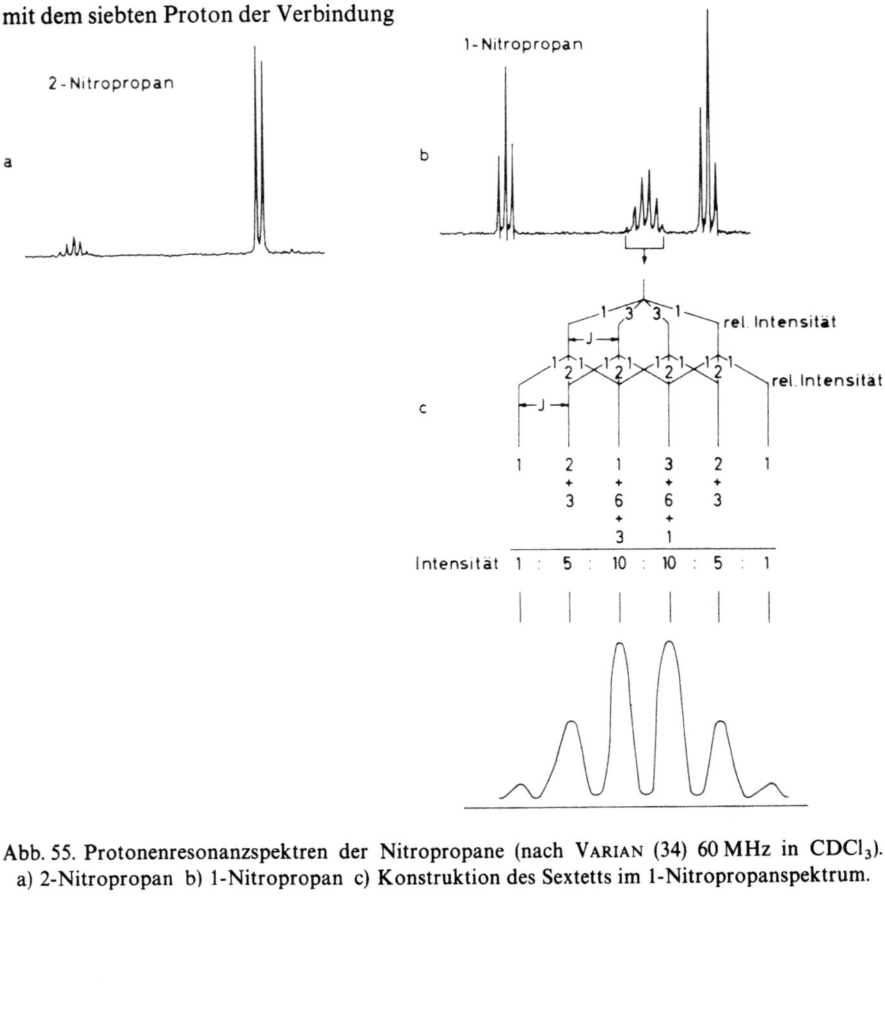

Abb. 55. Protonenresonanzspektren der Nitropropane (nach Varian (34) 60 MHz in $CDCl_3$). a) 2-Nitropropan b) 1-Nitropropan c) Konstruktion des Sextetts im 1-Nitropropanspektrum.

Dessen Resonanzlinie ist durch die sechs Methylprotonen in ein Septett mit den relativen Intensitäten 1 : 6 : 15 : 20 : 15 : 6 : 1 aufgespalten. Ein qualitativ ganz anderes Spektrum wird an dem chemisch ähnlichen Isomeren 1-Nitropropan $\overset{A}{C}H_3\overset{B}{C}H_2\overset{C}{C}H_2NO_2$ beobachtet (Abb. 55 b). Die Protonen der Gruppen A und C ergeben je ein Triplett durch Spin-Koppelung mit den Methylenprotonen B. Die Spinkoppelungskonstanten J_{AB} und J_{BC} sind in diesem Fall nahezu gleich ($\sim$3,0 Hz). Dadurch entartet die Feinaufspaltung der Gruppe B in ein Sextett. Bei ungleichem J würde eine Feinstruktur mit 12 Linien erwartet (Gleichung [II-7,3]). Abb. 55 c zeigt das Zustandekommen des Sextetts und seiner relativen (nach der ersten Näherung errechneten) Intensitäten 1 : 5 : 10 : 10 : 5 : 1.

6. Lokalisierung von Doppelbindungen (325)

Die Lage der Doppelbindung einer Verbindung soll festgelegt werden, für die aus der chemischen Evidenz die beiden Strukturformeln

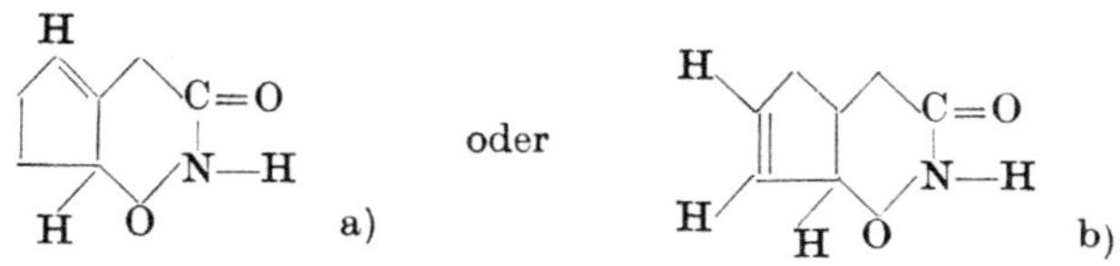

in Betracht kommen. Das Kernresonanzspektrum ist in Abb. 56 wiedergegeben. Die verbreiterte Linie (−200 Hz) ist dem am Stickstoff befindlichen Wasserstoff zuzuordnen. Seiner Intensität entspricht also ein Proton. Die drei Resonanzen bei 20, 50 und 80 Hz ent-

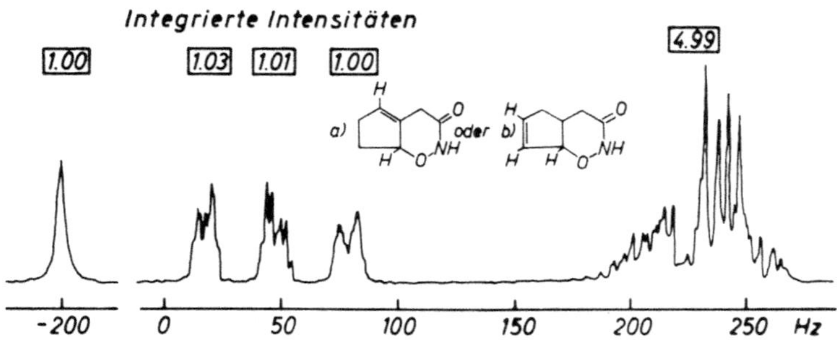

Abb. 56. Lokalisierung einer Doppelbindung aus dem Protonenresonanzspektrum. 60 MHz, 100 mg in $CDCl_3$. Nach Varian Techn. Inf. Bull. **2**, 8 (1959).

sprechen danach je einem Proton und die Resonanzen zwischen 190 und 270 Hz insgesamt fünf Protonen. Die chemische Verschiebung der drei erstgenannten Protonen liegt im Bereich, der für olefinische Wasserstoffatome charakteristisch ist oder für Protonen an einem zyklisch gebundenen Kohlenstoffatom, das mit Sauerstoff verknüpft ist. Also muß die Formel b) richtig sein, denn a) hat nur zwei derartige Protonen. Die Linien der olefinischen Protonen (Δ = 20 und 50 Hz) werden durch Spin-Koppelung mit $J \sim 9$ Hz und die resultierenden Dubletts durch die benachbarten Protonen mit kleinerer Spin-Koppelungskonstanten noch weiter aufgespalten. Die Resonanzlinie des am Ringverbindungskohlenstoff sitzenden Protons wird durch das benachbarte olefinische Proton zu einem Dublett aufgespalten.

7. Die Unterscheidung zwischen einem Amin oder Imin

Für eine Verbindung soll zwischen den beiden folgenden Formeln entschieden werden

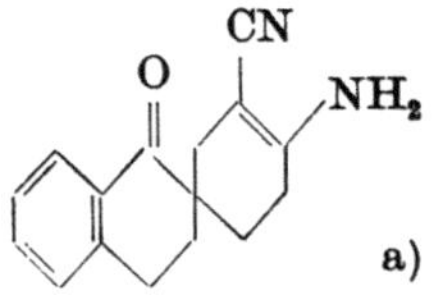

a) oder

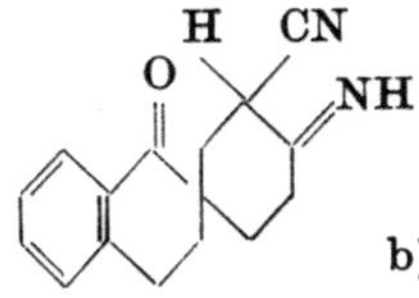

b)

Aus dem Integral des Kernresonanzspektrums ist zu entnehmen, daß zwei Wasserstoffatome am Stickstoff gebunden sind. Also ist die Formel a) die richtige. Die Möglichkeit, daß in Struktur b) das Proton am Kohlenstoff mit der Cyangruppe zufällig die gleiche chemische Verschiebung hat wie der Iminwasserstoff, beeinträchtigt die Eindeutigkeit der Zuordnung nicht, da in diesem Fall die Resonanzlinie dieses Protons durch Spin-Spin-Wechselwirkung mit der benachbarten CH_2-Gruppe ein Triplett sein müßte.

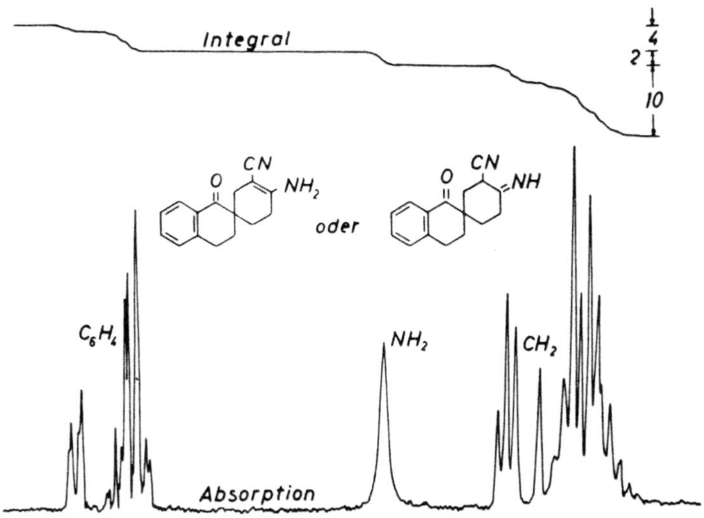

Abb. 57. Unterscheidung zwischen einem Amin oder einem Imin aus dem Protonenresonanzspektrum. 60 MHz, Absorptions- und integriertes Spektrum. Nach Varian, NMR at work Nr. 62.

8. Coenzym Q_{10}

Das Protonenresonanzspektrum des Coenzyms Q_{10}

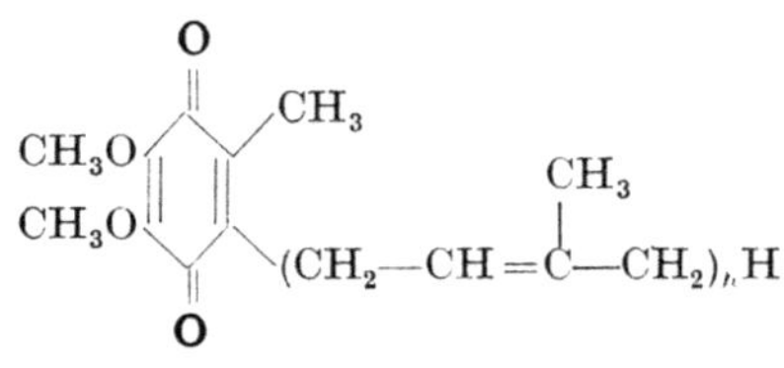

und das integrierte Spektrum zeigt Abb. 58. Die Zuordnung der einzelnen Linien ist klar und im Spektrum mit angegeben. Das Problem liegt in der Bestimmung der Anzahl n von

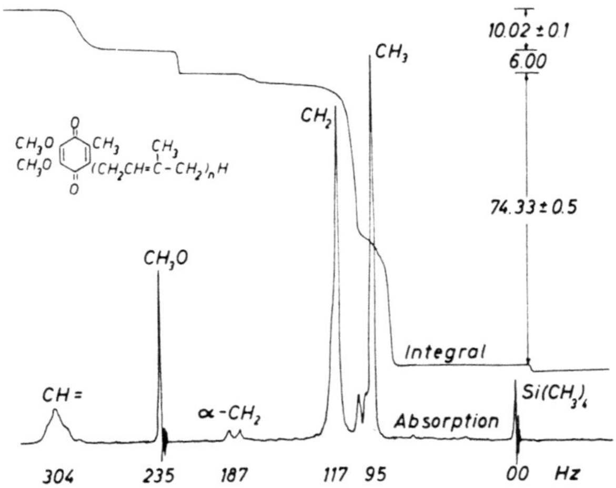

Abb. 58. Das Protonenresonanzspektrum des Coenzyms Q_{10}. 60 MHz, Absorptions- und integriertes Spektrum. Nach Varian, NMR at work Nr. 64.

Isoprenresten in der Seitenkette. Zur Eichung der Integralkurve eignet sich vorzüglich die Resonanz der sechs Protonen der beiden Methoxylgruppen. Damit ist aus der Integralkurve die Anzahl der olefinischen Wasserstoffatome mit $10{,}0 \pm 0{,}1$ abzulesen, die natürlich gleich der gesuchten Zahl n sein muß. Eine weitere Möglichkeit, n zu bestimmen, geht von der Gesamtzahl der Protonen des Moleküls aus, die nach der Integralkurve $(74{,}3 \pm 0{,}5) + 6 + (10{,}0 \pm 0{,}1) = 90{,}3 \pm 0{,}5$ beträgt. Von den so bestimmten 90,3 Protonen sind die zehn Wasserstoffatome abzuziehen, die in der Formel nicht in der Klammer stehen. Die so erhaltenen 80,3 Wasserstoffatome durch 8, die Zahl der Wasserstoffatome in einem Isoprenrest, dividiert, ergibt für die Zahl der Isoprenreste $10{,}04 \pm 0{,}06$; also $n = 10$.

9. Bestimmung der Lage einer Doppelbindung in dem Alkaloid Sedinin aus Sedum acre L.

Für die Struktur des tertiären Alkaloids Sedinin kommt nach Franck (107) die Struktur

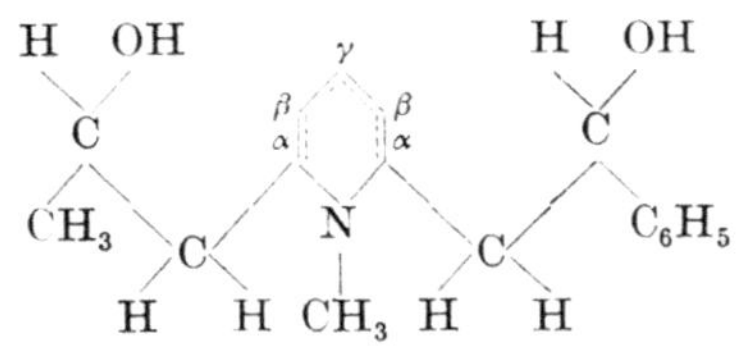

in Betracht, bei der sich die Doppelbindung in einer der $\alpha-\beta$- oder einer der $\beta-\gamma$-Stellungen befinden muß. Abb. 59 zeigt dar Protonenresonanzspektrum des Sedinins und seine Integralkurve. Das Absorptionsmultiplett bei 336 Hz entspricht der Absorption zweier benachbarter Olefinwasserstoffe; die Anzahl wird aus der Integralkurve (Proton 6 und 7) bestätigt. Damit ist die $\beta-\gamma$-Lage der Doppelbindung bewiesen. Die Eichung des Integrals kann durch die

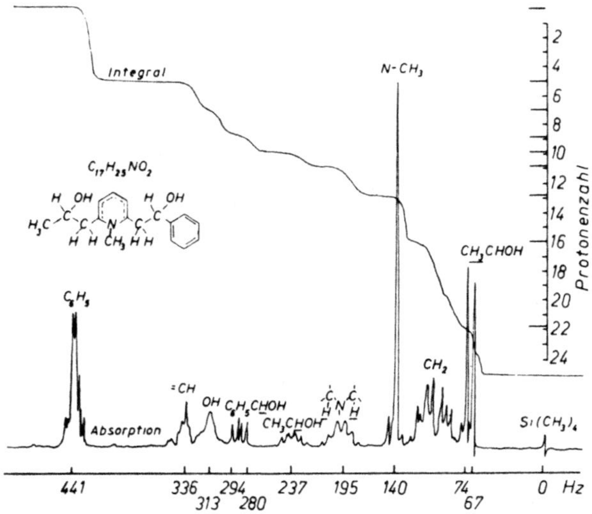

Abb. 59. Das Protonenresonanzspektrum des Sedinins $C_{17}H_{25}NO_2$. 60 MHz, Absorptions- und integriertes Spektrum. Nach Varian, NMR at work Nr. 66.

Intensität der fünf Phenylprotonen bei 441 Hz erfolgen. Daß die breite Absorption bei 313 Hz den OH-Protonen zuzuordnen ist, zeigt die Konzentrations- und Temperaturabhängigkeit dieser Linie (siehe Abschnitt III-1, c).

10. Die Unterscheidung zwischen zwei Isomeren mit verschiedenen Ringgrößen

Durch Anlagerung von HBr an 3-Allyl-4-Oxixanthron und folgende HBr-Abspaltung wurde eine Verbindung gewonnen*), deren Protonenresonanzspektrum in Abb. 60 wiedergegeben ist. Als Strukturen kommen nach der Darstellung I oder II in Frage. Formel I ist richtig wegen der in ein Dublett aufgespaltenen Linie der CH_3-Gruppe bei 97 Hz, die in

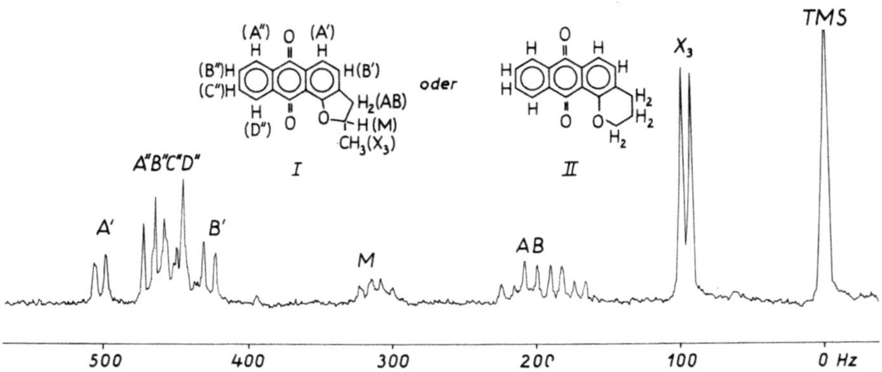

Abb. 60. Unterscheidung zwischen einem 5- und einem 6-Ring (60 MHz in CCl_4).

*) Die Substanz verdankt der Verfasser Herrn Dr. M. M. Sidky, National Research Center, Kairo, V. A. R.

Struktur II fehlen würde. Die Protonen A und B sind einander nicht äquivalent, da die eine in cis-, die andere in trans-Stellung zur Methylgruppe steht. Es liegt für den nicht aromatischen Teil ein $ABMX_3$-Spektrum vor. X_3 koppelt nur mit M (J_{MX} = 8,1 Hz), M koppelt außer mit X noch mit A (J_{MA} = 9,1 Hz) und mit B (J_{MB} = 8,1 Hz) und ergibt das Sextett bei 311 Hz. (Wahrscheinlich ist das B-Proton in cis-Stellung zu M (siehe Abb. 34). Wegen des geringen Unterschiedes von J_{MA} und J_{MB} ist das aber nicht ganz sicher.) A und B bilden ein AB-Spektrum mit Δ_{AB} = 25 Hz und J_{AB} = 9,7 Hz. Die vier Linien des AB-Spektrums werden durch Koppelung mit M in je zwei Linien aufgespalten. Das konstruierte und das berechnete Spektrum entsprechen in den Intensitäten nicht genau einander, da die auf S. 47 diskutierten Bedingungen für die Möglichkeit der Berechnung der Koppelung MA und MB nach der ersten Näherung nicht hinreichend gut erfüllt sind. Immerhin wird das Multiplett noch recht gut wiedergegeben. Die vier Linien bei 430 Hz und bei 500 Hz stellen ein AB-Spektrum für die beiden Protonen A′ und B′ dar mit $\Delta_{A'B'}$ = 74,4 Hz und $J_{A'B'}$ = 8,1 Hz; das Spektrum ist also fast ein AX-Spektrum. Die A′-Protonen absorbieren bei 500 Hz und die B′-Protonen bei 430 Hz, da A′ benachbart zur elektronegativen CO-Gruppe steht. Das restliche Spektrum ist ein ABCD-Spektrum für die übrigen aromatisch gebundenen Protonen A″, B″, C″ und D″.

III-1,b Anorganische Verbindungen

Weiterführende Literatur: (99)

Naturgemäß treten bei Anwendungen der magnetischen Kernresonanz in der anorganischen Chemie die Messungen an schweren Kernen gegenüber denjenigen an Protonen stärker in den Vordergrund. In den Beispielen dieses Abschnitts sind Messungen an ^{1}H, ^{11}B, ^{19}F, ^{31}P und ^{205}Tl zusammengestellt, die zur Aufklärung oder auch zur Bestätigung der Struktur anorganischer Verbindungen herangezogen wurden. Auch hier wird aus den publizierten Arbeiten nur eine Auswahl geboten.

1. Die Struktur des Chlortrifluorids und des Jodpentafluorids

Aus Elektronenbeugungs- (57) und Mikrowellenuntersuchungen (293) ist bekannt, daß ClF_3 die planare Struktur hat, die in Abb. 36d wiedergegeben ist. Muetterties und Phillips (216) untersuchten das Fluorresonanzspektrum dieser Verbindung, das bereits in Abschnitt II-8,a in Abb. 36 gezeigt ist. Tatsächlich fanden sie ein A_2B-Spektrum, d. h. zwei Fluoratome sind einander äquivalent, das dritte ist unterschiedlich gebunden. Das Spektrum ist nur bei $-60°$ C gut aufgelöst. Bei höheren Temperaturen wird der Austausch der Fluoratome so schnell, daß die Linien des Spektrums sich verbreitern und schließlich in eine Linie zusammenlaufen.

Ähnlich konnte aus dem Fluorresonanzspektrum des JF_5, das ein Dublett und ein Quintuplett im Intensitätsverhältnis 4 : 1 zeigt, eine Struktur $(JF_4)F$ von den gleichen Autoren (216) nachgewiesen werden. Aus dem Schwingungsspektrum (190) wurde auf eine vierseitige Pyramidenstruktur des Moleküls geschlossen, die mit dem Kernresonanzspektrum verträglich ist.

2. Die Struktur des Nitrylfluorids

Für die Nitrylhalogenide wurden die Strukturen

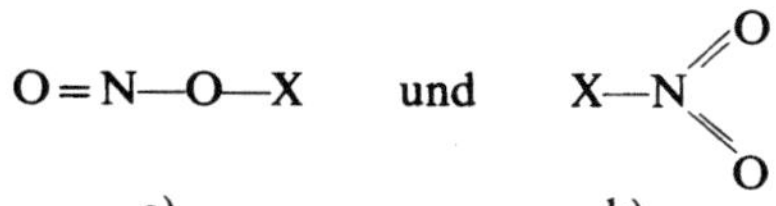

a) b)

diskutiert (277, 272, 294, 77). Das Fluorresonanzspektrum des Nitrylfluorids NO_2F (232) besteht aus einem Triplett im Intensitätsverhältnis 1 : 1 : 1, das durch die Aufspaltung der Fluorresonanz durch den Spin des Stickstoffatoms (I = 1) gedeutet werden muß. Da die Spinkoppelungskonstante 225 Hz beträgt, ist eine Koppelung über die Elektronenhülle des Sauerstoffatoms von Struktur a) ausgeschlossen, die einen sehr viel kleineren Wert für J ergeben würde. Damit ist also Struktur b) bewiesen.

3. Die Struktur des P_4S_3

Das Phosphorresonanzspektrum der Verbindung P_4S_3 ist ein typisches A_3X-Spektrum mit δ = 190 ppm und J = 86 Hz (58). Das Spektrum steht damit in Übereinstimmung mit der aus dem Röntgenbeugungsdiagramm erschlossenen Struktur

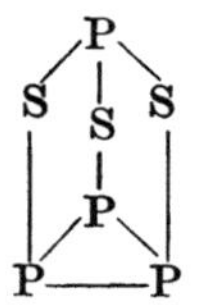

4. Verbindungen der Formel SO_mF_n

Drei Verbindungen dieser Formel wurden von Dudley, Shoolery und Cady (85) mit magnetischer Fluorresonanz untersucht. Das Fluorresonanzspektrum des SO_3F_2 zeigt zwei Linien, die zu einem Dublett aufgespalten sind. Der Verbindung muß also die Formel $SO_2F(OF)$ zugeschrieben werden. Der weniger heteropolaren Bindung OF entspricht dabei wegen der geringeren Elektronendichte am Fluoratom die negativere chemische Verschiebung des Fluors. Für SOF_4 wurde eine einzelne Linie gefunden, die entweder einer symmetrischen Verbindung entspricht oder aber auch einer Verbindung, in der die Fluoratome sehr schnell austauschen.

Das Fluorresonanzspektrum des SOF_6 schließlich zeigte ein Dublett und ein Sextett im Intensitätsverhältnis 5 : 1. Diese Verbindung muß daher als $SF_5(OF)$ formuliert werden.

5. Die Struktur des Dimethylphosphinborwasserstoffs (284)

Die Verbindung $(CH_3)_2PHBH_3$ enthält 12 Kerne mit magnetischem Moment. Abb. 61 zeigt a) das Protonenresonanzspektrum, b) dasselbe mit gesättigter ^{11}B-Resonanz (siehe Abschnitt IV-2), c) das ^{11}B-Spektrum und d) das ^{31}P-Spektrum. Die vier Linien im Spektrum a) bei 0, 90, 180 und 270 Hz verschwinden bei starker Einstrahlung der ^{11}B-Frequenz, und diese Protonen sind daher direkt an das Boratom gebunden (Doppelresonanztechnik, siehe Abschnitt IV-2). Die Resonanzen bei 180 und -170 Hz werden schärfer bei der Einstrahlung. Sie gehören zum Phosphinwasserstoff. (In Abb. 61a überlagern sich bei 180 Hz

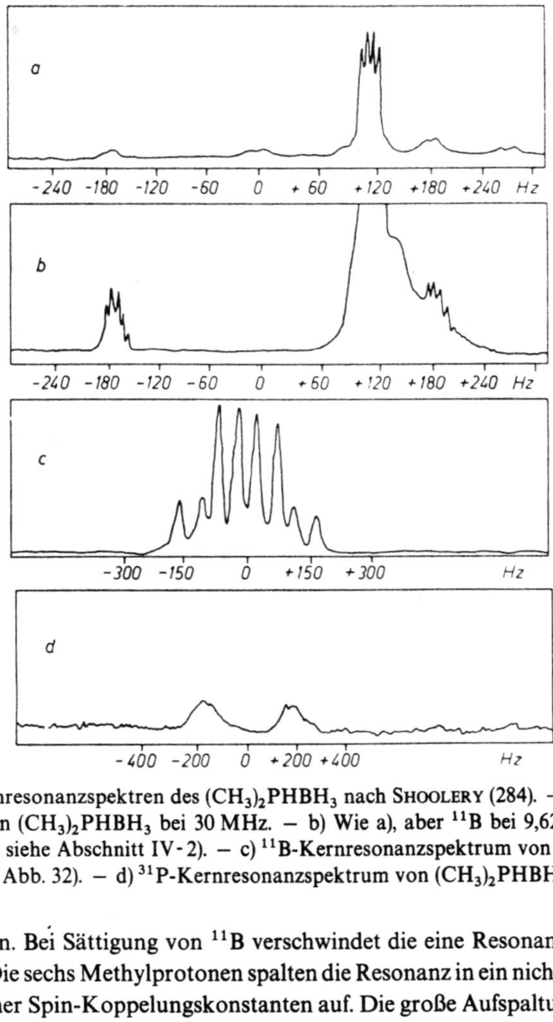

Abb. 61. Die Kernresonanzspektren des $(CH_3)_2PHBH_3$ nach SHOOLERY (284). – a) Protonenresonanzspektrum von $(CH_3)_2PHBH_3$ bei 30 MHz. – b) Wie a), aber ^{11}B bei 9,6257 MHz gesättigt. (Doppelresonanz, siehe Abschnitt IV-2). – c) ^{11}B-Kernresonanzspektrum von $(CH_3)_2PHBH_3$ bei 12,3 MHz (vgl. Abb. 32). – d) ^{31}P-Kernresonanzspektrum von $(CH_3)_2PHBH_3$ bei 1,23 MHz.

zwei Resonanzen. Bei Sättigung von ^{11}B verschwindet die eine Resonanz und die andere wird schärfer.) Die sechs Methylprotonen spalten die Resonanz in ein nicht ganz aufgelöstes Septett mit kleiner Spin-Koppelungskonstanten auf. Die große Aufspaltung in ein Dublett von 350 Hz Abstand beruht auf Spin-Spin-Wechselwirkung mit dem Phosphorkern ($I = 1/2$) und ist dementsprechend im Dublett des Phosphorspektrums wiederzufinden. Das Borspektrum wird durch die drei an das Bor gebundenen Protonen in ein Quadruplett aufgespalten, und jede Linie des Quadrupletts wird nochmals durch den Phosphinwasserstoff in ein Dublett gespalten*). Die Spin-Koppelung der Methylprotonen, der am Boratom gebundenen Wasserstoffe und des Boratoms mit dem Phosphor werden im Spektrum des Phosphors nicht mehr aufgelöst und sind für die Unschärfe des Phosphordubletts verantwortlich. Die Kernresonanzspektren beweisen eindeutig die vorgeschlagene Struktur.

*) Vergleiche die Diskussion zu Abb. 32 auf S. 40.

6. Das Komplexion $(Tl_2Cl_9)^{3-}$

Außerordentlich große chemischen Verschiebungen treten bei verschiedenen Thalliumverbindungen auf. So sind die Resonanzspektren des ^{205}Tl in der einwertigen Form um 2000 bis 3000 ppm positiver als in der dreiwertigen Form (132). Die sehr viel geringere Elektronendichte am dreiwertigen Thalliumion verglichen mit dem einwertigen gibt sich dadurch zu erkennen. So konnte aus Kernresonanzspektren an geschmolzenem $TlCl_2$ festgestellt werden, daß in der Schmelze eine Mischung von Tl^+ und Tl^{3+} vorliegt (271).

Eine interessante Anwendung der Kernresonanz zum Nachweis einer Komplexbildung wurde von Figgis (96) mitgeteilt. Bei Zugabe von Chlorionen zu verschieden konzentrierten $TlCl_3$-Lösungen ergaben sich Änderungen der chemischen Verschiebungen, die in Abb. 62 wiedergegeben sind. Ein Knick in der $\delta-c$-Kurve tritt dann auf, wenn das Verhältnis $[Cl^-]/[Tl^{3+}]$ den Wert $4{,}5 \pm 0{,}1$ überschreitet. Die Titrationskurve wird vom Autor mit der Bildung des Komplexes $Tl_2Cl_9^{3-}$ gedeutet. Ähnliche Komplexe etwa $Cs_3Tl_2Cl_9$, $K_3W_2Cl_9$ und $K_3Cr_2Cl_9$ sind im festen Zustand bekannt. Als Struktur wird vorgeschlagen

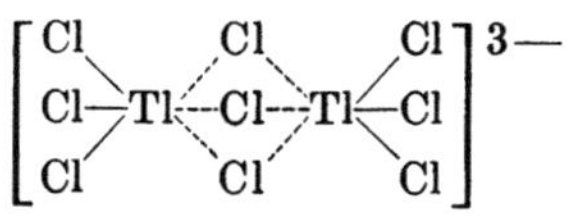

Ferner muß zur Erklärung der Kernresonanzspektren erstens angenommen werden, daß die Thalliumionen des Komplexes schnell mit monomeren Thalliumkomplexen austauschen, da nur eine Resonanzlinie für Thallium beobachtet wird und zweitens, daß der Komplex dennoch eine große Stabilität hat (also eine sehr hohe Bildungsgeschwindigkeit)

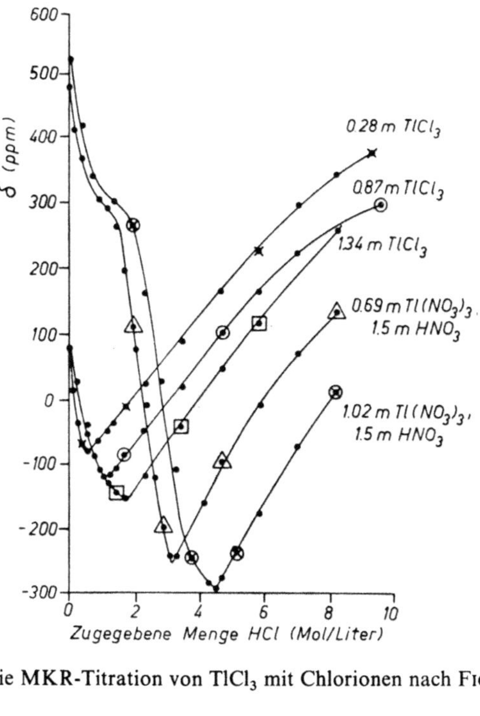

Abb. 62. Die MKR-Titration von $TlCl_3$ mit Chlorionen nach Figgis (96).

wegen des relativ scharfen Knickpunktes der Titrationskurven. Bei weiterem Zusatz von Chlorionen über die stöchiometrische Menge zur Bildung des zweikernigen Komplexes hinaus bildet sich dann der Komplex $TlCl_6^{3-}$, der wieder eine sehr positive chemische Verschiebung aufweist.

Auch die analogen $Tl_2Br_9^{3-}$-Komplexe konnten wahrscheinlich gemacht werden. Allerdings sind hier wegen der geringeren Löslichkeit der Bromverbindungen die Aussagen unsicherer.

III-1,c Wasserstoffbrückenbindungen

Weiterführende Literatur: (184)

Die Elektronendichte an Wasserstoffatomen, die in einer Wasserstoffbrückenbindung eingebaut sind, wird herabgesetzt gegenüber sonst gleichartig gebundenen, aber nicht in einer Brückenbindung befindlichen Wasserstoffatomen. Ferner wird durch die Bindung zum Donatormolekül der temperaturunabhängige Paramagnetismus verstärkt (279) (siehe Abschnitt II-6,e, Abb. 27). Dem entspricht eine negativere chemische Verschiebung der Brückenwasserstoffe. Der Unterschied zwischen der chemischen Verschiebung etwa der OH-Gruppe eines Alkohols einmal in flüssiger Phase und das andere Mal in der Dampfphase, in der keine Wasserstoffbrückenbindungen auftreten, kann mehrere ppm betragen. Den Maximalbetrag dieses Unterschieds erhält man, wenn die chemische Verschiebung der Flüssigkeit am Schmelzpunkt gemessen wird, da hier die Wasserstoffbrückenbindungen am stärksten ausgebildet sind. Die Differenz der chemischen Verschiebung in flüssiger und Gasphase wird als Assoziationsverschiebung bezeichnet (engl. hydrogen bond shift). Alle Maßnahmen, mit denen Wasserstoffbrückenbindungen abgebaut werden können, führen nach dem Gesagten zu einer Veränderung der chemischen Verschiebung nach positiveren Werten. Vor allem kann dies durch Erwärmung oder durch Verdünnung der Flüssigkeit mit inerten Lösungsmitteln erreicht werden. So verschiebt sich die OH-Resonanzlinie des Äthylalkohols (siehe Abb. 2) in hochverdünnten CCl_4-Lösungen in positiver Richtung bis über das Methyltriplett hinaus (16, 66, 27). Die ersten Beobachtungen des Einflusses von Wasserstoffbrückenbindungen auf die chemische Verschiebung von Protonenresonanzen wurden bereits 1951 von ARNOLD und PACKARD (16) veröffentlicht, sie sind also bereits fast so lange bekannt wie das Phänomen der chemischen Verschiebung selbst.

Die Empfindlichkeit der Kernresonanzmethode zur Untersuchung von Wasserstoffbrückenbindungen übertrifft die der Ultrarotspektroskopie beträchtlich. Selbst der am Kohlenstoff gebundene Wasserstoff des Chloroforms ergibt mit den verschiedensten Donatormolekülen gut nachweisbare Wasserstoffbrückenbindungen (167). Eine Korrelation der Assoziationsverschiebung mit der Differenz der Schwingungsfrequenz der Wasserstoffbindung zwischen flüssiger Phase und Gasphase wurde experimentell sichergestellt. Abb. 63 zeigt die beiden Größen für eine Anzahl von Hydriden gegeneinander aufgetragen [SCHNEIDER, BERNSTEIN und POPLE (279)].

Wie zu erwarten, zeigen die gesättigten Kohlenwasserstoffe keine Assoziationsverschiebung, aber bereits bei den ungesättigten Kohlenwasserstoffen bilden sich zwischen den Wasserstoffatomen und den π-Elektronensystemen benachbarter Moleküle Bindungen aus (282). Sehr große Effekte treten dann bei den typischen, Wasserstoffbrücken bildenden Substanzen wie Wasser auf. Die größte Assoziationsverschiebung, die allerdings aus experimentellen Gründen nicht sehr genau gemessen werden konnte, zeigt der Fluorwasserstoff mit $\Delta\delta \geq 6{,}6$ ppm.

Ausführlicher sei eine Untersuchung von HUGGINS, PIMENTEL und SHOOLERY (153) besprochen, die mit magnetischer Kernresonanz die Wasserstoffbrückenbindungen von Phenolen in CCl_4-Lösung untersuchten. Die Assoziationsverschiebung von Phenol, o-Kresol, o- und p-Chlorphenol ist auf $\delta^{\text{Cyclohexan}} = 0$ bezogen in Abb. 64 dargestellt. Bei verschwindend kleinen Konzentrationen liegen die Phenole als Monomere vor, so daß die chemische Verschiebung der Monomeren $\delta_M = \delta_{x=0}$ durch den Schnittpunkt der $\delta - x$-Kurven mit der

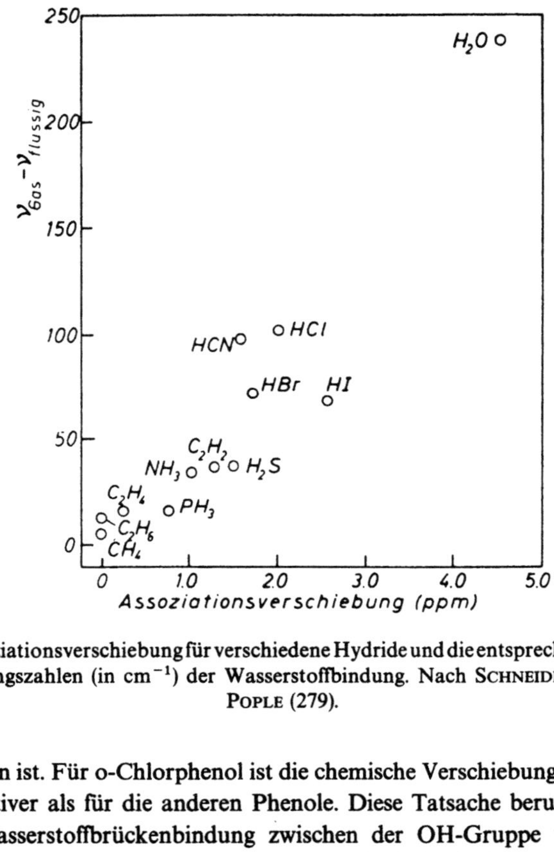

Abb. 63. Die Assoziationsverschiebung für verschiedene Hydride und die entsprechenden Differenzen für die Schwingungszahlen (in cm^{-1}) der Wasserstoffbindung. Nach SCHNEIDER, BERNSTEIN und POPLE (279).

Ordinate gegeben ist. Für o-Chlorphenol ist die chemische Verschiebung des Monomeren wesentlich negativer als für die anderen Phenole. Diese Tatsache beruht auf der innermolekularen Wasserstoffbrückenbindung zwischen der OH-Gruppe und dem orthoständigen Chloratom, die naturgemäß auch bei verschwindender Konzentration erhalten bleibt. Daher verläuft auch die $\delta - x$-Kurve bei o-Chlorphenol im Gegensatz zu den anderen Phenolen bei kleinen Konzentrationen mit waagerechter Tangente. Die geringe Assoziation von *o*-Chlorphenol und *o*-Kresol bei hohen Konzentrationen wird von den Autoren (153) auf sterische Hinderung der Assoziation durch die orthoständigen Gruppen gedeutet. Außer diesen qualitativen Schlüssen lassen sich aus der Neigung $(d\delta/dx)_{x=0}$ die Assoziationskonstanten für die Reaktionen

$$2\,\text{Phenol} \rightleftharpoons (\text{Phenol})_2 \qquad \text{[III-1,1]}$$

abschätzen. Angenommen wird dabei, daß erstens im Bereich kleiner Molenbrüche x vom Phenol nur das Gleichgewicht [III-1,1] zu beachten ist und die Konzentrationen höherer Assoziate zu vernachlässigen sind. Zweitens soll die chemische Verschiebung sich zusammen-

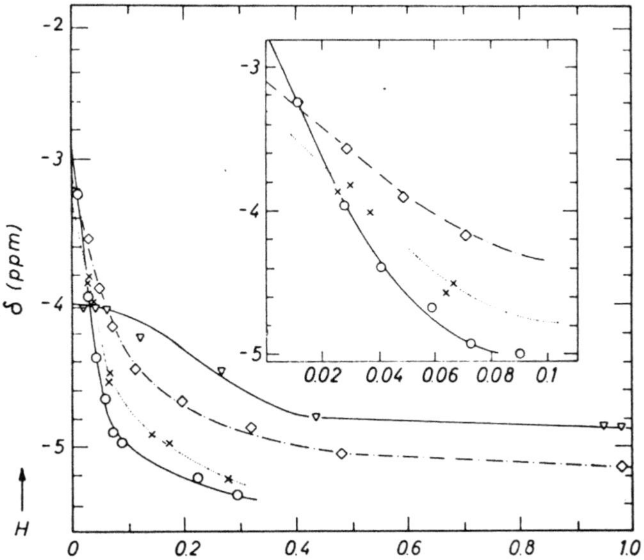

Abb. 64. Die Assoziationsverschiebung einiger Phenole in CCl_4-Lösung als Funktion des Molenbruchs.
Nach HUGGINS, PIMENTEL und SHOOLERY (153).
○ Phenol, ◇ *o*-Kresol, × *p*-Chlorphenol, ▽ *o*-Chlorphenol.

setzen aus dem Bruchteil des Phenols in der monomeren Form multipliziert mit δ_M und dem entsprechenden Anteil für die dimere Form

$$\delta = \frac{n_1}{n_1 + n_2}\,\delta_M + \frac{n_2}{n_1 + n_2}\,\delta_D \qquad \delta = \delta_D - \frac{n_1}{n_1 + n_2}\,\Delta_D, \qquad \text{[III-1,2]}$$

wobei $\Delta_D = \delta_D - \delta_M$ in ppm, n_1 die Molzahl von monomerem Phenol und n_2 diejenige von dimerem Phenol bedeuten.

Der Ausdruck für die Assoziationskonstante, in Molenbrüchen der beiden Formen x_1 und x_2 definiert, lautet

$$K = \frac{x_2}{x_1^2}. \qquad \text{[III-1,3]}$$

Der Gesamtmolenbruch des Phenols in den beiden Formen ist

$$x = x_1 + 2x_2. \qquad \text{[III-1,4]}$$

Für δ erhält man nach einiger Umformung aus [III-1,2], [III-1,3] und [III-1,4]

$$\delta = \delta_D - \frac{2\sqrt{1 + 8Kx} - 2}{4Kx - 1 + \sqrt{1 + 8Kx}}\,\Delta_D \qquad \text{[III-1,5]}$$

und für kleines x angenähert

$$\delta \simeq \delta_D - (1 - 2xK)\Delta_D. \qquad \text{[III-1,6]}$$

Daraus ergibt sich für K

$$K = \frac{1}{2\Delta_D}\left(\frac{d\delta}{dx}\right)_{x=0}. \qquad \text{[III-1,7]}$$

$\delta_M = \delta_{x=0}$ ist direkt aus dem Diagramm Abb. 64b für die verschiedenen Phenole zu entnehmen. δ_D kann aus $\delta_{x=1}$ nur abgeschätzt werden, das natürlich auch noch die Beiträge der höheren Polymere zur chemischen Verschiebung enthält. Da nach ultrarotspektroskopischen Erfahrungen die Wasserstoffbrückenbindungen in höheren Polymeren stärker als die in Dimeren sind, schätzen die Autoren $\Delta_D = 1/2\,(\delta_{x=1} - \delta_{x=0})$. Die so erhaltenen Assoziationskonstanten für fünf Phenole sind in der folgenden Tabelle zusammengestellt.

Tabelle 8

Dimerisierungskonstanten für verschiedene Phenole nach HUGGINS, PIMENTEL und SHOOLERY (153)

Verbindung	K	$\left(\frac{n_1}{n_1 + n_2}\right)_{c=1}$	ΔH (kcal/Mol)
Phenol	13 ± 7	0,19	4,35
o-Kresol	8 ± 4	0,35	3,8
p-Chlorphenol	9 ± 4	0,28	3,72
m-Chlorphenol	9 ± 4	0,3	–
o-Chlorphenol	0	–	–

Die Kurve $\delta - x$ für *m*-Chlorphenol ist sehr ähnlich derjenigen für *p*-Chlorphenol und daher in Abb. 64 nicht mit eingetragen. In Tab. 8 sind außer den Dimerisierungskonstanten noch die von MECKE (208) angegebenen Anteile der monomeren Form in 1 molarer CCl_4-Lösung und die Assoziationsenthalpie aufgeführt, die aus Ultrarotspektren erhalten werden. Diese Daten zeigen eine vernünftige qualitative Korrelation mit den aus magnetischen Kernresonanzmessungen gewonnenen Konstanten.

Von DAVIS, PITZER und RAO (72) wurde in analoger Weise für die niederen Alkohole $(d\delta/dx)_{x=0}$ bestimmt. Da δ_D und damit Δ_D nicht abgeschätzt werden konnten, können die Dimerisationskonstanten hier nicht berechnet werden. Mit der plausiblen Annahme, daß δ_D temperaturunabhängig ist, kann aber die Enthalpieänderung der Dimerisierungsreaktion

$$2\,\text{ROH} \rightleftharpoons (\text{ROH})_2$$

nach der Gleichung

$$-\Delta H = R\frac{\partial}{\partial(1/T)}\ln\left(\frac{d\delta}{dx}\right)_{x=0} \qquad \text{[III-1,8]}$$

erhalten werden. Die so gewonnenen Daten sind in Tab. 9 zusammengestellt, die auch von LIDDEL und BECKER (182) aus Ultrarotspektren errechnete Werte enthält.

Tabelle 9

Reaktionswärmen für die Dimerisierung einiger Alkohole

Alkohol	Lösungsmittel	ΔH (kcal/mol) MKR (72)	Ultrarot (182)
CH_3OH	CCl_4	$-9{,}4 \pm 2$	$-9{,}2 \pm 2{,}5$
C_2H_5OH	CCl_4	$-7{,}6 \pm 2$	$-7{,}2 \pm 1{,}6$
C_2H_5OH	C_6H_6	$-5{,}1 \pm 1$	–
i-C_3H_7OH	CCl_4	$-7{,}3 \pm 3$	–
t-C_4H_9OH	CCl_4	$-4{,}4 \pm 2$	$-4{,}8 \pm 1{,}1$

Entsprechende Messungen wurden an Pyrrol und Pyrrol-Pyridin-Mischungen durchgeführt (137). Die Dimerisierungskonstante des Pyrrols beträgt 4,3. Für die Bildung des Assoziats Pyrrol + Pyridin wurden die thermodynamischen Daten gefunden:

$$\Delta H^0 = -4{,}3 \text{ kcal/mol} \quad \text{und} \quad \Delta S^0 = -8{,}0 \text{ cal/mol grad}.$$

Von FORSÉN wurde die chemische Verschiebung des sauren Protons im Bimaleinatanion untersucht (101). Das Proton steht in einer starken inneren Brückenbindung zum Sauerstoff des Carboxylations. Dadurch ist auch das bekannte ungewöhnlich große Verhältnis der ersten und zweiten Dissoziationskonstanten K_1/K_2 für die Maleinsäure zu erklären. Tatsächlich wird auch die an sich schon sehr negative chemische Verschiebung des COOH-Protons im Monoanion der Maleinsäure bis zu $\delta^{H_2O} = -15$ ppm verschoben ($-15{,}40$ ppm für das Kaliumsalz und $-15{,}03$ ppm für das Natriumsalz). Die analoge Verschiebung im Kaliumbiphthalat betrug $-15{,}15$ ppm. Ähnliche Ergebnisse wurden auch für Monoanionen von sterisch behinderten Bernsteinsäuren mitgeteilt (89). Für diese Säuren wurde in der cis-Form ebenfalls ein großes Verhältnis K_1/K_2 beobachtet in Übereinstimmung mit dem sehr negativen $\delta^{H_2O} \approx -15$ ppm. Die genannten chemischen Verschiebungen konnten nur in Dimethylsulfoxyd als Lösungsmittel beobachtet werden. In Wasser und Methanol tauschen die Protonen des Monoanions mit den Lösungsmittelprotonen schnell aus. Die Resonanzlinie fällt mit der des Lösungsmittels zusammen. Die Wasserstoffbrückenbindung der freien Säuren (in Dimethylsulfoxyd) ist sehr viel weniger ausgeprägt als die des Monoanions. Bei $\delta^{H_2O} \approx -5$ wird eine breite Absorptionslinie beobachtet. Wegen weiterer Untersuchungen von Wasserstoffbrückenbindungen mit der Kernresonanzmethode sei auf die Literatur verwiesen (135, 153, 261, 71). Eine Zusammenstellung bisher beobachteter Assoziationsverschiebungen ist von HERTZ und SPALTHOFF gegeben worden (144).

III-1,d Tautomere Gleichgewichte

Auch zur Untersuchung von tautomeren Gleichgewichten hat sich die magnetische Kernresonanz als ein geeignetes Meßverfahren erwiesen. Beispielsweise ist das Gleichgewicht der beiden Formen des Acetylacetons

von mehreren Autoren bearbeitet worden (158, 260). Die Resonanzlinie des enolischen durch Wasserstoffbrückenbindung stabilisierten Protons liegt bei $\delta^{H_2O} = -13{,}6$ ppm, d. h. negativer als selbst der Wasserstoff einer Carboxylgruppe (260). Die Methylgruppen der Ketoform und die der Enolform zeigen gegeneinander eine chemische Verschiebung. Aus dem Verhältnis der beiden Intensitäten oder auch aus dem Verhältnis der CH_2-Intensität der Ketoform zur CH-Intensität der Enolform kann der Bruchteil der Ketoform in flüssigem Acetylaceton bei 25° C zu $(18{,}6 \pm 0{,}6)\%$ bestimmt werden.

Von Forsén und Nilsson (102) ist eine derartige Messung der Keto-Enoltautomerie zur Aufklärung der Konstitution eines Naturstoffs herangezogen worden.

Aus dem Farn Pityrogramma triangularis wurde der Farbstoff Ceropten isoliert. Ceropten ist ein Triketon, dem nach den chemischen und optischen Befunden entweder die Struktur a) zukommt

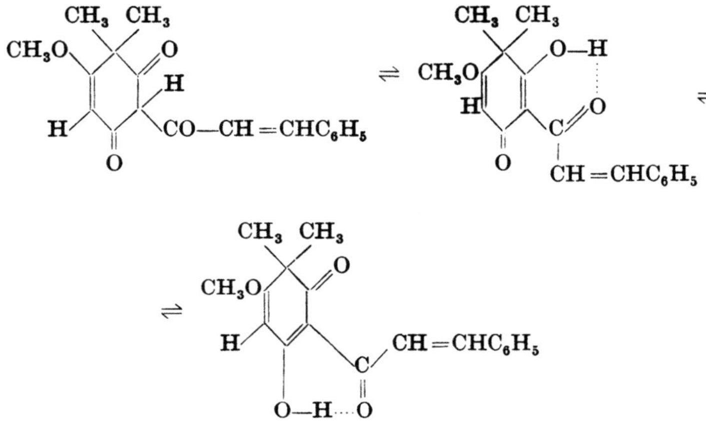

oder auch b)

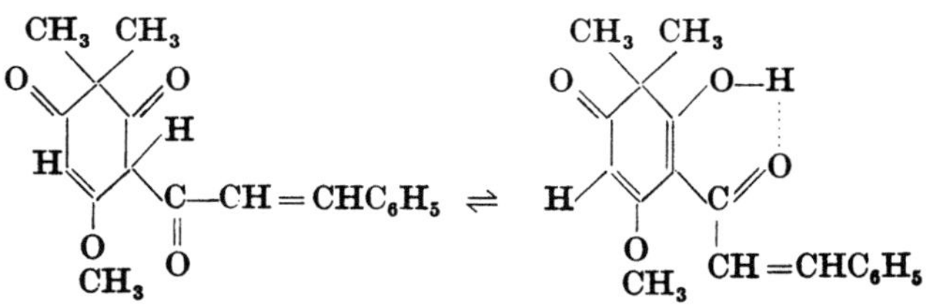

Einige der Resonanzlinien zeigen schwächere Nebenlinien im Intensitätsverhältnis etwa 1 : 3 (in CCl_4) bzw. 1 : 8 (in Benzol), die auf die Anwesenheit einer tautomeren Verbindung zurückgeführt werden. Daß es sich dabei nicht um Verunreinigungen mit Substanzen ähnlicher Konstitution handelt, konnte dadurch sichergestellt werden, daß verschiedene Präparate (synthetisch oder ausgehend vom Naturprodukt) von Derivaten des Ceroptens die gleichen Nebenlinien zeigten. Ferner ist die Lösungsmittelabhängigkeit des Intensitätsverhältnisses nur durch eine Verschiebung eines vorliegenden Gleichgewichts durch das Lösungsmittel zu deuten. Weiter war aus dem analogen Verhalten ähnlicher, bekannter Verbindungen sicher zu schließen, daß die Verbindung praktisch 100%ig enolisiert sein muß. Dafür spricht auch die Resonanzintensität des enolischen Wasserstoffs ($\delta^{H_2O} = -14{,}1$ ppm). Das Spektrum zeigt daher die beiden Enolformen der Struktur a). Die Wasserstoffbrückenbindung ist, wie auch durch die sehr negative chemische Verschiebung gezeigt wird, so stark, daß nur eine langsame Umwandlung der beiden Enolformen eintritt und daher scharfe Spektrallinien beobachtet werden können (siehe Abschnitt III-3).

Von den gleichen Autoren wurden noch einige andere Triketone untersucht (102). So liegt das Triacetylmethan in reiner Form zu 5% in der Ketoform vor, während in CCl_4 die Verbindung vollständig enolisiert ist.

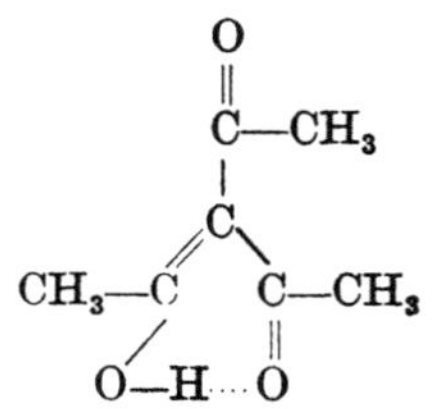

Das Protonenresonanzspektrum zeigt zwei getrennte Methylresonanzen im Intensitätsverhältnis 1 : 2. Im Gegensatz zum Acetylaceton, bei dem für die Enolform nur eine Methylgruppe beobachtet wird, ist beim Triacetylmethan die Isomerisierungsgeschwindigkeit genügend langsam, so daß die beiden Linien für die unterschiedlich gebundenen Methylprotonen noch scharf aufgelöst werden. In benzolischer Lösung dagegen zeigt auch das Triacetylmethan nur eine Methylresonanz.

Ein bemerkenswertes Beispiel für die sogenannte Valenztautomerie ist das Bullvalen, das 1963 von DOERING und ROTH (78) vorausgesagt und im gleichen Jahr von SCHRÖDER (280) dargestellt und untersucht worden ist. Die Struktur des Bullvalens, $C_{10}H_{10}$, ist in Abb. 65 wiedergegeben.

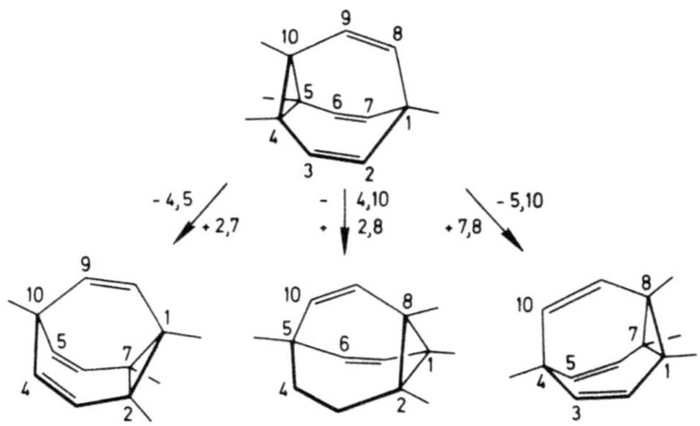

Abb. 65. Die Valenzautomerie des Bullvalens.

Das Molekül enthält vier unterschiedlich gebundene Arten von CH-Gruppen. Im oberen Formelbild der Abb. 65 sind das die Gruppen 4, 5, 10 und 3, 6, 9 und 2, 7, 8 und 1. Durch Cope-Umlagerung, bei der je eine Bindung gelöst und eine andere geknüpft wird, wie an den Reaktionspfeilen angedeutet, geht diese Struktur in die drei anderen in der Abb. 65 gezeigten

Isomeren über. Durch analoge Umwandlungen entstehen aus diesen weitere Isomere, die dadurch ausgezeichnet sind, daß C-Atome, die im ursprünglichen Molekül direkt verbunden waren, nun nicht mehr unmittelbare Nachbarn sind. Durch weitere Umlagerungen kann schließlich jedes der zehn Kohlenstoffatome jeden der zehn Plätze des Moleküls einnehmen. Das sind 10/0! Möglichkeiten. Wegen der dreizähligen Symmetrieachse sind aber je drei Isomere identisch, so daß insgesamt $^1/_3 \cdot 10! = 1.209.600$ Isomere existieren, die sich aber nur in der Numerierung der Atome unterscheiden und daher chemisch einander gleich sind. Mit Hilfe der magnetischen Kernresonanz lassen sich aber, wie DOERING und ROTH (78) bereits voraussahen, sowohl die Existenz dieser Tautomeren nachweisen als auch die Kinetik der Umwandlungen messen. Bei tiefen Temperaturen ($< -25°$ C) beobachtet man im Protonenresonanzspektrum zwei Linien im Intensitätsverhältnis 6 : 4. Die olefinischen Protonen (2, 3, 6, 7, 8, 9) haben eine sehr ähnliche chemische Verschiebung, und die chemische Verschiebung des Protons (1) fällt mit der der Cyclopropylprotonen (4, 5, 10) zusammen. Bei erhöhter Temperatur ($> 100°$ C) beobachtet man dagegen nur eine scharfe Linie bei einem mittleren Feld. Durch schnellen Austausch werden die Protonen magnetisch äquivalent. Aus den verbreiterten Linien im mittleren Temperaturbereich lassen sich die mittleren Lebensdauern der Isomeren nach den in Abschnitt III-3 beschriebenen Methoden errechnen. Analoge Versuche sind auch für monosubstituierte Bullvalene beschrieben worden (234). Hier existieren aber für jedes Monoderivat vier auch chemisch unterschiedene Isomere. Die Umlagerungskinetik wird dadurch wesentlich komplizierter.

III-1,e Konstellationsisomerie

Derivate des Cyclohexans und anderer gesättigter Sechsringe kommen in den isomeren Wannen- und Sesselformen vor (26, 175) (Abb. 66). In fast allen untersuchten Fällen ist die

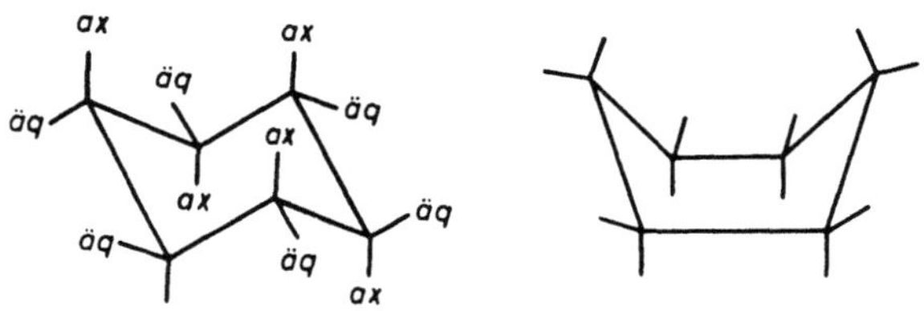

Abb. 66. Sessel- und Wannenform des Cyclohexans.

Sesselform energetisch stark begünstigt. Die an die Sesselform der Sechsringe gebundenen Wasserstoffatome oder auch andere Substituenten sind chemisch einander nicht äquivalent. Die in der durch die Kohlenstoffatome ausgezeichneten Ebene liegenden äquatorialen Wasserstoffatome unterscheiden sich von den axialen Wasserstoffatomen, deren C—H-Bindung im wesentlichen senkrecht zu der genannten Ebene stehen. Mit magnetischer Kernresonanz kann beim Cyclohexan selbst die Isomerie bei Zimmertemperatur nicht beobachtet werden, da die CH_2-Gruppen zu leicht beweglich sind. Es wird daher nur ein Mittelwert der chemischen Verschiebung der axial bzw. äquatorial gebundenen Protonen gemessen. Ist dagegen das Umklappen der isomeren Formen bei tiefen Temperaturen (51) oder durch Substitution mit hinreichend großen Gruppen gehemmt, so zeigen die unterschiedlich gebundenen Protonen eine chemische Verschiebung.

Die Unterscheidung von derartigen Konstellationsisomeren (oder auch Konformationsisomeren) ist in letzter Zeit mit der magnetischen Kernresonanzmethode mehrfach durchgeführt worden, wie an einem Beispiel erläutert sei. Das Parachloral liegt in zwei Konstellationsisomeren mit den Schmelzpunkten 116° bzw. 152° C vor, die von NOVAK und WHALLEY (229) untersucht wurden. Beide Isomeren entsprechen der Sesselform. Abb. 67 zeigt die

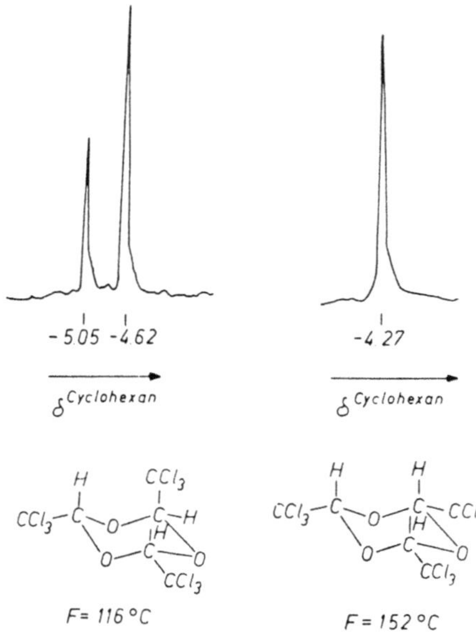

Abb. 67. Kernresonanzspektren zweier Isomerer des Parachlorals nach NOVAK und WHALLEY (229).

Konstellationsformeln und die Kernresonanzspektren. Der Verbindung mit dem Schmelzpunkt 152° C muß wegen der beobachteten Einzellinie die Formel mit den drei axialen Wasserstoffatomen entsprechen. Drei äquatoriale Wasserstoffatome kommen wegen der starken sterischen Hinderung der großen —CCl_3-Gruppen in axialer Stellung nicht in Betracht. Der niedriger schmelzenden Verbindung mit zwei Resonanzlinien im Intensitätsverhältnis 1 : 2 ist die Formel mit einem äquatorialen und zwei axialen Wasserstoffatomen zuzuordnen, die wiederum gegen die andere 2 : 1-Verbindung sterisch sehr bevorzugt ist.

Weitere Konstellationsanalysen sind an substituierten Cyclohexanen (53, 181, 263, 221), an Sacchariden (181, 180) und an cis- und trans-Decalin mit magnetischer Kernresonanz durchgeführt worden (263). Für die Zuordnung von axial bzw. äquatorial gebundenen Wasserstoffatomen hat sich dabei aus derartigen Untersuchungen die wichtige Regel ergeben, daß die chemische Verschiebung von axial gebundenen Wasserstoffatomen immer positiver als die von äquatorial gebundenen ist. Als weitere Zuordnungsregel wurde von LEMIEUX u. a. (180) für die Spin-Koppelungskonstanten an zahlreichen acetylierten Zuckern gefunden, daß $J_{\text{ax-ax}'} > J_{\text{äq-äq}'}, J_{\text{ax-äq}}$ ist.

Die Kernresonanzspektroskopie hat sich also auch bei der Erforschung der Konstellationsisomerie neben der Ultrarotspektroskopie als eine wertvolle Untersuchungsmethode erwiesen.

III-2 Elektrolytlösungen

Weiterführende Literatur: (143)

Von mehreren Autoren (135, 287, 144, 18, 156, 61, 95) sind Untersuchungen über den Einfluß von gelösten Elektrolyten auf die chemische Verschiebung der Protonen des Wassers durchgeführt worden. Abb. 68, die einer Arbeit von HERTZ und SPALTHOFF (144) entnommen

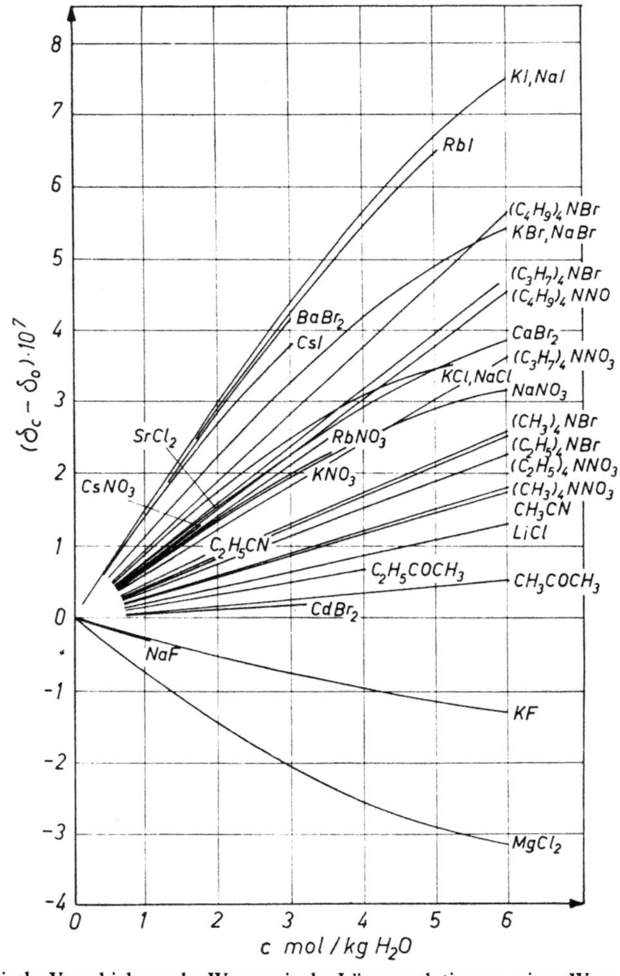

Abb. 68. Chemische Verschiebung des Wassers in der Lösung relativ zum reinen Wasser als Funktion der Konzentration von Elektrolyten und Nichtelektrolyten bei 25° C. Nach HERTZ und SPALTHOFF (144).

ist, zeigt für eine Anzahl Elektrolyte und einige Nichtelektrolyte den Konzentrationsverlauf der chemischen Verschiebung des Wassers. Die chemischen Verschiebungen verlaufen bis zu hohen Konzentrationen linear mit der Konzentration und können beide Vorzeichen aufweisen. Der Elektrolytgehalt übt zwei sich überlagernde Einflüsse auf die chemische Verschiebung des Wassers aus. Einmal werden die Wasserstoffbrückenbindungen des Wassers durch den Elektrolyten abgebaut und die chemischen Verschiebungen werden dadurch positiver (siehe III-1, c). Zum anderen ändert sich auch der Bindungszustand derjenigen Protonen, die in die Hydrathülle eines Ions eingebaut sind, und damit auch ihre chemische Verschiebung. Dieser Effekt hat das umgekehrte Vorzeichen wie der erstgenannte und kann dem Betrage nach, besonders bei stark hydratisierten Ionen, größer sein (287). Wegen schnellen Protonenaustauschs wird im allgemeinen nur eine Resonanzlinie gemessen. Wie bereits von SHOOLERY und ALDER (287) gefunden wurde, gilt für die „molare chemische Verschiebung" $\left(\frac{d\delta}{dc}\right)_{c=0}$ eine Additivitätsregel, so daß man – ähnlich wie bei anderen thermodynamischen und Transportgrößen für Elektrolyte – den Ionen unabhängige Einzelbeiträge zuordnen kann. Wie bei den thermodynamischen Werten ist eine willkürfreie Aufteilung der für die vollständigen Elektrolyte beobachteten molaren chemischen Verschiebungen in Ioneneinzelwerte nicht ohne weiteres möglich. Nimmt man aber für das Chlorion und das Kaliumion, deren ähnliche Hydratationseigenschaften bekannt sind, gleiche Werte für die molare chemische Verschiebung an, so ergeben sich die in Tab. 10 aufgeführten molaren chemischen Verschiebungen (144, 148) der einzelnen Ionen.

Tabelle 10

Molare chemische Verschiebungen für verschiedene Ionen (in 10^{-6} l/mol)

NO_3^-	+0,026	Mg^{++}	−0,165	Li^+	−0,022
F^-	−0,069	Ca^{++}	−0,059	Na^+	+0,044
Cl^-	+0,044*)	Sr^{++}	−0,008	K^+	+0,044*)
Br^-	+0,069	Ba^{++}	+0,007	Rb^+	+0,047
J^-	+0,106			Cs^+	+0,040

*) Als Ausgangswerte für die Aufteilung angenommen.

Von AXTMANN (18) wurde eine interessante Korrelation der molaren chemischen Verschiebung für verschiedene Kationen mit der Aciditätskonstanten des Kations festgestellt [gemessen wurde δ an wäßrigen Lösungen der Nitrate und die Aufteilung mit der Annahme vorgenommen, daß die molare chemische Verschiebung für das Nitration 0,009 ppm l/mol beträgt (287).

Abb. 69 zeigt die Daten dieses Autors. Es zeigt sich, daß die leicht hydrolysierenden Kationen sich auch bezüglich der chemischen Verschiebung als Säuren erweisen mit entsprechend negativer chemischer Verschiebung. Bei derartigen Salzen kann angenommen werden, daß das Hydratwasser relativ fest an das Kation gebunden ist und die Protonen des Hydratwassers vorzüglich über ein protolytisches dynamisches Gleichgewicht mit dem Lösungsmittelwasser ausgetauscht werden. Tatsächlich beobachteten JACKSON, LEMONS und TAUBE (156) mit ^{17}O-Kernresonanz getrennte Resonanzlinien für Hydratwasser und Lö-

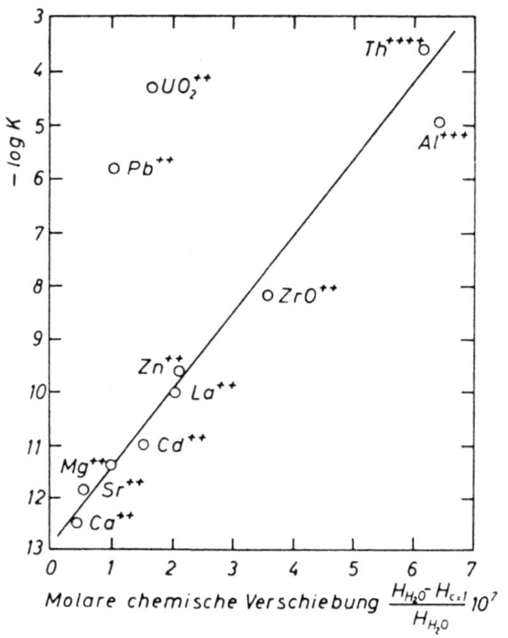

Abb. 69. Die molare chemische Verschiebung des Wassers an Kationen als Funktion der Aciditätskonstanten des hydratisierten Kations [AXTMANN (18)].

sungsmittelwasser an den Salzen $(NH_3)_5Co(OH_2)F_3$, $Al(ClO_4)_3$, $Ga(ClO_4)_3$ und $Be(ClO_4)_2$. Abb. 70 zeigt ein derartiges Kernresonanzspektrum, das wegen der geringen Empfindlichkeit des ^{17}O-Kerns in Dispersion (vgl. Abb. 18b) aufgenommen ist. Die Resonanzlinie des Lösungsmittelwassers ist dabei durch Zugabe paramagnetischer Ionen verschoben worden, um die Linien des Hydratwassers hinreichend von ihr zu trennen [man vergleiche die entsprechenden Untersuchungen von PEARSON u. a. (238), die in Tab. 13 zusammengefaßt sind]. Offenbar eignen sich derartige Untersuchungen zur Bestimmung von Hydratationszahlen, die sich aus den relativen Intensitäten der beiden Resonanzlinien leicht errechnen lassen.

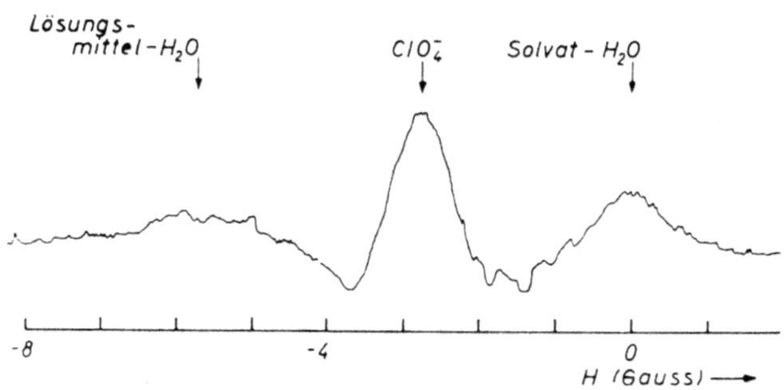

Abb. 70. ^{17}O-Kernresonanzspektren einer 1,6 m $Al(ClO_4)_3$, 0,5 m $HClO_4$ und 0,24 m $Co(ClO_4)_2$-Lösung in 1,3% $H_2{}^{17}O$. Die Zugabe des paramagnetischen $Co(ClO_4)_2$ verschiebt die Lösungsmittellinie, so daß sie von der Linie der Solvatwassermoleküle getrennt wird. Nach JACKSON, LEMONS und TAUBE (156).

Bei tiefen Temperaturen kann der Austausch der solvatisierenden mit den freien Lösungsmittelmolekülen so langsam werden, daß auch an Protonenresonanzspektren getrennte Linien für gebundene und freie Lösungsmittelmoleküle im Kernresonanzspektrum auftreten. So konnten von SWINEHEART und TAUBE (303) mit $Mg(ClO_4)_2$-Lösungen in Methanol-Wasser-Mischungen bei $-75°$ C die Resonanzen der am Mg^{++}-Ion gebundenen und der freien Methanol- und Wassermoleküle getrennt beobachtet werden. Als Gesamtsolvatationszahl wurde 6 gefunden.

Bei Zimmertemperatur tauschen die Moleküle in der Solvatschicht so schnell mit freien Lösungsmittelmolekülen aus, daß sie im Kernresonanzspektrum nur eine scharfe Linie ergeben mit einer über die beiden Zustände gemittelten chemischen Verschiebung. So konnte z. B. aus dem Gang der chemischen Verschiebungen der H_2O-Protonen und der CH_3CN-Protonen in Mischungen $AgNO_3$—H_2O—CH_3CN mit der Zusammensetzung auf eine auswählende Solvatation des Silberions mit Acetonitril und des Nitrations mit Wasser geschlossen werden (278).

Eine besonders interessante Anwendung hat die magnetische Kernresonanzmethode bei der Bestimmung des Dissoziationsgrades starker Säuren gefunden, die erstmals von GUTOWSKY und SAIKA (135) durchgeführt wurde. Das Verfahren sei am Beispiel der Salpetersäure diskutiert. In relativ konzentrierten Lösungen der Säure liegt das Gleichgewicht

$$H_3O^+ + NO_3^- \rightleftharpoons H_2O + HNO_3$$

nicht mehr völlig auf der linken Seite. Die Protonen tauschen zwischen den drei Spezies H_3O^+, H_2O und HNO_3 so schnell aus, daß nur eine scharfe Resonanzlinie beobachtet wird. Ihre chemische Verschiebung stellt einen Mittelwert der chemischen Verschiebungen der Komponenten mit dem jeweiligen Protonenbruch als Gewichtsfaktor dar:

$$\delta = p_1 \delta_{H_3O^+} + p_2 \delta_{H_2O} + p_3 \delta_{HNO_3} \qquad [III\text{-}2,1]$$

oder, wenn man sich auf reines Wasser als Bezugssubstanz bezieht,

$$\delta = p_1 \delta_{H_3O^+} + p_3 \delta_{HNO_3} \qquad [III\text{-}2,1\,b]$$

(streng genommen darf δ_{H_2O} in den Mischungen nicht konstant gesetzt werden. Die zu erwartende Variation ist allerdings so klein (Abb. 68), daß die Annahme eines konstanten δ_{H_2O} wohl nicht zu kritisch ist).

Bezeichnen wir die stöchiometrischen Molenbrüche der Salpetersäure und des Wassers mit x bzw. $1-x$ und ist α der Dissoziationsgrad der Säure, so liegen die einzelnen Spezies mit den Molenbrüchen vor:

$$x_{H_3O^+} = \alpha x = x_{NO_3^-}; \qquad x_{H_2O} = 1-(1+\alpha)x \quad \text{und} \quad x_{HNO_3} = (1-\alpha)x.$$

Für die Protonenbrüche erhält man dann

$$p_1 = \frac{3x_{H_3O^+}}{3x_{H_3O^+} + x_{HNO_3} + 2x_{H_2O}} = \frac{3\alpha x}{2-x}$$

und

$$p_3 = \frac{(1-\alpha)x}{2-x}.$$

Für die chemische Verschiebung ergibt sich so

$$\delta = \frac{3\alpha x}{2-x}\delta_{H_3O^+} + \frac{(1-\alpha)x}{2-x}\delta_{HNO_3}. \qquad [III\text{-}2,2]$$

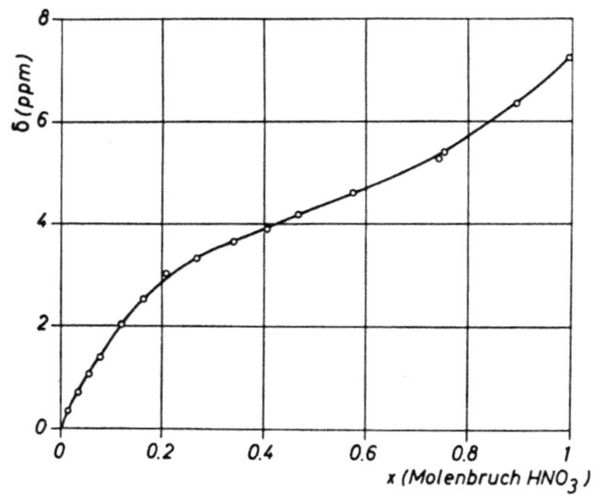

Abb. 71. Die chemische Verschiebung der Protonenresonanz in HNO_3-H_2O-Mischungen als Funktion des Molenbruchs der Salpetersäure. [Nach HOOD und REILLY (152)]

Abb. 71 zeigt die gemessenen chemischen Verschiebungen (152) aufgetragen gegen den Molenbruch der Salpetersäure x. Aus der Neigung der Kurve bei kleinen Konzentrationen erhält man $\delta_{H_3O} = \frac{2}{3}\left(\frac{d\delta}{dx}\right)_{x=0}$. Wie aus optischen Messungen bekannt ist (152), liegt beim Molenbruch

$$x = 0{,}22 \; (\sim 16 \text{ mol/l})$$

die Säure nur in Form der monomeren undissoziierten Säure vor: $\alpha = 0$. Bei höheren Konzentrationen treten Polymere und Nitroniumnitrat auf. Aus der gemessenen chemischen Verschiebung bei $x = 0{,}22$ kann also δ_{HNO_3} erhalten werden. Damit sind dann aber für Konzentrationen unterhalb 16 mol/l aus gemessenen chemischen Verschiebungen die Dissoziationsgrade α aus Gleichung [III-2,2] erhältlich. Diese wieder liefern mit den bekannten Aktivitätskoeffizienten die Dissoziationskonstante der Säure. Die Methode wurde von HOOD und REILLY (152, 149, 151, 148, 150) auf verschiedene Säuren angewendet [siehe auch (86, 87)].

Tabelle 11

Dissoziationskonstanten und thermodynamische Daten für die Dissoziation von Salpetersäure und Perchlorsäure

Säure	Temp. °C	K_{MKR} mol/l (152)	K_{Raman} mol/l (171, 235)	ΔG^0 cal/mol	ΔH^0 cal/mol	ΔS^0 cal/mol grad
	0	48	45	−2100		
HNO_3	25	27,5	23,5	−1970	−3300	−4,46
	50	–	17,5			
	70	15	–	−1840		
	0	50		−2120		
$HClO_4$	25	38		−2160	−1800	+1,20
	70	26		−2200		

In Tab. 11 sind die Ergebnisse für Salpetersäure und Perchlorsäure aufgeführt zusammen mit Daten, die aus der Intensität von RAMAN-Linien erhalten wurden. Durch entsprechende Messungen mit Protonen- und Fluorresonanz ergab sich für Trifluoressigsäure $K =$ 1,8 mol/l (149) und für Heptafluorbuttersäure $K = 1{,}1$ mol/l (151). Auch für Schwefelsäure wurden Dissoziationsgrade der ersten und zweiten Dissoziationsstufe bestimmt, die mit aus RAMAN-Intensitäten erhaltenen Werten verträglich sind (135, 150). Da hier eine vierte, Protonen enthaltende Spezies, HSO_4^-, berücksichtigt werden muß, sind im Falle der Schwefelsäure die Kernresonanzdaten weniger zuverlässig als die RAMAN-spektroskopischen.

III-3 Magnetische Kernresonanz und Reaktionskinetik

III-3,a Die Kinetik langsamer chemischer Reaktionen

Weiterführende Literatur: (187, 159)

Ein Kernresonanzspektrum zeigt qualitativ und quantitativ chemisch unterschiedlich gebundene Kerne an. Da nicht zu ausgedehnte Spektren in etwa einer Minute aufgenommen werden können, eignet sich die MKR wie die optische Absorptionsspektrometrie in hervorragender Weise zur Messung der Reaktionsgeschwindigkeit von chemischen Reaktionen, deren Zeitkonstante größer als etwa eine Minute ist. Als Beispiel sei die Isomerisierung von 5-Äthylaminotetrazol (I) in 1-Äthyl-5-Aminotetrazol(II) angeführt (320).

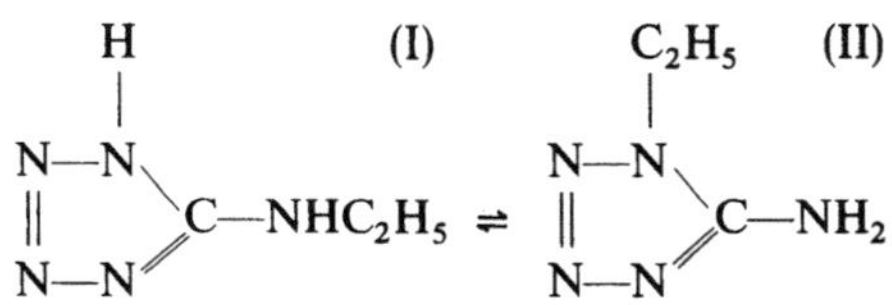

Die chemischen Verschiebungen der Methyl- und Methylengruppen unterscheiden sich hinlänglich für die Verbindungen I und II. Bei Zimmertemperatur ist die Reaktionsgeschwindigkeit sehr gering. Erwärmt man aber die Verbindung I auf 160° C, so ändert sich das Spektrum, wie in Abb. 72 gezeigt. Aus den Intensitäten der Linien für I und II als Funktion der Zeit kann in der üblichen Weise die Reaktionsgeschwindigkeit ermittelt werden.

Bisher ist diese sicher sehr leistungsfähige Methode noch nicht häufig angewendet worden (38, 37, 169).

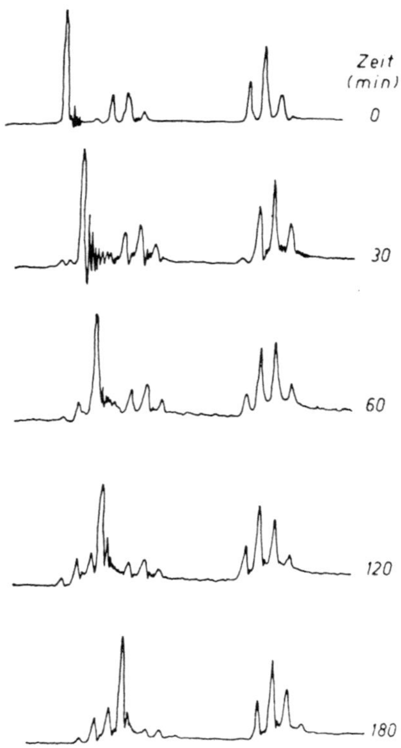

Abb. 72. Isomerisierung von 5-Äthylaminotetrazol in 1-Äthyl-5-Aminotetrazol bei 160° C. Die Protonenresonanzspektren für verschiedene Isomerisierungszeiten [konzentrierte Lösung in D_2O, 30 MHz nach WHITTAKER und MOORE (320)].

III-3,b Linienbreiten und chemische Reaktion

Eine spezielle Methode zur Messung schneller chemischer Reaktionen aus Verbreiterungen von MKR-Linien wurde in den letzten Jahren in zunehmendem Maße angewendet. Es können so Lebensdauern von Molekülen von etwa 1 bis etwa 10^{-5} sec bestimmt werden; mit besonderen, in Abschnitt III-3,f sowie IV-3,c zu besprechenden Techniken sind auch noch schnellere Reaktionen erfaßbar. Die chemischen Systeme werden bei währendem Gleichgewicht untersucht. Man bestimmt also die Geschwindigkeit von Austauschreaktionen, wie sie für langsamere Reaktionen im dynamischen chemischen Gleichgewicht auch mit Isotopenaustauschmessungen ermittelt werden können.

Wie sich die äußere Gestalt eines magnetischen Kernresonanzspektrums ändert, wenn die betreffenden Atome chemisch ausgetauscht werden, sei zunächst qualitativ an einem konkreten Beispiel erläutert. Ein Protonenaustausch sei durch die Gleichung

$$AH + B \rightleftharpoons A + BH \qquad \text{[III-3,1]}$$

beschrieben. Zwischen den Verbindungen AH und BH liege eine chemische Verschiebung Δ vor. Die für verschiedene Reaktionsgeschwindigkeiten zu erwartenden Spektren sind in Abb. 73 dargestellt. Wenn die mittleren Lebenszeiten τ_A und τ_B der Protonen in den beiden Zuständen AH und BH lang gegen die reziproke Kreisfrequenzaufspaltung $1/2\pi\Delta$ sind,

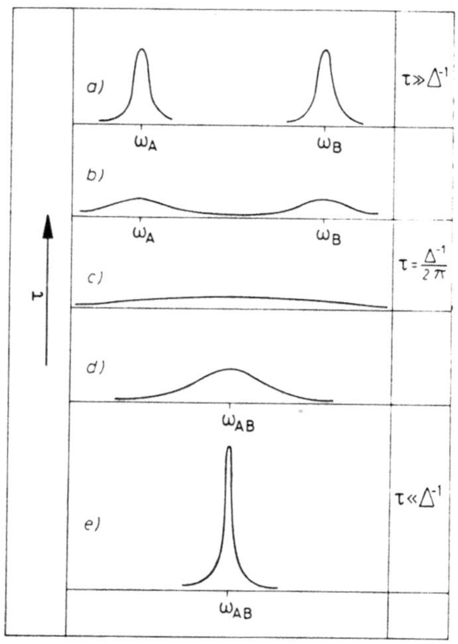

Abb. 73. Protonenresonanzspektren (schematisch) für ein reagierendes System $AH + B \rightleftharpoons BH + A$ bei verschiedenen mittleren Lebenszeiten τ.

werden die beiden Resonanzen scharf aufgelöst (Abb. 73a). Die beiden Resonanzlinien verhalten sich in ihren Intensitäten wie die Gleichgewichtsmolenbrüche p_A und p_B der Protonen in den beiden Bindungszuständen. Zwischen den Protonenbrüchen und der mittleren Lebensdauer bestehen dabei die Beziehungen

$$p_A = \frac{\tau_A}{\tau_A + \tau_B} \quad \text{und} \quad p_B = \frac{\tau_B}{\tau_A + \tau_B}. \qquad \text{[III-3,2]}$$

Im anderen Grenzfall $\tau_{A,B} \cdot \Delta \ll 1$ beobachtet man nur eine scharfe Linie (Abb. 73e) mit einer Frequenz, die dem Mittelwert der beiden um Δ getrennten und mit dem Molenbruch als Gewichtsfaktor versehenen Frequenzen entspricht. Die zwischen diesen beiden Extremen liegenden Fälle sind in den Abb. 73b, c, d angedeutet. Für die beiden sich nicht überlappenden, verbreiterten Linien nach Abb. 73b und für die noch nicht völlig durch sehr schnellen Austausch geschärfte Einzellinie nach Abb. 73d kann eine einfache halbquantitative physikalische Interpretation gegeben werden. (Die allgemeine und quantitative Behandlung des Problems wird im nächsten Abschnitt durchgeführt.) Zunächst sei der Fall einer relativ langsamen Reaktion behandelt (mittlere Lebensdauer etwa 0,1 sec), die aber schon zu einer Linienverbreiterung führt (Abb. 73b). Wir bedienen uns hierzu der quantenmechanischen Unschärfebeziehung

$$\Delta E \Delta t \approx \frac{h}{2\pi}. \qquad \text{[III-3,3]}$$

Hierbei ist ΔE die Unbestimmtheit in der Energie E, die während einer Zeit Δt beobachtet werden kann. h ist das PLANCKsche Wirkungsquantum. ΔE ist andererseits gegeben durch $\frac{h}{2\pi} \Delta\omega$, wobei $\Delta\omega$ die Unbestimmtheit der Kreisfrequenz und damit die gesuchte, durch den chemischen Austausch bewirkte Linienverbreiterung ist, wenn man die Zeit Δt mit der mittleren Lebensdauer τ eines Moleküls AH bzw. BH identifiziert. Damit wird aus [III-3,3]

$$\Delta\omega_{\text{Austausch}} \sim \frac{1}{\tau}. \qquad \text{[III-3,4]}$$

Für die gesamte Linienbreite erhält man dann – wegen des Zahlenfaktors 2 und wegen der Additivität der beiden Terme siehe Abschnitt III-3,c –

$$\Delta\omega_{\text{beob}} = \frac{2}{T_2} + \frac{2}{\tau}. \qquad \text{[III-3,5]}$$

Der Fall einer schnellen, aber die einzelne Linie noch verbreiternden Reaktion kann in folgender Weise verstanden werden. Die austauschenden Protonen wechseln bei jedem Austausch ihre LARMOR-Frequenz von ω_A nach ω_B oder umgekehrt, wobei $\omega_A - \omega_B = 2\pi\Delta$ die chemische Verschiebung in rd/sec ist. Zur Vereinfachung sei angenommen, daß

$$p_A = p_B = 1/2$$

und damit $\tau_A = \tau_B = \tau$ ist. Bezieht man sich auf ein Koordinatensystem, das mit einer Winkelgeschwindigkeit $\omega_{1/2} = \frac{1}{2}(\omega_A + \omega_B)$ um die z-Achse rotiert, so bewegen sich die Kernmomente in diesem System mit einer Winkelgeschwindigkeit von entweder $\pi\Delta$ oder $-\pi\Delta$, je nachdem ob das Proton gerade ein AH- oder ein BH-Proton ist. Beim Austausch ändert diese Winkelgeschwindigkeit das Vorzeichen. Bei kurzen Lebensdauern τ schließen die Vektoren der rotierenden Kernmomente mit $\omega = \omega_{1/2}$ die kleinen Winkel $\alpha = \pi \Delta \tau$ ein. Da der Austausch ein statistischer Prozeß ist, ist die Phasenbeziehung nach N Austauschvorgängen

$$\varphi = \pi \Delta \tau \sqrt{N}.$$

In einer Zeit t ist die Anzahl der Austauschvorgänge $N = \frac{t}{\tau}$ und damit nach einer Zeit t

$$\varphi(t) = \pi \Delta \sqrt{\tau t}.$$

Entsprechend [II-4,8] ist $\Delta \omega_{\text{Austausch}} = \frac{2}{T_2{*}}$, wobei $T_2{*}$ die durch den chemischen Austausch verkürzte Relaxationszeit T_2 bedeutet. Wenn also $t = T_2{*}$ ist, ist die Phasenbeziehung der Kerne etwa auf $\varphi(t) \approx 1$ angewachsen. Für die Austauschverbreiterung erhält man damit (209).

$$\Delta \omega_{\text{Austausch}} \approx \tau \Delta^2 . \qquad \text{[III-3,6]}$$

Für unendlich schnelle Reaktionen mit $\tau = 0$ verschwindet diese Verbreiterung. Die vollständige Gleichung für beliebige p_A, p_B, τ_A und τ_B lautet (siehe Gleichung [III-3,14]):

$$\Delta \omega_{1/2\,\text{beob}} = \frac{2}{T_2} + 8\pi^2 \Delta^2 p_A{}^2 p_B{}^2 (\tau_A + \tau_B) . \qquad \text{[III-3,6a]}$$

Sind mehr als 2 Molekülarten am chemischen Austausch beteiligt, so gilt für langsame Reaktionen ($\tau_i \Delta_i > 1$) Gleichung [III-3,5], während für schnelle Reaktionen ($\tau_i \Delta_i < 1$) Gleichung [III-3,6a] zu ersetzen ist durch

$$\Delta \omega_{1/2\,\text{beob}} = \frac{2}{T_2} + 8\pi^2 \tau \sum p_i \Delta_i^2 . \qquad \text{[III-3,6b]}$$

Hierbei ist τ definiert durch $\tau^{-1} = \sum \tau_i^{-1}$, und Δ_i ist die chemische Verschiebung des i-ten am Austausch beteiligten Atoms bezogen auf den Schwerpunkt, d. h. auf die Lage der einzelnen beobachteten Linie ($\Delta_{\text{beob}} = \sum p_i \Delta_i$). Übrigens ist $\sum p_i \Delta_i^2 = S$ das zweite Moment des Spektrums in Hz^2, siehe Gl. [III-4,2a], das die am Austausch beteiligten Atome bei langsamem Austausch liefern würden.

Eine Variante zur Bestimmung schneller Reaktionen mit $\tau_i \Delta_i < 1$, die einige Vorzüge gegenüber der hier besprochenen hat, wird in Abschnitt IV-3, c beschrieben. Der Zusammenhang zwischen den mittleren Lebensdauern τ_A und τ_B mit den Geschwindigkeitskonstanten k_{AB} und k_{BA} der Reaktion

$$AH + B \underset{k_{BA}}{\overset{k_{AB}}{\rightleftarrows}} A + BH \qquad \text{[III-3,1a]}$$

ist gegeben durch $\frac{1}{\tau_A} = k_{AB}[B]$ und $\frac{1}{\tau_B} = k_{BA}[A]$. Komplizierter liegen die Verhältnisse, wenn das austauschende Atom mit einem anderen nicht austauschenden durch Spin-Spin-Koppelung ein Multiplett erzeugt. In diesem Fall ergeben sich ebenfalls durch den Austausch Linienverbreiterungen. Die Lebensdauer der Spin-Zustände sind aber nicht mehr gleich den mittleren Lebensdauern der Moleküle.

Wenn z. B. AH in Gleichung [III-3,1 a] ein Alkohol ist, etwa CH_3OH, und B eine den Hydroxylionenaustausch katalysierende Base, so ist die an der Methylgruppe gemessene Lebensdauer des Spin-Zustandes doppelt so groß wie die mittlere Lebensdauer des Protons an der OH-Gruppe, da beim Austausch die Chance, daß der Spin-Zustand erhalten bleibt, 1 : 1 ist. Im Durchschnitt trägt nur jeder zweite Austausch zur Linienverbreiterung bei.

Für den Fall des schnell austauschenden Hydroxylprotons muß ferner Gleichung [III-3,6 a] noch modifiziert werden. Es gilt dann

$$\Delta\omega_{1/2} = \frac{2}{T_2} + 2\pi^2 J^2 \tau \left(1 + \frac{1}{1 + 4\pi^2 \Delta^2 \tau^2}\right). \qquad \text{[III-3,6c]}$$

J ist die Spinkoppelungskonstante und Δ die chemische Verschiebung des am Austausch beteiligten Protons und der damit spingekoppelten Protonen (hier die OH- und die CH_3-Protonen des Methanols). Der letzte Faktor in Gleichung [III-3,6 c] ist durch einen Quanteneffekt bedingt (162, 297), der nach der klassischen Behandlung der BLOCHschen Gleichungen nicht auftritt. Eine sorgfältige und leicht lesbare Diskussion derartiger verbreiterter Linien mit Anweisungen zur numerischen Auswertung ist von GRUNWALD, JUMPER und MEIBOOM gegeben worden (119). Ein weiteres Beispiel erläutere die „statistischen Faktoren", die bei der Berechnung von Geschwindigkeitskonstanten aus Multiplettverbreiterungen zu beachten sind. Die Geschwindigkeitskonstante für den Protonenaustausch zwischen NH_4^+-Ionen und NH_3 kann aus der Verbreiterung des durch die Spinkoppelung des ^{14}N-Kerns (I = 1) mit den Protonen des Ammoniumions entstehenden Tripletts (1 : 1 : 1, siehe Abb. 47) erschlossen werden. Die Geschwindigkeitskonstante ist dann $k = 4 \cdot \frac{3}{2} \frac{1}{\tau}$. Der Faktor 4 berücksichtigt die vier Protonen des Ammoniumions und der Faktor $\frac{3}{2}$ die Tatsache, daß nur bei 2/3 der Austauschprozesse der Spin des ^{14}N im Ammoniakmolekül eine andere Orientierung hat als der des ^{14}N-Kerns des Ammoniumions, das sein Proton abgegeben hat. Daher ist die Austauschrate jedes Protons $\frac{3}{2}$mal so groß wie die Rate der Spinorientierungsänderung $\frac{1}{\tau}$. Näheres hierzu bei LOEWENSTEIN und CONNOR (187).

Nach dem oben Gesagten kann man vier Fälle unterscheiden, bei denen aus Linienformen kinetische Daten gewonnen werden können.

1. Das im Kernresonanzspektrum beobachtete Proton tauscht selbst aus, ist aber nicht durch Spinkoppelung mit einem anderen Proton gekoppelt. Maßgeblich für die Verbreiterung ist das Produkt $\tau\Delta$.
2. Das beobachtete Proton tauscht aus und steht mit einem nicht austauschenden Proton in Spinkoppelung. Maßgeblich sind $\tau\Delta$ und τJ.
3. Das beobachtete Proton tauscht nicht aus, ist aber mit einem austauschenden spingekoppelt. Maßgeblich ist τJ.
4. Das beobachtete Proton tauscht nicht aus und steht auch nicht mit einem austauschenden Proton in Spinwechselwirkung (evtl. aber mit anderen nicht austauschenden Protonen). Der chemische Austausch bewirkt aber für die beobachteten Protonen eine chemische Verschiebung. Maßgeblich für die Linienform ist $\tau\Delta$.

Die quantitative Ableitung der Gleichungen [III-3,5] und [III-3,6 a] wird im nächsten Abschnitt behandelt.

III-3,c) Die Theorie der Austauschverbreiterung*

Die im vorangehenden Abschnitt qualitativ behandelte Methode zur Messung schneller chemischer Austauschreaktionen ist quantitativ erstmalig von GUTOWSKY und Mitarb. ausgearbeitet worden (131, 135). Eine vereinfachte Darstellung wurde von McCONNELL (204) gegeben. Durch den chemischen Austausch verlieren die präzedierenden Kernmomente ihre Phasenbeziehung. Dieser Phasenverlust bedingt eine Verminderung der rotierenden Komponenten der Magnetisierung und muß entsprechend in den BLOCHschen Gleichungen, ähnlich wie die Kernrelaxation, durch einen gesonderten Term berücksichtigt werden. Ohne chemischen Austausch lauten die Gleichungen für die Komponenten der Magnetisierung im rotierenden Koordinatensystem u, v nach Abschnitt II-5

$$\frac{dM_u}{dt} = -(\omega_0-\omega)M_v - \frac{M_u}{T_2}, \qquad \text{[II-5,7a]}$$

$$\frac{dM_v}{dt} = -\omega_1 M_z + (\omega_0-\omega)M_u - \frac{M_v}{T_2}. \qquad \text{[II-5,7b]}$$

Eine Zusammenfassung der beiden Komponenten M_u und M_v zu einem komplexen Magnetisierungsvektor G

$$G = M_u + iM_v \qquad \text{[III-3,7]}$$

bedeutet eine erhebliche rechnerische Vereinfachung bei der Berücksichtigung des chemischen Austausches. Aus den Gleichungen [III-3,7] und [II-5,7] erhält man

$$\frac{dG}{dt} + \left[\frac{1}{T_2} - i(\omega_0-\omega)\right] G = -i\omega_1 M_0. \qquad \text{[III-3,8]}$$

(Hierbei wurde $M_z = M_0$ gesetzt. Diese Annahme ist der Vernachlässigung der Sättigungserscheinungen äquivalent.)

Wenn der betreffende Kern in zwei chemischen Bindungsarten A und B mit den LARMOR-Frequenzen ω_A und ω_B vorliegen kann, gelten entsprechend [III-3,8] die beiden Gleichungen

$$\frac{dG_A}{dt} + \alpha_A G_A = -i\omega_1 M_{0A} \qquad \text{[III-3,9a]}$$

$$\frac{dG_B}{dt} + \alpha_B G_B = -i\omega_1 M_{0B}. \qquad \text{[III-3,9b]}$$

α_A und α_B sind dabei als Abkürzungen gewählt worden für die komplexen Größen*)

$$\alpha_A = \frac{1}{T_2} - i(\omega_A-\omega) \qquad \text{[III-3,10a]}$$

und

$$\alpha_B = \frac{1}{T_2} - i(\omega_B-\omega). \qquad \text{[III-3,10b]}$$

Die chemische Verschiebung Δ_{AB} ist dann gegeben durch

$$\Delta_{AB} = \frac{\omega_A-\omega_B}{2\pi}.$$

*) Zur Vereinfachung ist angenommen, daß $T_{2A} = T_{2B} = T_2$ ist.

Wenn ein chemischer Austausch erfolgt, muß die dadurch bewirkte Änderung von G_A und G_B in den Gleichungen [III-3,9] berücksichtigt werden. Die mittlere Lebensdauer eines Kerns in der Bindung A sei wieder τ_A, und die entsprechende in der Bindung B sei τ_B; die zeitlichen Änderungen von G_A und G_B sind dann

$$\frac{dG_A}{dt} + \alpha_A G_A = -i\omega_1 M_{0A} + \frac{G_B}{\tau_B} - \frac{G_A}{\tau_A} \qquad \text{[III-3,11 a]}$$

und

$$\frac{dG_B}{dt} + \alpha_B G_B = -i\omega_1 M_{0B} + \frac{G_A}{\tau_A} - \frac{G_B}{\tau_B}, \qquad \text{[III-3,11 b]}$$

wobei die letzten Terme den Einfluß der chemischen Reaktion auf G erfassen. Die Magnetisierungen M_{0A} und M_{0B} sind gegeben durch

$$M_{0A} = p_A M_0 \text{ und } M_{0B} = p_B M_0, \qquad \text{[III-3,12]}$$

da sich in z-Richtung die Teilmagnetisierungen superponieren. Die stationäre Lösung für die gesamte komplexe Magnetisierung $G = G_A + G_B$ erhält man mit

$$\frac{dG_A}{dt} = \frac{dG_B}{dt} = 0 \qquad \text{[III-3,13]}$$

aus den Gleichungen [III-3,11], [III-3,12] und [III-3,13]:

$$G = -i\omega_1 M_0 \frac{\tau_A + \tau_B + \tau_A \tau_B(\alpha_A p_B + \alpha_B p_A)}{(1 + \alpha_A \tau_A)(1 + \alpha_B \tau_B) - 1}. \qquad \text{[III-3,14]}$$

Die der Intensität des Absorptionssignals proportionale Komponente M_v ist nach Gleichung [III-3,7] der imaginäre Anteil der komplexen Größe G. Für den Spezialfall langsamer Reaktionen $\tau_{A,B}\Delta \to \infty$ erhält man aus Gleichung [III-3,14] für M_v

$$M_v = -\omega_1 M_0 T_2 \left\{ \frac{p_A}{1 + T_2^2(\omega_A - \omega)^2} + \frac{p_B}{1 + T_2^2(\omega_B - \omega)^2} \right\}. \qquad \text{[III-3,15]}$$

Die Absorptionskurve besteht aus zwei getrennten Linien bei den Frequenzen ω_A und ω_B mit den relativen Intensitäten p_A und p_B.

Für $\tau_{A,B} \cdot \Delta \to 0$, d. h. für sehr schnelle Reaktionen, erhält man für M_v

$$M_v = -\omega_1 M_0 T_2 \frac{1}{1 + T_2^2(\omega_A p_A + \omega_B p_B - \omega)^2}. \qquad \text{[III-3,16]}$$

Gleichung [III-3,16] stellt eine einzelne scharfe Linie bei der Frequenz $p_A \omega_A + p_B \omega_B$ dar.

Die im vorangehenden Abschnitt diskutierten Spezialfälle [III-3,5] und [III-3,6a] erhält man ebenfalls aus dem Imaginärteil von Gleichung [III-3,14], wenn man die Bedingungen $\tau_{A,B}\Delta \gg 1$ bzw. $\tau_{A,B}\Delta \ll 1$ einführt. Eine Diskussion von $\tau_{A,B}\Delta \approx 1$ muß nach der vollständigen Gleichung [III-3,14] erfolgen. In diesem Fall kann aber fast immer der Einfluß der Terme $1/T_2$ vernachlässigt werden.

Die Verbreiterung von Spin-Multipletts wurde gleichfalls von GUTOWSKY, MCCALL und SLICHTER (131) erstmals behandelt. Eine Anwendung auf die Verbreiterung des Tripletts für das Äthylalkohol-OH-Proton unter dem Einfluß von den Austausch katalysierenden H^+- oder OH^--Ionen wurde von ARNOLD (15) theoretisch und experimentell untersucht.

Es sei darauf hingewiesen, daß die kinetischen Messungen mit der Linienverbreiterungsmethode bei vollkommenem thermodynamischen (dynamischen!) Gleichgewicht durchgeführt werden. Auch Reaktionen, bei denen keine stöchiometrischen Änderungen auftreten, lassen sich mit der Methode erfassen (siehe z. B. Gleichung [III-3,19]). Selbst Kernresonanzspektren, die nur scharfe Linien aufweisen, enthalten noch eine gewisse kinetische Information, die von Interesse sein kann. Eine scharfe Linie gibt eine obere Grenze für die Reaktionsrate, wenn alle Moleküle und Molekülgruppen ein getrenntes Spektrum zeigen. Wird bei sehr schnellem Austausch nur eine scharfe Linie beobachtet, so kann (bei Kenntnis der chemischen Verschiebung) eine untere Grenze für die Reaktionsgeschwindigkeit erschlossen werden.

Mit der Methode der Doppelresonanz können Reaktionszeiten im Bereich von etwa 10^{-2} sec bis zu Zeiten, die mit der Spin-Gitter-Relaxationszeit (~ 10 sec) vergleichbar sind, sehr elegant gemessen werden. Das Verfahren wird in Abschnitt IV-2 erläutert.

III-3,d Die Kinetik schneller chemischer Reaktionen

Das in den vorausgegangenen Abschnitten theoretisch behandelte Verfahren zur Messung schneller Reaktionen soll nun an einem praktischen Beispiel erläutert werden. GRUNWALD und Mitarb. (117, 118) untersuchten mit der magnetischen Kernresonanzmethode die Protolyse des Methylammoniumions. Abb. 74 zeigt die Protonenresonanzspektren von Methylammoniumchlorid bei verschiedenen p_H-Werten. Die Resonanz der Methylprotonen ist durch elektronengekoppelte Spin-Spin-Wechselwirkung mit den drei Protonen am Stickstoff in ein Quadruplett mit den relativen Intensitäten 1 : 3 : 3 : 1 aufgespalten. Der Übergang dieses Quadrupletts in eine scharfe Einzellinie mit wachsendem p_H gibt die hauptsächliche reaktionskinetische Information. Die Protonen am Stickstoff zeigen ein Triplett wegen der Kern-Spin-Quantenzahl des Stickstoffs $I = 1$. Das Quadrupolmoment des Stickstoffs verbreitert die Linien. Die Quadruplettaufspaltung dieser drei Linien durch die Methylprotonen wird daher nicht mehr aufgelöst. Die NH_3-Resonanzen fallen bei hohen p_H-Werten mit der Wasserlinie zusammen, die bei mittleren p_H-Werten gleichfalls eine Verbreiterung aufweist.

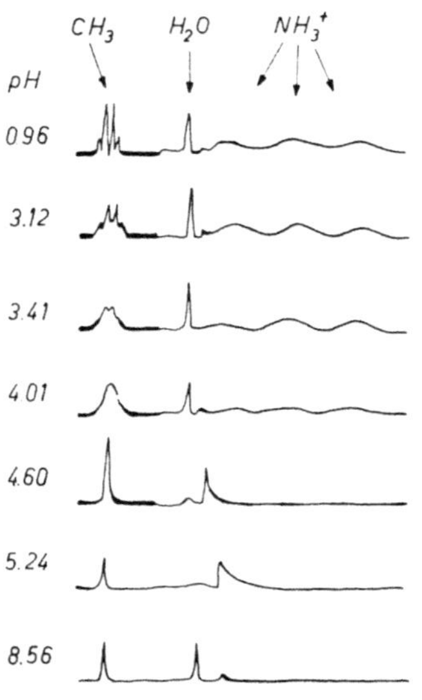

Abb. 74. Protonenresonanzspektren von CH_3NH_3Cl-Lösungen bei verschiedenen p_H-Werten nach GRUNWALD, LÖWENSTEIN und MEIBOOM (117). (Die Empfindlichkeit wurde beim Durchfahren der Wasserlinie herabgesetzt.)

Die Verbreiterung des Methylquadrupletts ist ein Maß für die mittlere Lebensdauer der Spinzustände der NH_3^+-Protonen und damit für den Austausch der Protonen am Stickstoff. Bei den vorliegenden p_H-Werten sind für den Protonenaustausch die folgenden Reaktionen zu diskutieren.

$$CH_3NH_3^+ + H_2O \underset{k_1'}{\overset{k_1}{\rightleftharpoons}} CH_3NH_2 + H_3O^+ \qquad [III\text{-}3,17]$$

$$CH_3NH_3^+ + OH^- \underset{k_2'}{\overset{k_2}{\rightleftharpoons}} CH_3NH_2 + H_2O \qquad \text{[III-3,18]}$$

$$CH_3NH_3^+ + H_2NCH_3 \underset{k_3}{\overset{k_3}{\rightleftharpoons}} CH_3NH_2 + {}^+H_3NCH_3 . \qquad \text{[III-3,19]}$$

Aus der Linienverbreiterung der Wasserlinie kann geschlossen werden, daß auch Wassermoleküle am Protonenaustausch beteiligt sind. Nach den genannten Autoren (117, 118, 120) verläuft neben [III-3,19] in vergleichbarem Ausmaß die Reaktion

$$CH_3{-}NH_2{-}H^+ + HO{-}H \; NH_2{-}CH_3 \underset{k_4}{\overset{k_4}{\rightleftharpoons}} CH_3{-}NH_2 + H{-}OH \; {}^+H{-}NH_2{-}CH_3 . \qquad \text{[III-3,20]}$$

Für die Reaktionsgeschwindigkeit R. G. ergibt sich damit

$$\frac{\text{R. G.}}{[CH_3NH_3^+]} = k_1 + \frac{k_2 K_W}{[H^+]} + (k_3 + k_4) K_A \frac{[CH_3NH_3^+]}{[H^+]}, \qquad \text{[III-3,21]}$$

wobei K_W das Ionenprodukt des Wassers und K_A die Aziditätskonstante des Methylammoniumions bedeuten. Da der Austausch der Spinkonfiguration beim NH_3^+ erster Ordnung bezüglich der Methylammoniumkonzentration ist, gilt weiter

$$\frac{\text{R. G.}}{[CH_3NH_3^+]} = k . \qquad \text{[III-3,22]}$$

In Abb. 75a sind berechnete Kurven des Methylquadrupletts für verschiedene τ und je zwei Relaxationszeiten T_2 dargestellt. Abb. 75b gibt einige gemessene Kurven wieder. Die Auswertung der Spektren wurde von den Autoren mit Hilfe des Vergleichs zwischen gemessenem und berechnetem Verhältnis des Maximums zum inneren Minimum und für die höheren p_H-Werte aus der Linienbreite graphisch vorgenommen. Aus den Messungen kann entnommen werden, daß der Protonenaustausch praktisch allein über die Reaktionen

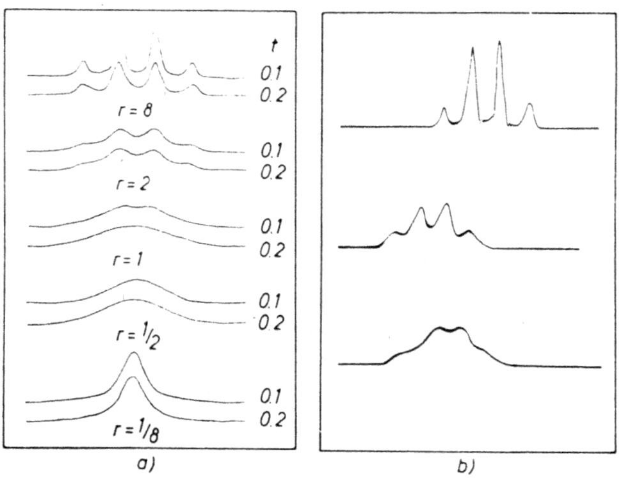

Abb. 75. Linienformen des Methylquadrupletts für verschiedene Austauschgeschwindigkeiten der Ammoniumprotonen im Methylammoniumchlorid. (117)

a) Berechnete Kurven $\left(r = 2\tau J, t = \dfrac{1}{T_2 J}\right)$. b) Experimentelle Kurven.

[III-3,19] und [III-3,20] verläuft. Die Reaktionen [III-3,17] und [III-3,18] sind gegen [III-3,19] und [III-3,20] zu langsam. Als Geschwindigkeitskonstanten ergaben sich $k_3 = 4{,}0 \cdot 10^8$ l/mol sec und $k_4 = 5{,}3$ l/mol sec bei $19 \pm 2\,°C$.

Die Ergebnisse dieser und analoger Messungen an substituierten Ammoniumionen sind in der Tab. 12 zusammengestellt (118). Die Bezeichnungen der Reaktionsgeschwindigkeitskonstanten sind dabei analog denen der Gleichung [III-3,17, 18, 19 und 22] definiert.

Von AHRENS und STREHLOW (3) wurde die durch H_3O^+ katalysierte Hydratationsreaktion des Acetaldehyds aus Linienverbreiterungen des Kernresonanzspektrums gemessen. Hierbei treten die Verbreiterungen an den Linien der Methyl- und der Aldehydprotonen auf, die am eigentlichen Austausch nicht beteiligt sind und die auch nicht mit austauschenden Protonen in wirksamer Spinkoppelung stehen (Fall 4, S. 99; die Linienbreiten der A_3X-Spektren werden durch graphische Superposition von berechneten LORENTZkurven zum Multiplett erhalten). Die Reaktion

$$CH_3CHO + H_2O \rightleftarrows CH_3CH(OH)_2$$

ist in wäßrigen Lösungen so langsam, daß scharfe Linien für den hydratisierten und unhydratisierten Acetaldehyd beobachtet werden. Bei Zusatz von HCl verbreitern sich die Linien, und die mittleren Lebensdauern werden nach Gleichung [III-3,5] berechnet. Die erhaltene Geschwindigkeitskonstante für die Säurekatalyse $k = 480$ l/mol sec stimmt mit dem von BELL u. a. (30) mit einer anderen Methode gemessenen Wert überein. Aus Messungen dieser Konstanten in Wasser-Aceton- und Wasser-Dimethylsulfoxyd-Mischungen lassen sich Rückschlüsse auf den Mechanismus der Katalyse ziehen.

Von den in der Literatur beschriebenen kinetischen Messungen aus Kernresonanzlinienverbreiterungen seien der Protonenaustausch zwischen H_2O_2 und Wasser (6), von Methylacetamid (32, 274), Dimethylacetamid (106), Äthanol (und Methanol (191)) erwähnt. Die schnelle Valenzisomerisierung des Bullvalens ist in Abschnitt III-1a,10 behandelt. Der Austausch von Alkylgruppen in metallorganischen Verbindungen wurde u. a. von BROWN und Mitarb. untersucht (322, 283). Zahlreiche weitere Anwendungen sind der zusammenfassenden Literatur (187) zu entnehmen.

In anderen Fällen sind aus Linienbreiten untere Grenzen für die Lebensdauer von Molekülen ermittelt oder auch nur qualitativ das Vorliegen einer Austauschverbreiterung festgestellt worden. So wurde das Spektrum des ClF_3 in Abb. 36 bei $-60°$ C aufgenommen, da bei höheren Temperaturen ein rascher gegenseitiger Austausch der unterschiedlich gebundenen Fluoratome zur Austauschverbreiterung und schließlich zur Ausbildung einer einzigen Resonanzlinie führt (216). Auch im Fall des Fluorwasserstoffs findet man weder im Protonen- noch im Fluorspektrum das erwartete Dublett, da der Protonenaustausch der Moleküle zu rasch erfolgt (297, 16).

Die Austauschfrequenzen des Fluors in SF_4 (und qualitativ in SeF_4) wurden von MUETTERTIES und PHILLIPS (217) als Funktion der Temperatur aus den Kernresonanzspektren ermittelt. Speziell für SF_4 lassen sich die Ergebnisse im Bereich von $-98°$ bis $23°$ C darstellen durch $\nu = \nu_0 \exp\left(-\frac{E_A}{RT}\right)$ mit $\nu_0 = 10^7$ bis $10^9\ \text{sec}^{-1}$ und $E_A = (4{,}5 \pm 0{,}8)$ kcal/mol.

Tabelle 12

Geschwindigkeitskonstanten der Protolyse einiger substituierter Ammoniumionen (25° C)

R_3NH^+	K_A° mol/l	Lit.	$k_1' \cdot 10^{-10}$ l/mol sec	Lit.	k_1 sec^{-1}	Lit.	$k_2 \cdot 10^{-10}$ l/mol sec	Lit.	$k_2' \cdot 10^{-5}$ sec^{-1}	Lit.	$k_3 \cdot 10^{-8}$ l/mol sec	Lit.	$k_4 \cdot 10^{-8}$ l/mol sec	Lit.
NH_4^+	5,68	92	4,3	92	24,4	92	–	–	–	–	11,5	92	0,9	212, 92
$CH_3NH_3^+$	0,314	118, 117	–	–	–	–	3,7	117	120	117	4,0	118, 117	5,3	117, 118
$(CH_3)_2NH_2^+$	0,169	94	–	–	–	–	–	–	–	–	0,5	186	7,3	186
$(CH_3)_3NH^+$	1,57	94, 194	2,5	186	4,0	186	–	–	–	–	0,0	186	4,0	186

Es ist zu beachten, daß man aus Kernresonanzmessungen bei Kenntnis der entsprechenden Gleichgewichtskonstanten auch die Geschwindigkeitskonstanten der schnellsten diffusionsbestimmten Reaktionen erhalten kann, wie z. B. k_1' und k_2. Die Protolyse des Trimethylphosphoniumions ist von Silver und Luz (290) untersucht worden.

III-3,e Gehemmte innere Molekülrotation

Cis-trans-Isomere sind hinreichend stabil, so daß sie unterschiedliche Kernresonanzspektren aufweisen. Der im kinetischen Sinne andere Extremfall liegt z. B. bei einer Äthylverbindung C_2H_5X vor. Die hier denkbaren Rotationsisomeren sind wegen der geringen Rotationsaktivierungsenergie durch zeitliche Mittelung des Feldes am Ort der Kerne einander magnetisch äquivalent, so daß nur das bekannte Triplett-Quadruplett-Spektrum der Äthylgruppe beobachtet wird. Mittlere Rotationsgeschwindigkeiten treten dagegen bei einer Anzahl anderer Verbindungstypen mit größerer sterischer Hinderung auf. In diesen Fällen hat sich die magnetische Kernresonanz als eine ausgezeichnete Methode für die Untersuchung von Rotationsisomeren erwiesen. Ein schönes Beispiel ist das Rotationsverhalten des Dimethylnitrosamins $(CH_3)_2N{-}N{=}O$, das von LOONEY, PHILLIPS und REILLY (189) aus den MKR-Spektren erschlossen werden konnte. Die Verbindung ist mesomer nach

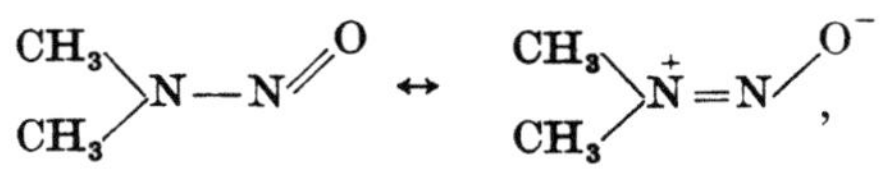

wodurch die planare Form soweit stabilisiert wird, daß die Drehung um die N—N-Bindung stark gehemmt ist. Die beiden Methylgruppen sind chemisch einander nicht äquivalent, und das MKR-Spektrum zeigt dementsprechend bei Zimmertemperatur zwei durch eine chemische Verschiebung $\Delta = 26$ Hz getrennte Linien (bei 40 MHz).

Bei erhöhter Temperatur setzt dann die Rotation ein unter entsprechender Linienverbreiterung, wie Abb. 76 zeigt, die mit den berec̦hneten Kurven der Abb. 73 verglichen werden sollte. Aus den Spektren konnte durch Vergleich mit berechneten Spektren (Gleichung [III-3,14]) die Rotationsfrequenz in Abhängigkeit von der Temperatur zu

$$\nu = \frac{1}{\tau} = 7 \cdot 10^{12} \exp\left(-\frac{14{,}7 \cdot 10^3}{T}\right)$$

ermittelt werden.

Ferner wurden mehrere Untersuchungen der gehemmten Rotation von Amiden gewidmet (106, 127, 240, 305, 170). So maßen FRAENKEL und FRANCONI (106) die Kernresonanzspektren von Dimethylformamid (DMF) und N,N-Dimethylacetamid (DMA) (siehe auch 127) in reiner Form und in sauren Lösungen. Auch diese Verbindungen sind durch Mesomerie in der planaren Form stabilisiert. In saurer Lösung wird ein Proton an den Sauerstoff angelagert und dadurch die planare Form noch weiter stabilisiert.

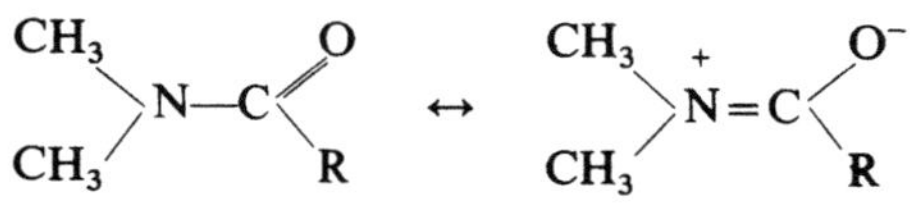

R = H : DMF

$R = CH_3$: DMA

Weitere Frequenzen und Aktivierungsenergien für innere Molekülrotationen wurden für Formamid (244), Dimethylformamid (189), Alkylnitrite (244, 242, 241) und Aldoxime (241) gemessen. Für die beiden letzteren Verbindungsklassen konnte aus den Kernresonanzspektren das Verhältnis der syn- und anti-Form bestimmt werden. Auch für Verbindungen ohne Doppelbindung kann die Rotation sterisch durch hinreichend große Substituenten so stark gehemmt sein, daß Kinetik und Gleichgewichtslage der Rotationsisomeren mit MKR-Messungen erfaßbar sind (84, 224, 115, 7, 248).

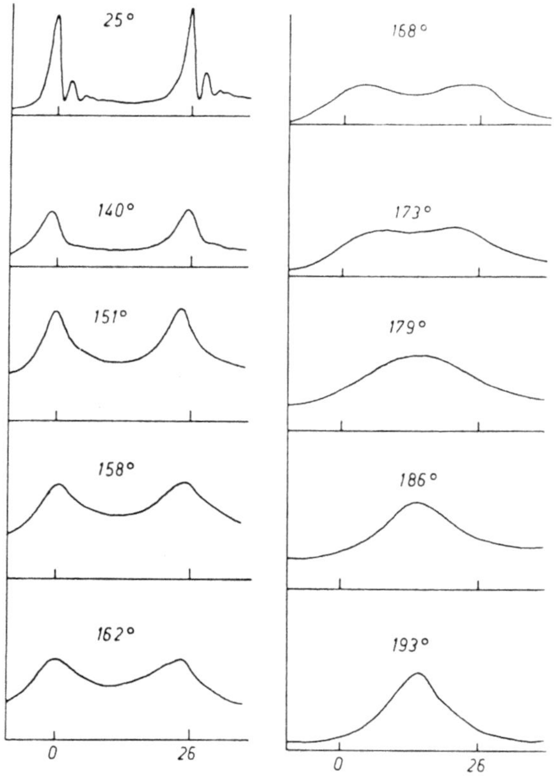

Abb. 76. Temperaturabhängigkeit des Protonenresonanzspektrums von Dimethylnitrosamin [40 MHz nach LOONEY, PHILLIPS und REILLY (189)].

Wenn Äthan durch hinreichend große Gruppen substituiert ist, kann die Rotation durch sterische Hemmung so stark behindert sein, daß die einzelnen Rotameren im Kernresonanzspektrum getrennte Resonanzlinien zeigen. In diesem Fall lassen sich die Besetzungszahlen aus den Intensitäten leicht ermitteln. Aus der Temperaturabhängigkeit der Intensitäten und Linienbreiten der Resonanzlinien können die Reaktionsenthalpien und Aktivierungsenergien für die Umwandlung der Rotameren erhalten werden (247, 288, 179, 249: Kap. 13 – 14).

Besonders interessant liegen die Verhältnisse bei optisch aktiven Äthanderivaten, die als Beispiel für derartige Rotationsisomeren hier besprochen werden sollen. In Abb. 77 sind nach GUTOWSKY (125) im Aufblick die drei möglichen Rotameren vom Typus $R_1R_2R_3C—CH_2X$ (für eine der beiden d- bzw. l-Formen) dargestellt.

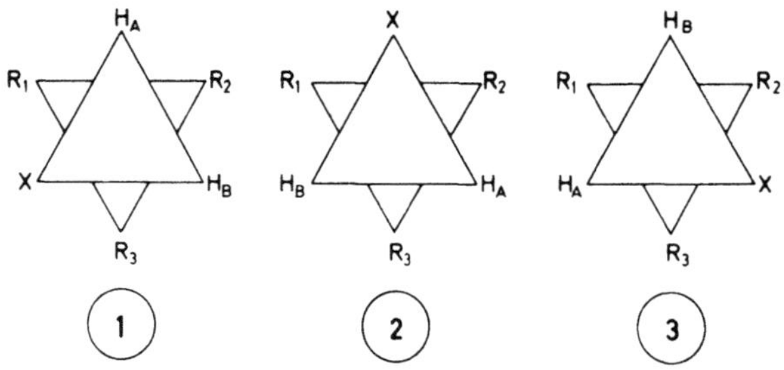

Abb. 77. Die drei Rotationsisomeren einer Verbindung $R_1R_2R_3C-CH_2X$.

Wenn die Rotation hinreichend schnell erfolgt, beobachtet man für das Proton H_A bzw. H_B eine mittlere chemische Verschiebung

$$\overline{\Delta_A} = \sum p_n \Delta_A^n \quad \text{und} \quad \overline{\Delta_B} = \sum p_n \Delta_B^n , \qquad [\text{III-3,23}]$$

wobei über die drei Rotameren summiert wird. p_n ist der Protonenbruch des Rotameren n. Wenn die Gruppe X ebenfalls ein Proton ist, gilt

$$\Delta_A^1 = \Delta_B^3 ; \quad \Delta_A^2 = \Delta_B^1 \quad \text{und} \quad \Delta_A^3 = \Delta_B^2 . \qquad [\text{III-3,24}]$$

Damit wird für das Methylderivat

$$\overline{\Delta_A} = \sum 1/3\, \Delta_A^n = \overline{\Delta_B} = \sum 1/3\, \Delta_B^n \qquad [\text{III-3,25}]$$

und

$$\overline{\Delta_{AB}} \equiv \overline{\Delta_A} - \overline{\Delta_B} = 0 . \qquad [\text{III-3,26}]$$

Die drei Protonen werden durch schnelle Rotation praktisch äquivalent. Die Protonenbrüche der drei Rotameren sind bei diesem Symmetriegrad einander gleich: $p_n = 1/3$. Ist aber $X \neq H$, so ändern sich die Verhältnisse auch bei schneller Rotation. p_n wird ungleich 1/3, und die sechs chemischen Verschiebungen sind voneinander unabhängig. Es gilt dann

$$\overline{\Delta_{AB}} = \sum p_n (\Delta_A^n - \Delta_B^n) = \sum p_n (\Delta_{AB}^n + \delta \Delta_{AB}^n) . \qquad [\text{III-3,27}]$$

Dabei ist Δ_{AB}^n die chemische Verschiebung im Rotameren n mit $X = H$, und $\delta \Delta_{AB}^n$ ist die durch die Substitution mit X verursachte Änderung der chemischen Verschiebung. Nach Gleichung [III-3,25] ist $\sum 1/3\, \Delta_{AB}^n = 0$, und damit wird

$$\overline{\Delta_{AB}} = \sum (p_n - 1/3)\, \Delta_{AB}^n + \sum (p_n - 1/3)\, \delta \Delta_{AB}^n + \sum 1/3\, \delta \Delta_{AB}^n . \qquad [\text{III-3,28}]$$

Die erste Summe bedeutet eine chemische Verschiebung, die beobachtet wird, wenn $p_n \neq 1/3$ wird wegen der Substitution von H durch X, auch wenn sich die chemische Verschiebung der einzelnen Rotameren dabei nicht ändert. Die zweite Summe hängt sowohl von den Besetzungszahlen p_n als auch von den durch die Substitution veränderten chemischen Verschiebungen ab. Das letzte Glied ist ein Asymmetrieglied, das auch dann auftritt, wenn alle Rotameren gleich häufig sind. Bei hohen Temperaturen gleichen sich die Besetzungszahlen einander an, und für hinreichend hohe Temperaturen sollte der Asymmetrieterm allein die beobachtete chemische Verschiebung bestimmen. Eine eindeutige Abtrennung des Asymmetrieterms von den von den Besetzungszahlen abhängigen Beiträgen zur chemischen Verschiebung ist aber bisher noch nicht gelungen. Die beschriebene chemische

Verschiebung an asymmetrischen Verbindungen wird auch an Protonen beobachtet, die mehrere (bis zu fünf) Atombindungen vom Asymmetriezentrum entfernt sind. So wurde eine Anzahl asymmetrischer Isopropylverbindungen gefunden, bei denen die Absorptionslinie der Methylgruppen in ein Quadruplett mit den Intensitäten 1 : 1 : 1 : 1 aufgespalten ist (311). Besonders groß wird die der Spinkoppelung überlagerte chemische Verschiebung durch die Rotationsisomerie, wenn einer der Substituenten am asymmetrischen Kohlenstoffatom eine Phenylgruppe ist. Offenbar wirken sich die weitreichenden molekularen Kreisströme des aromatischen Systems (Abschnitt II-6,e) sehr unterschiedlich auf die verschiedenen Rotameren aus.

Die Inversionsfrequenzen von substituierten Äthyleniminen

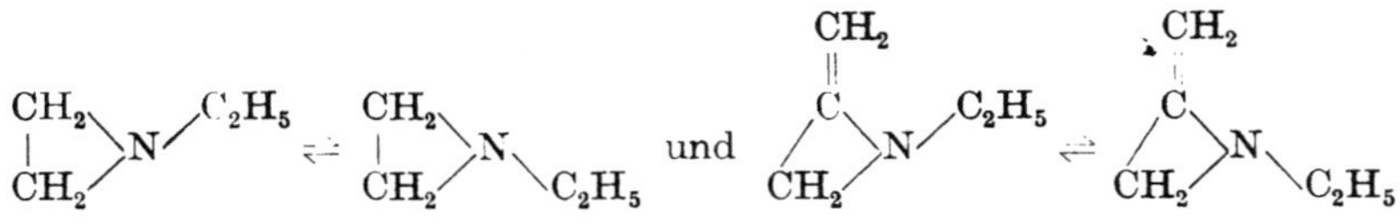

wurden von BOTTONI und ROBERTS (50) aus den Kernresonanzspektren bei verschiedenen Temperaturen erschlossen. Da derartige Inversionsfrequenzen bei Zimmertemperatur bereits sehr hoch sind, besteht kaum Aussicht auf eine präparative Trennung der optischen Antipoden von Aminen $R_1R_2R_3N$ (mit dem einsamen Elektronenpaar als vierten Substituenten).

*III-3,f**) Die paramagnetische Impulsmethode und das Kernquadrupolverfahren*

MCCONNEL und Mitarb. (206, 205) haben eine Methode zur Bestimmung der Geschwindigkeiten von Reaktionen entwickelt, an denen paramagnetische Ionen beteiligt sind. Hiermit sind erheblich schnellere Reaktionen erfaßbar als mit den weiter oben geschilderten Möglichkeiten.

Die Relaxationszeit T_2 von ^{63}Cu in salzsaurer, diamagnetischer 1 m CuCl-Lösung beträgt wegen des Quadrupolmoments von ^{63}Cu nur $2 \cdot 10^{-5}$ sec (206). (T_2 für Protonen in Wasser ist etwa 2 sec.) Durch Zugabe geringer Mengen von Cu^{++}-Ionen ($\sim 10^{-3}$ m) wird diese Relaxationszeit noch erheblich verkleinert. Der Quadrupolverbreiterung überlagert sich eine Austauschverbreiterung durch die Elektronenaustauschreaktion zwischen Cu^{+} und Cu^{++}. Für die Relaxationszeiten gilt dabei:

$$\frac{1}{T_{2DP}} = \frac{1}{T_{2D}} + \frac{1}{T_{2P}}. \qquad [III\text{-}3,29]$$

Hier ist T_{2DP} die beobachtete Relaxationszeit bei Anwesenheit von Cu^{++}-Ionen, T_{2D} diejenige in rein diamagnetischer Cu^{+}-Lösung und T_{2P} die (hypothetische) Relaxationszeit eines Ions ohne Quadrupolmoment, das an einem Elektronenaustausch mit paramagnetischen Ionen beteiligt ist. Bei der Austauschreaktion $Cu^{+} \rightarrow Cu^{++} \rightarrow Cu^{+}$ erfährt der Kern einen starken Impuls des magnetischen Rauschens während der Zeit ($\sim 10^{-8}$ sec), in der er sich in der paramagnetischen Form Cu^{++} befindet.

Wenn diese Zeit $\tau_{Cu^{++}} > 10^{-9}$ sec ist, verlieren die präzedierenden Kerne vollständig ihre Phasenbeziehung. Da wegen der sehr viel höheren Konzentration von Cu^+ $\tau_{Cu^+} \gg \tau_{Cu^{++}}$, ist T_{2P} praktisch gleich τ_{Cu^+}. Wenn also die Geschwindigkeit der Austauschreaktion

$$Cu^+ + Cu^{++} \underset{}{\overset{k}{\rightleftharpoons}} Cu^{++} + Cu^+ \qquad [III\text{-}3,30]$$

proportional dem Produkt der Konzentrationen $[Cu^+]$ $[Cu^{++}]$ ist, gilt

$$k = \frac{1}{[Cu^{++}]}\left[\frac{1}{T_{2DP}} - \frac{1}{T_{2D}}\right]. \qquad [III\text{-}3,31]$$

Für $[Cu^{++}] = 10^{-3}$ mol/l wurde T_{2DP} zu $1 \cdot 10^{-5}$ sec bestimmt. Mit $T_{2D} = 2 \cdot 10^{-5}$ sec erhält man so $k = 5 \cdot 10^7$ l/mol sec.

Die Methode wurde auch zur Bestimmung der Elektronenaustauschgeschwindigkeit zwischen N,N-Tetramethyl-p-phenylendiamin und seinem Radikalion verwendet (54).

$$(CH_3)_2\overset{+}{N}{-}C_6H_4{-}N(CH_3)_2 + (CH_3)_2N{-}C_6H_4{-}N(CH_3)_2$$

$$\rightleftharpoons \; k = 2{,}5 \cdot 10^4 \text{ l/mol sec} \qquad [III\text{-}3,32]$$

$$(CH_3)_2N{-}C_6H_4{-}N(CH_3)_2 + (CH_3)_2\overset{+}{N}{-}C_6H_4{-}N(CH_3)_2\,.$$

Die paramagnetische Pulsmethode wurde ferner zur Messung der Austauschgeschwindigkeiten von Lösungsmittelmolekülen zwischen der Solvathülle paramagnetischer Ionen und der Masse des Lösungsmittels herangezogen (239). Die Ergebnisse derartiger Messungen sind in Tab. 13 zusammengestellt.

Tabelle 13
Austauschfrequenzen (in sec^{-1}) von Methanol (238) an paramagnetischen Ionen

Ion	CH_3OH gemessen mit an CH_3-Protonen	Protonenresonanzen an OH-Protonen
Cr^{+++}	$3{,}2 \cdot 10^3$	$1{,}1 \cdot 10^4$
Fe^{+++}	$1{,}0 \cdot 10^4$	$2{,}0 \cdot 10^4$
Mn^{++}	$1{,}8 \cdot 10^4$	$2{,}5 \cdot 10^5$
Co^{++}	$1{,}7 \cdot 10^3$	$1{,}1 \cdot 10^4$
Ni^{++}	$2{,}2 \cdot 10^3$	$2{,}5 \cdot 10^3$
Cu^{++}	$1{,}0 \cdot 10^4$	$1{,}0 \cdot 10^4$
Ce^{+++}	$0{,}8 \cdot 10^2$	$2{,}5 \cdot 10^4$

Die teilweise erheblichen Unterschiede der Austauschgeschwindigkeiten, wie sie an den Methylprotonen bzw. an den Hydroxylprotonen gemessen wurden, beruhen auf Protolysereaktionen, die parallel zum eigentlichen Molekülaustausch erfolgen. An den Methylprotonen wird naturgemäß nur der Austausch des gesamten Moleküls gemessen, während die

Hydroxylprotonen außer mit dem gesamten Molekül auch durch Protolyse austauschen können. Aus der Verbreiterung von Protonenresonanzen konnte die Austauschgeschwindigkeit von Wasser an Mn^{++}-Ionen zu $7 \cdot 10^7$ sec^{-1} ermittelt werden (33). Weitere mehr qualitative Bestimmungen des Wasseraustausches an paramagnetischen Ionen wurden von CONNICK und POULSON (67) mit ^{17}O-Resonanzen durchgeführt. Bestimmungen der Austauschgeschwindigkeiten von NH-Protonen in einigen Chromkomplexionen sind von PEARSON und Mitarb. (238) mitgeteilt worden.

Eine weitere Möglichkeit zur Messung schneller Reaktionen ist der paramagnetischen Pulsmethode eng verwandt. Kerne mit hinreichend hohem Quadrupolmoment weisen nach den Ausführungen des Abschnitts II-9 nur dann Kernresonanzsignale meßbarer Intensität auf, wenn sie in hochsymmetrischen Anordnungen, z. B. in Form von Atomionen, vorliegen. Bestehen kovalente, unsymmetrische Bindungen zu anderen Atomen, so herrscht am Ort des Kerns eine zeitlich schwankende Inhomogenität des elektrischen Feldes. Der hierdurch bedingte Relaxationsmechanismus verbreitert die Linien so stark, daß sie kaum noch aus dem Rauschen herausgelöst werden können.

An ^{79}Br und ^{81}Br kann aus diesen Gründen ein Kernresonanzsignal nur beobachtet werden, wenn diese Isotope in Form von Bromidionen vorliegen. Bei Zugabe von Cadmiumionen werden die kovalenten Verbindungen $CdBr^+$, $CdBr_2$ und $CdBr_3^-$ gebildet, die je eine charakteristische mittlere Lebenszeit aufweisen. Für die gemessenen Relaxationszeiten T_2 der Br-Resonanzlinien, die in Lösungen mit kleinen Zusätzen von Cd^{++}-Ionen gemessen werden, erhält man mit ganz analoger Argumentation wie bei der Begründung von Gleichung [III-3,29] (140)

$$\frac{1}{T_2} = \frac{1}{T_{20}} + \frac{1}{\tau}. \qquad [III\text{-}3,33]$$

τ ist dabei die mittlere Lebenszeit des freien Bromions und $\frac{1}{T_{20}}$ die Linienbreite des Bromsignals ohne Zugabe von Cd^{++}-Ionen. Das Verfahren ist sehr ausführlich von HERTZ (142) diskutiert worden und auf die Salze $CdBr_2$, $HgBr_2$, $ZnBr_2$, CdJ_2 und ZnJ_2 angewendet worden.

Die Ergebnisse an $CdBr_2$ sowie die Geschwindigkeitskonstante der von MYERS (222) gemessenen Bildung des J_3^--Ions sind in Tab. 14 zusammengestellt.

Tabelle 14

Reaktionsgeschwindigkeiten aus Austauschverbreiterungen an Br- und J-Resonanzlinien.

Reaktion	Gleichgewichtskonstante K (mol/l)	Geschwindigkeitskonstante k (l/molsec)	Literatur
$Cd^{++} + Br^- \overset{k}{\rightleftharpoons} CdBr^+$	$7 \cdot 10^{-3}$	$1{,}4 \cdot 10^9$	142, 140
$CdBr^+ + Br^- \overset{k}{\rightleftharpoons} CdBr_2$	$1 \cdot 10^{-2}$	$1{,}4 \cdot 10^8$	142, 140
$CdBr_2 + Br^- \overset{k}{\rightleftharpoons} CdBr_3^-$	0,27	$1{,}4 \cdot 10^7$	142, 140
$J^- + J_2 \overset{k}{\rightleftharpoons} J_3^-$	$1{,}8 \cdot 10^{-3}$	$4 \cdot 10^{10}$	222

III-4 Festkörperuntersuchungen mit magnetischer Kernresonanz

Weiterführende Literatur: (9, 90)

III-4,a Grundlagen

Das am Ort eines Kerns durch die Kernmomente benachbarter Moleküle hervorgerufene magnetische Zusatzfeld wird in flüssigen Phasen durch die BROWNsche Molekularbewegung weitgehend herausgemittelt, wie in Abschnitt II-4 dargelegt wurde. Diesem Mittelungsprozeß verdanken wir die langen Relaxationszeiten T_2 und damit die geringen Breiten von Kernresonanzlinien, die an flüssigen Proben beobachtet werden. Wesentlich andere Verhältnisse liegen bei der magnetischen Kernresonanz in Festkörpern vor. Da hier die einzelnen Kerne in einem Gitter festgelegt sind, kommt das magnetische Zusatzfeld ΔH benachbarter Kerne ungeschwächt zur Geltung. Dieses Zusatzfeld hängt ab vom magnetischen Moment μ des erzeugenden Kerns, von seinem Abstand r zu dem Kern, an dem sein Feld wirkt, und von dem Winkel ϑ, den r mit dem äußeren magnetischen Feld einschließt. ΔH ist dabei klassisch gegeben durch (siehe Abb. 78)

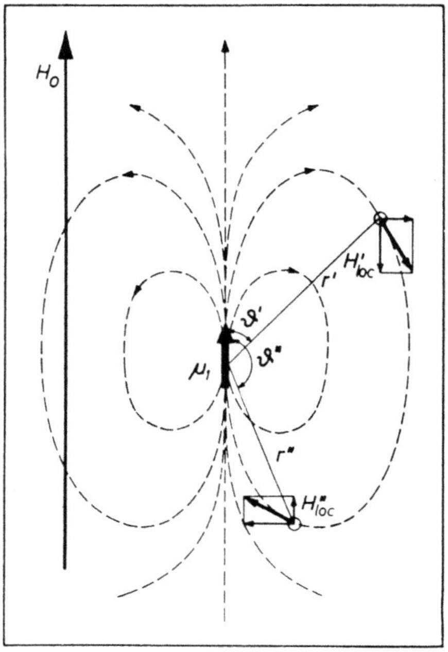

Abb. 78. Magnetfeld eines magnetischen Kernmoments.

$$\Delta H = \pm \frac{\mu}{r^3}(3\cos^2\vartheta - 1). \qquad [\text{III-4,1a}]$$

Sind die beiden Kerne von gleicher Art, so zeigt eine quantenmechanische Störungsrechnung, daß [III-4,1 a] durch

$$\Delta H = \pm \frac{3}{2}\mu/r^3(3\cos^2\vartheta - 1) \qquad [\text{III-4,1b}]$$

zu ersetzen ist. Setzt man für r 1 Å und für μ den Wert des Kernmoments eines Protons ein, so ergibt sich für ΔH ein Betrag von der Größenordnung 10 Gauß. Das heißt, die Linien in Festkörperspektren sind außerordentlich viel breiter als diejenigen von Flüssigkeiten ($\sim 10^{-4}$ Gauß). Die Relaxationszeiten T_2 sind dementsprechend in Festkörpern um Zehnerpotenzen kleiner als in Flüssigkeiten. Die Spin-Gitter-Relaxationszeit T_1 dagegen ist bei Festkörpern sehr viel größer als bei Flüssigkeiten und kann einige Stunden betragen. Diese andersartigen Kernrelaxationszeiten sind von ungünstigem Einfluß auf die Intensitäten der Signale in MKR-Festkörperspektren. Benutzt man die nach Gleichung [II-5,16] für die Intensität optimale Einstrahlungsfrequenz H_1, so ist die erzielbare Intensität nach den Gleichungen [II-5,15] und [II-5,16]

$$M_v^{\text{opt}} = \frac{M_0}{2}\sqrt{\frac{T_2}{T_1}}.$$

Das Signal-Rausch-Verhältnis liegt demnach bei Festkörper-MKR-Spektren erheblich ungünstiger als bei Flüssigkeitsspektren, wodurch – abgesehen von dem größeren Frequenzbereich – eine andere Meßtechnik bedingt wird. Eine Erhöhung der Meßempfindlichkeit wird durch Modulation des Magnetfeldes mit einer Niederfrequenz kleiner Amplitude erreicht. Das resultierende Signal der modulierenden Niederfrequenz ist der Ableitung der Absorptionskurve proportional, die aus der Meßkurve durch Integration erhalten werden kann. Die käuflichen Kernresonanzspektrometer sind mit Zusätzen für die Breitlinienspektrometrie erhältlich. Den experimentellen Nachteilen der magnetischen Kernresonanz an Festkörpern bezüglich der Empfindlichkeit stehen als Vorteile die wesentlich geringeren Anforderungen an die Homogenität und zeitliche Konstanz des Magnetfeldes gegenüber. Dieser Umstand hatte zur Folge, daß bereits 1947, also zu einer Zeit, als die chemische Verschiebung wegen der relativ großen Inhomogenität der verfügbaren Magneten noch gar nicht bekannt war, experimentelle Kernresonanzuntersuchungen an Festkörpern wertvolle Ergebnisse erbrachten (235).

Wegen des gegenüber der chemischen Verschiebung so sehr viel größeren Effektes der direkten Dipolwechselwirkung können an Festkörpern chemische Verschiebungen oder elektronengekoppelte Spin-Spin-Wechselwirkungen im allgemeinen nicht beobachtet werden [chemische Verschiebungen an Festkörpern konnten allerdings z. B. an ^{205}Tl-Verbindungen gemessen werden, da für dieses Isotop die chemischen Verschiebungen von der Größenordnung $10^{-3} = 10^3$ ppm sind (132). Eine andere Möglichkeit, chemische Verschiebungen in Festkörpern zu messen, wird kurz in Abschnitt III-4,c besprochen.

Welche Informationen können nun Breitlinienspektren dem Chemiker liefern? Nach Gleichung [III-4,1] lassen sich Werte für die Kernabstände r und ihre Winkellage im Kristall erhalten. Die magnetische Kernresonanzmethode wird dabei aus zwei Gründen besonders zur Ermittlung von Protonenabständen in Kristallgittern herangezogen. Einmal ist hier die Empfindlichkeit der Methode maximal, und zum anderen kann gerade bei Protonen wegen der geringen Beugung von Röntgenstrahlen nur schwierig die Lage dieser leichten Kerne im Gitter mit der klassischen Röntgenmethode bestimmt werden.

Neben der magnetischen Kernresonanz kann mit Vorteil auch die Neutronenbeugung zur Beantwortung dieser Frage herangezogen werden. In jedem Fall ist die magnetische Kernresonanz eine wertvolle Ergänzung der übrigen experimentellen Methoden zur Aufklärung von Gitterstrukturen. Weiterhin kann mit der magnetischen Kernresonanz Information über die molekularen Bewegungen in Festkörpern gewonnen werden. Nach dem gleichen Mechanismus, der in Flüssigkeiten durch die BROWNsche Molekularbewegung lange Relaxationszeiten T_2 verursacht (Abschnitt II-4), werden auch in Festkörpern beim Auftauen von Freiheitsgraden bei steigender Temperatur die Linien wesentlich gegenüber den am starren Gitter beobachteten verschmälert. Tritt noch unterhalb des Schmelzpunktes ein hinreichend rascher Platzwechsel durch Selbstdiffusion ein, so können sogar Linienbreiten auftreten, die mit denen in Flüssigkeiten vergleichbar sind [z. B. Cyclohexan (12)].

In Abschnitt III-4,b werden die Möglichkeiten der Kristallstrukturaufklärung mit magnetischer Kernresonanz an Einkristallen und an Kristallpulvern diskutiert, während Abschnitt III-4,c der Messung molekularer Bewegungen in Festkörpern gewidmet ist.

III-4,b Die Bestimmung von Kristallstrukturen

Da die energetische Wechselwirkung zweier magnetischer Momente mit der reziproken dritten Potenz des Abstandes variiert (Gleichung [III-4,1], sind für das Zusatzfeld am Ort eines Kernes hauptsächlich die nächstliegenden Kerne zu berücksichtigen. Besonders einfach ist das Zweispinsystem zu behandeln, bei dem zwei magnetische Kerne einander sehr dicht benachbart, aber verhältnismäßig weit von allen anderen entfernt sind. Dieser Fall ist in vielen Kristallwasser enthaltenden Kristallen hinreichend gut realisiert. In einer klassischen Arbeit hat Pake (235) an einem derartigen Zweispinsystem, dem Gips $CaSO_4 \cdot 2H_2O$, die Methodik der Kristallstrukturbestimmung mit magnetischer Kernresonanz entwickelt. Abgesehen von seltenen Isotopen weisen im Gips nur die Protonen des Wassers ein magnetisches Moment auf. Aus der Röntgenstrukturbestimmung des Gipskristalls ist bekannt, daß zwei unterschiedlich angeordnete Protonenpaare (Wasser) vorliegen. Nach Gleichung [III-4,1] müssen also zwei Paare von Absorptionslinien auftreten, wobei der Abstand im Spektrum für jedes Paar vom Winkel ϑ abhängt und speziell für

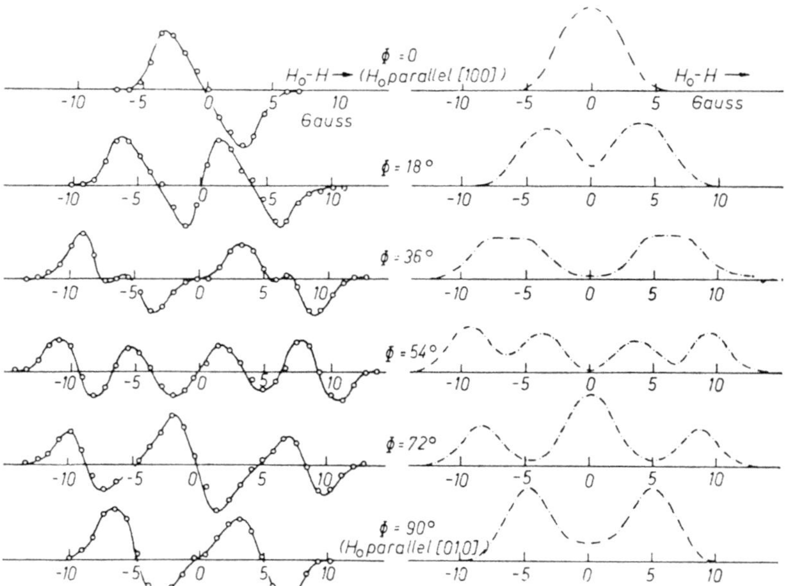

Abb. 79. Experimentelle $\frac{dL}{dH}$-Kurven (Ableitung der Intensität nach der Feldstärke; links) und daraus durch Integration erhaltene Absorptionskurven (rechts) für $CaSO_4 \cdot 2H_2O$-Einkristalle für verschiedene Richtungen des Magnetfeldes in der (001)-Ebene. Nach Pake (235).

$\vartheta = 55{,}7°$ verschwindet. Abb. 79 zeigt das Absorptionsspektrum, das an einem Einkristall $CaSO_4 \cdot 2H_2O$ mit dem äußeren Feld H_0 in der (001)-Ebene und mit dem variierten Winkel Φ in der [100]-Richtung gemessen wurde. Dieser Winkel Φ ist durch ϑ und die Winkel, welche die beiden Protonenverbindungslinien mit der [100]-Richtung bilden, eindeutig bestimmt. Die beiden Paare der Absorptionslinien sind in dem Spektrum für $\Phi = 54°$ getrennt zu erkennen, während sie sich bei den übrigen Spektren mehr oder weniger überdecken. Die relativ große Breite der einzelnen Linien wird durch das Feld aller übrigen, weiter entfernten Protonen im Kristall bewirkt. Durch geeignete Wahl der beiden möglichen Winkellagen der Protonenverbindungslinien im Gitter, die durch die Röntgenstruktur bereits nahegelegt war, konnte eine ausgezeichnete Übereinstimmung der gemessenen Spektren mit den nach Gleichung [III-4,1] berechneten erzielt werden. Für den Abstand r der Protonen eines Kristallwassermoleküls wurde so ein Wert von 1,58 Å erhalten. Wenn der eigentlich aus den Messungen zu entnehmende Parameter μ/r^3 mit einer Ungenauigkeit von beispielsweise 3% erhalten wird, ist der Abstand r selbst mit 1% gesichert.

Wird die Messung nicht an einem definiert im magnetischen Feld orientierten Einkristall, sondern an polykristallinem Material vorgenommen, so ist Gleichung [III-4,1] über alle Winkelorientierungen zu mitteln. Im Falle des Zweispinsystems verbleibt dann ein Dublett. Aus dem Betrag der Aufspaltung dieses Dubletts sind aber nur Aussagen über den Abstand der beiden Protonen des Hydratwassermoleküls zu gewinnen. Abb. 80 zeigt die von PAKE (235) berechneten und beobachteten Spektren an polykristallinem Gips.

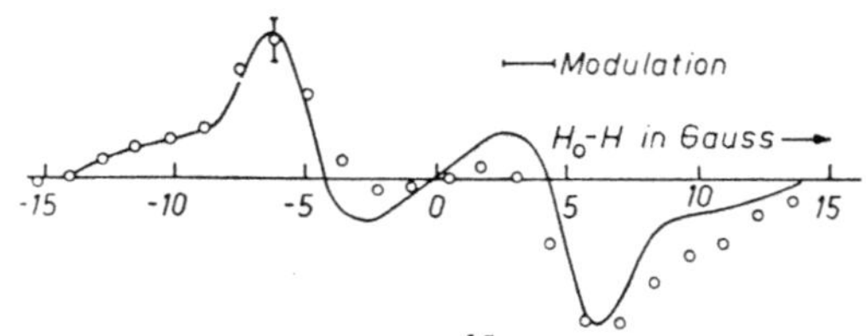

Abb. 80. Experimentelle Meßpunkte (○) von $\frac{dL}{dH}$ für polykristallinen Gips $CaSO_4 \cdot 2\,H_2O$. Ausgezogen ist die berechnete Kurve. Nach PAKE (235).

Die Verbreiterung der Linien ist nun sehr ausgeprägt. Das von PAKE angegebene Verfahren wurde von anderen Autoren auf Systeme mit mehr als zwei eng benachbarten Kernmomenten erweitert (9, 11). In diesen komplizierteren Fällen ist es aber meist vorzuziehen, die Auswertung der Spektren mit dem in Abschnitt II-8,c definierten zweiten Moment des Spektrums vorzunehmen. Da bei Festkörper-MKR-Spektren die Linienbreiten kommensurabel mit der Breite des Gesamtspektrums sind, und da es ferner üblich ist, bei Breitlinienspektren die Aufspaltung in Einheiten des magnetischen Feldes statt in Frequenzeinheiten anzugeben, wird statt durch Summierung über alle $\nu_i^2 L_i(\nu)$ nach Gleichung [II-8,1] das zweite Moment bei Breitlinienspektren durch Integration über $H^2 L(H)$ erhalten

$$S \equiv \langle(\Delta H)^2\rangle = \frac{\int_{-\infty}^{\infty} (\Delta H)^2 L(H)\,dH}{\int_{-\infty}^{\infty} L(H)\,dH}. \qquad \text{[III-4,2a]}$$

$$S = -\frac{\int_{-\infty}^{\infty} (\Delta H)^3 \frac{dL}{dH}\,dH}{3\int_{-\infty}^{\infty} L(H)\,dH}. \qquad \text{[III-4,2b]}$$

[III-4,2b] ist für die Auswertung besser geeignet, da experimentell direkt $\frac{dL}{dH}$ als Funktion von H gemessen wird.

Nach VAN VLECK (310) setzen sich die zweiten Momente eines Spektrums aus Einzelbeiträgen der verschiedenenen vorkommenden Kernkombinationen additiv zusammen. Liegt nur eine Art magnetischer Kerne, z. B. Protonen vor, so gilt für das zweite Moment eines Einkristallspektrums

$$S = \frac{3}{2}\frac{I+1}{I}\frac{\mu^2}{N}\sum_{k<j}^{k=N}\sum_{j}\frac{(3\cos^2\vartheta_{jk}-1)^2}{r_{jk}^6} \qquad \text{[III-4,3a]}$$

oder für Pulveraufnahmen, da $\overline{(3\cos^2\vartheta-1)^2} = \frac{4}{5}$ ist,

$$S = \frac{6}{5}\frac{I+1}{I}\frac{\mu^2}{N}\sum_{k<j}^{k=N}\sum_{j}\frac{1}{r_{jk}^6}. \qquad \text{[III-4,3b]}$$

Die Summierung über k erstreckt sich dabei über die N Kerne einer Elementarzelle; weiter ist dann zu summieren über sämtliche Kerne j in der gleichen und in den benachbarten Elementarzellen, soweit ihr Beitrag zum zweiten Moment wegen des großen Abstandes ($> \approx 5$ A) nicht zu vernachlässigen ist.

Liegen noch andere magnetische Kerne mit den magnetischen Momenten μ_f und den Spinquantenzahlen I_f vor, so ist S um einen Betrag ΔS zu vergrößern, der sich für Einkristalle errechnet zu

$$\Delta S = \frac{1}{3N}\sum_{k=1}^{k=N}\sum_{f}\frac{I_f+1}{I_f}\mu_f^2\frac{(3\cos^2\vartheta_{kf}-1)^2}{r_{kf}^6} \qquad \text{[III-4,4a]}$$

und für polykristalline Proben

$$\Delta S = \frac{4}{15}\frac{1}{N}\sum_{k=1}^{k=N}\sum_{f}\frac{I_f+1}{I_f}\frac{\mu_f^2}{r_{kf}^6}. \qquad \text{[III-4,4b]}$$

Von den zahlreichen Anwendungen, die die magnetische Kernresonanzmethode bei der Ermittlung von Kristallstrukturen gefunden hat, können hier wieder nur wenige typische Beispiele angeführt werden.

Diketen, dessen Struktur in flüssiger Phase

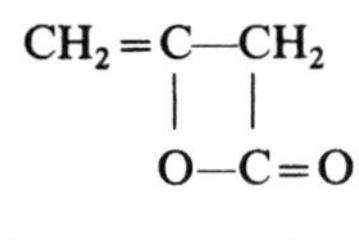

durch sein Kernresonanzspektrum bewiesen werden konnte (siehe Beispiel 3 in Abschnitt III-1, a), wurde in kristalliner Form von FORD und RICHARDS (100) untersucht. Das Breitlinienspektrum zeigt ein Dublett mit $\mu/r^3 = 3{,}72$ Gauß, wodurch bewiesen ist, daß die einander nahe liegenden Protonen paarweise auftreten müssen. Alle anderen Strukturen – außer

$$\begin{array}{cc} CH_2\text{—}CO \\ |\quad\quad | \\ CO\text{—}CH_2 \end{array},$$

die aus anderen Gründen auszuschließen ist – überlagern das Dublett mit einem Singulett, das jedoch nicht beobachtet wird. Die Struktur des Diketens ist daher im Kristall die gleiche wie in flüssiger Phase.

Die schweren Atome im Harnstoffkristall liegen in einer Ebene (313). Aus den Röntgendaten ist aber nicht zu ersehen, ob die Wasserstoffatome in der gleichen Ebene (Abb. 81 a) oder senkrecht dazu (Abb. 81 b) liegen. Für beide Annahmen liegen Anhaltspunkte vor.

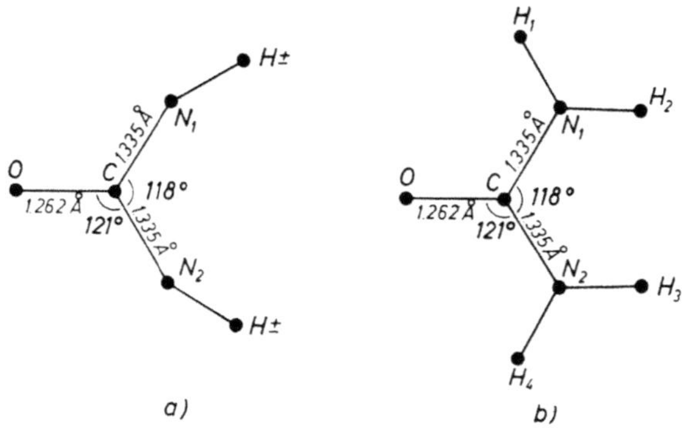

Abb. 81. Die beiden möglichen Kristallstrukturen des Harnstoffs nach ANDREW und HYNDMAN (13). a) nicht planar. b) planar.

ANDREW und HYNDMAN (13) nahmen daher an Harnstoffeinkristallen das Protonenresonanzspektrum für verschiedene Kristallorientierungen im magnetischen Feld auf. Abb. 82 zeigt die Meßwerte für das zweite Moment der Spektren bei Rotation des Kristalls um die

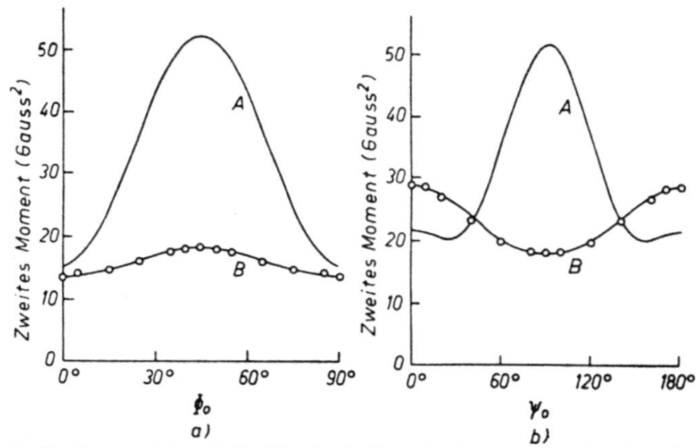

Abb. 82. Die beobachteten (o) und die für die beiden Strukturen A und B berechneten zweiten Momente des Kernresonanzspektrums von Harnstoffeinkristallen. a) Rotation des Kristalls um die [001]-Richtung $\psi_0 = \frac{\pi}{4}$. b) Rotation des Kristalls um die [110]-Richtung $\Phi_0 = \frac{\pi}{2}$. Nach ANDREW und HYNDMAN (13).

[001]-Achse und die [110]-Achse. Die ausgezogene Kurve *A* ist für die Struktur (Abb. 81 a) und die Kurve *B* für die Struktur (Abb. 81 b) berechnet. Offensichtlich wird die voll planare Struktur durch die Spektren bestätigt. Als Parameter wurden für den Abstand *N—H* 1,040 Å, für den Winkel $H_1—N_1—H_2$ 120° und für den Winkel $C—N_1—H_1$ 118° den Berechnungen zugrunde gelegt, um eine optimale Anpassung an die Meßpunkte zu erhalten.

Die Existenz von Hydroniumionen konnte von RICHARDS und SMITH (266) mit den Protonenresonanzspektren der polykristallinen „Monohydrate" von Salpetersäure, Perchlorsäure und Schwefelsäure nachgewiesen werden. Danach liegen diese Verbindungen als $H_3O^+NO_3^-$, $H_3O^+ClO_4^-$ und $H_3O^+HSO_4^-$ vor. Abb. 83 zeigt das beobachtete und berechnete Spektrum von polykristallinem $H_3O^+NO_3^-$.

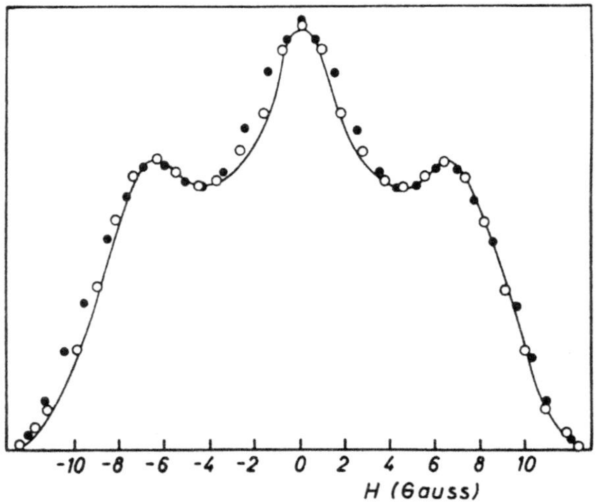

Abb. 83. Beobachtete Absorptionskurve bei 90° K für die Protonen von Salpetersäuremonohydrat (○ und ● an zwei Proben). Ausgezogen ist die berechnete Kurve für $H_3O^+NO_3^-$ mit einem Protonenabstand von 1,72 Å. Nach RICHARDS und SMITH (266).

Als Abstand der drei gleichwertigen Wasserstoffatome wurde $1{,}72 \pm 0{,}02$ Å erhalten. Der gleiche Abstand wurde auch für $H_3O^+ClO_4^-$ ermittelt. Das Dreispinsystem, bei dem drei Kerne die Ecken eines gleichseitigen Dreiecks bilden, wurde von ANDREW und BEHRSON (11) untersucht, deren Ergebnisse der berechneten Kurve in Abb. 83 zugrunde liegen. Auch die Struktur $HNO_3 \cdot H_2O$ ergäbe zwar eine Absorptionskurve mit drei Maxima – das Proton am HNO_3 ergibt ein verbreitertes Singulett, das sich dem Dublett des Hydratwassers (vgl. Abb. 80) überlagert – aber wegen des größeren Protonenabstandes $H_{HNO_3}—H_{H_2O}$ errechnet sich für diese Struktur ein wesentlich kleineres zweites Moment des Spektrums (etwa 20 Gauß² statt der beobachteten 30 Gauß², die nur mit der Hydroniumsalzstruktur verträglich sind). Essigsäure und substituierte Essigsäuren im festen Zustand wurden von DUNELL, REEVES und STRØMME (86, 87) untersucht.

Ganz allgemein eignet sich die Kernresonanzmethode besonders gut zur Entscheidung der Frage, ob in einer wasserhaltigen Verbindung im festen Zustand das Wasser in Form von

Hydroxylionen, von Hydratwasser oder auch als Hydroniumionen eingebaut ist. So konnte z. B. gezeigt werden (250), daß die Verbindung $K_3[Rh(C_2O_4)_3] \cdot 4{,}5\,H_2O$ richtiger als

$$K_6[Rh(C_2O_4)_3]\,[Rh(C_2O_4)_2(HC_2O_4)OH] \cdot 8\,H_2O$$

zu formulieren ist. Die Bindungsart von Wasser in einigen Oxidhydraten der Übergangsmetalle ist von GLEMSER und SCHWARZMANN (282) mit magnetischer Kernresonanz und Ultrarotabsorption aufgeklärt worden. Wegen weiterer Anwendung sei besonders auf den Anhang 4 der Monographie von ANDREW (9) hingewiesen, in der die Literatur bis 1954 zusammengestellt ist. Eine neuere zusammenfassende Arbeit über Kristallwasser enthaltende Kristalle ist von MCGRATH und SILVIDI (207) veröffentlicht worden.

III-4,c Molekularbewegungen in Festkörpern

Bei der Messung von Kernabständen in Kristallen nach der im vorangehenden Abschnitt beschriebenen Methode muß sichergestellt sein, daß die Annahme des starren Gitters auch gerechtfertigt ist. Wenn molekulare Bewegungen vorkommen, wie Atomschwingungen im Gitter, Rotationen von Atomgruppen, z. B. von Methylgruppen, oder gar translatorische Bewegungen durch Diffusion, so werden die durch benachbarte Kernmomente hervorgerufenen magnetischen Felder ähnlich wie in Flüssigkeiten mehr oder weniger zu Null gemittelt. Die Linien werden schmaler, und eine kritiklose Anwendung der Gleichungen [III-4] ergibt Kernabstände, die erheblich größer als die wirklichen sind. Verhältnismäßig geringfügig sind die Effekte der Atomschwingungen, die wegen der endlichen Nullpunktsenergie auch bei sehr tiefen Temperaturen erhalten bleiben. IBERS und STEVENSON (154) haben diesen Effekt, der Fehler in den Kernabständen von einigen 10^{-3} bis 10^{-2} Å verursachen kann, an NH_4Cl, NH_4F und $N_2H_6F_2$ untersucht. Weit stärkere Verkleinerungen der Linienbreiten bewirkt das Einsetzen der Rotation bei steigenden Temperaturen. Kristallstrukturuntersuchungen müssen daher immer bei so tiefen Temperaturen durchgeführt werden, daß das zweite Moment keine Funktion der Temperatur mehr ist. Nur dann können die aus dem zweiten Moment errechneten Kernabstände als zuverlässig gelten.

Natürlich kann aber das Einsetzen von Molekularbewegungen im Festkörper gerade der interessierende Gegenstand der Untersuchung sein. Es können vor allem der Beginn der Rotation und innere Phasenumwandlungen aus dem Gang des zweiten Moments mit der Temperatur erkannt werden (267). Derartige Messungen sind bereits frühzeitig, besonders an organischen Substanzen durchgeführt worden (9, Anhang 4). Die einsetzende Rotation kann außer durch das zweite Moment von MKR-Spektren häufig auch aus der Anomalie des Ganges der spezifischen Wärme, der Dielektrizitätskonstanten oder der Spin-Gitter-Relaxationszeit T_1 mit der Temperatur erkannt werden.

Ein schönes Beispiel (12), bei dem alle Möglichkeiten, die zu Linienverschmälerungen führen, verwirklicht sind, ist die Messung des zweiten Moments für festes Cyclohexan, das in Abb. 84 als Funktion der Temperatur aufgetragen ist. Bei Temperaturen unterhalb 150 °K ist das Gitter starr. Oberhalb dieser Temperatur beginnt die Rotation um die dreizählige Achse des Moleküls, und das zweite Moment fällt stark ab. Bei 186 °K erfolgt dann eine Phasenumwandlung, die mit einer sprunghaften Änderung des zweiten Moments verbunden ist. Bei der Phasenumwandlung setzt die Rotation des Moleküls auch um die anderen

Molekülachsen ein, wobei eine Volumvergrößerung von 8% beobachtet wird. Oberhalb 220 °K beginnt eine Leerstellendiffusion des gesamten Moleküls. Dicht unterhalb des Schmelzpunktes (279 °K) ist der Kristall bereits außerordentlich fehlgeordnet, was sich unter anderem durch eine sehr kleine Schmelzwärme des Cyclohexans zu erkennen gibt. Die Linienbreite wird vergleichbar mit derjenigen in flüssiger Phase.

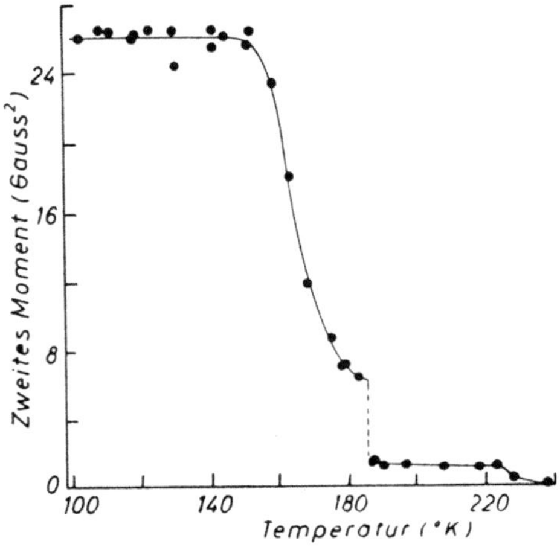

Abb. 84. Die Änderung des zweiten Moments des Kernresonanzspektrums von festem Cyclohexan mit der Temperatur. Nach ANDREW und EADES (12).

An derartig verschmälerten Kernresonanzlinien kann dann auch gegebenenfalls eine chemische Verschiebung beobachtet werden. ANDREW und Mitarb. (10) ist es gelungen, auch ohne Molekularrotation durch eine makroskopische Rotation der Festkörperprobe eine analoge Reduktion der Linienbreite zu erzielen. Wenn der Winkel α zwischen der Rotationsachse und dem statischen Magnetfeld 54°44′ beträgt (= arc cos $1/\sqrt{3}$), ist die Verschmälerung optimal, und bei hinreichend schneller Rotation können auf diese Weise chemische Verschiebungen gemessen werden. So zeigt unter diesen Umständen festes PCl_5 zwei scharfe Linien gleicher Intensität, die den PCl_4^+- und den PCl_6^--Ionen zugeordnet wurden (14).

Innere Phasenumwandlungen wurden mit magnetischer Kernresonanz auch in halogenierten Kohlenwasserstoffen (134, 17) beobachtet. Aus der Messung des zweiten Moments des MKR-Spektrums von CF_4, das an Rutil adsorbiert war, konnte auf die Feinstruktur zweidimensionaler Kondensate geschlossen werden (301).

In vielen Kunststoffen, wie z. B. Polyäthylen, zeigt das MKR-Spektrum eine breite Absorptionslinie, die von einer weit schmaleren überlagert wird (323). Die schmale Linie rührt dabei von amorphen Anteilen im Kunststoff her, in dem die Molekülgruppen noch eine relativ freie Beweglichkeit aufweisen. Das Verhältnis des kristallinen zum quasiflüssigen Anteil kann aus dem Integral unter der breiten und der schmalen Linie errechnet werden.

Mehrfach ist auch die magnetische Kernresonanzmethode zur Verfolgung von Polymerisationsvorgängen verwendet worden. So wurde die Vulkanisierung von Naturkautschuk (133), die Aushärtung von Epoxydharzen oder die Strukturänderung von Polyolefinen durch Einwirkung harter Strahlung (110, 111) untersucht. Der Vernetzungsgrad polymerer Kunststoffe kann häufig durch Ermittlung der noch rotationsfähigen Gruppen erschlossen werden (231, 295, 228).

Die Diffusion von Wasserstoff in Titanhydriden mit verschiedenem Wasserstoffgehalt haben STALINSKI, COOGAN und GUTOWSKY (298) mit magnetischer Kernresonanz untersucht.

Die in den vorangehenden Abschnitten geschilderten Möglichkeiten ergänzen die übrigen physikalisch chemischen Methoden zur Untersuchung von Festkörpern aufs glücklichste. Zusammen mit der in Abschnitt IV-3 diskutierten Spin-Echo-Technik stellt die magnetische Kernresonanzspektroskopie nicht nur eine wichtige experimentelle Methodik für den Festkörperphysiker dar, sondern sie wird voraussichtlich auch in zunehmendem Maße zur Entscheidung rein chemischer Fragestellungen herangezogen werden.

III-5 Analytische Anwendungen der magnetischen Kernresonanz

Weiterführende Literatur: (160; 237)

Die Grundlage für die analytische Anwendung der magnetischen Kernresonanz ist die Proportionalität der Signalintensität zu der Anzahl magnetischer Kerne in der Probe nach Gleichung [II-5,23]. Die Signalintensität ist außerdem proportional der Relaxationszeit T_2, die auch in der gleichen Probe nicht für alle Kerne gleich sein muß (siehe die Gleichungen [II-4,4], [II-4,5] und [II-4,7]). Die Fläche unter der Resonanzkurve ist aber unabhängig von T_2, solange H_1, die eingestrahlte Feldstärke, klein ist. Muß aus Intensitätsgründen mit erhöhtem H_1 gearbeitet werden, so empfiehlt sich eine Messung in Dispersion (Abb. 18b). Der Betrag der von der Dispersionskurve und der Frequenzachse eingeschlossenen Fläche ist unabhängig von T_1 und T_2.

Die Abhängigkeit der MKR-Intensität von der Konzentration sollte mit dem LAMBERT-BEERschen Gesetz verglichen werden.

$$U_{\mathrm{MKR}} = A c \qquad [\text{III-5,1}]$$

und

$$I_{\mathrm{opt}} = I_0 \, 10^{-\varepsilon c d}. \qquad [\text{III-5,2}]$$

A ist, wenn man von den oben diskutierten, ausschaltbaren T_2-Effekten absieht, eine Konstante für alle gleichartigen Kerne bei gegebener Empfindlichkeitseinstellung des Spektrometers. Bei der optischen Absorptionsspektrometrie dagegen hängt die Intensität exponentiell von der Konzentration und dem von der Frequenz abhängigen Extinktionskoeffizienten ε ab. Die Kernresonanz ist auf Konzentrationen beschränkt, die bei einigen Ansprüchen an die Genauigkeit etwa 0,1 normal nicht unterschreiten sollten. Die Empfindlichkeit der optischen Methoden ist weit größer, dafür ist die magnetische Kernresonanzmethode weniger abhängig von Verunreinigungen und wegen der Linienstruktur der Spektren sehr spezifisch. Ferner lassen sich einige spezielle Analysen besonders einwandfrei mit magnetischer Kernresonanz durchführen.

Steht ein elektronischer Integrator zur Verfügung, so lassen sich die MKR-Analysen einfach und genau durchführen. Man vergleiche hierzu die Abb. 50, 57, 58 und 59. Die Zugabe einer bekannten Menge von Tetramethylsilan zur Probe erlaubt aus den integrierten Kurven eine Berechnung der unbekannten Konzentration einer oder in günstigen Fällen auch mehrerer Substanzen in der Probe.

Abb. 85 zeigt das Protonenresonanzspektrum einer Mischung von o- und p-Xylol. Die beiden Isomeren weisen sowohl für die Phenyl- als auch für die Methylprotonen eine hinreichend große chemische Verschiebung auf, so daß eine Analyse des Isomerenverhältnisses leicht möglich ist.

Abb. 85. Die analytische Bestimmung des Konzentrationsverhältnisses einer Mischung von *o*- und *p*-Xylol aus dem Kernresonanzspektrum. *A* und *D*: Phenyl- bzw. Methylprotonen des *o*-Xylols. *B* und *C*: Phenyl- bzw. Methylprotonen des *p*-Xylols. $\frac{c_o}{c_p} = \frac{U_A}{U_B} = \frac{U_D}{U_C} = \frac{2}{1}$. Nach Varian, NMR at work, Nr. 22.

LOMBARDI und SOGO (188) untersuchten das Gleichgewicht

$$\underset{c_1}{CH_3CHO} + \underset{c_2}{H_2O} \rightleftharpoons \underset{c_3}{CH_3CH(OH)_2} \qquad [III\text{-}5{,}3]$$

mit Hilfe des Kernresonanzspektrums [siehe S. 104, (3)]. Die Methylgruppe des Aldehyds in der hydratisierten Form absorbiert bei höherer magnetischer Feldstärke als der unhydratisierte Aldehyd, so daß das Konzentrationsverhältnis der beiden Formen ermittelt werden kann. Für die Gleichgewichtskonstante der Reaktion [III-5,3] erhielten die Autoren so

$$K = \frac{c_3}{c_1 \cdot c_2} = (2{,}7 \pm 0{,}1) \cdot 10^{-2}\ \text{l/mol}\,.$$

Eine MKR-Analysenmethode für den Phosphorsäuregehalt von Polyphosphorsäuremischungen, deren Genauigkeit vergleichbar mit der der besten klassischen Methoden ist, haben GUFFY und MILLER (121) beschrieben. Die Resonanzfrequenz der ^{31}P-Kerne in Orthophosphorsäure, in endständigen und in mittelständigen Phosphorkernen in Polyphosphorsäuren sind im Kernresonanzspektrum völlig voneinander getrennt, so daß die Konzentrationsverhältnisse

$$R_1 = \frac{\text{Endständiger Phosphor}}{\text{Orthophosphorsäure}} \quad \text{und}\ R_2 = \frac{\text{Endständiger Phosphor}}{\text{Mittelständiger Phosphor}}$$

mit einem Maximalfehler von etwa $\pm 5\%$ bestimmt werden können. Da die beiden Größen *R* außerordentlich stark mit dem Bruttophosphorsäuregehalt variieren, läßt sich der Phosphorsäuregehalt aus den gemessenen *R*-Werten mit einem Fehler von nur $\pm 0{,}2\%$ errechnen. Die schnell durchführbaren Analysen stehen in guter Übereinstimmung mit den Ergebnissen der gravimetrischen Bestimmung der Phosphorsäure als Magnesiumpyrophosphat.

Eine spezielle analytische Anwendung der magnetischen Kernresonanz, die sich auch in der Praxis durchgesetzt hat, ist die Bestimmung des Feuchtigkeitsgehaltes von porösen kristallinen oder amorphen Festkörpern. Das adsorbierte und in den Poren kondensierte Wasser ist sehr viel beweglicher als eventuell in das Gitter des Festkörpers fest eingebaute Wasserstoffatome. Die Wasserlinie ist daher schmal und leicht von der breiten Absorptionslinie der Gitterprotonen zu unterscheiden. Für diese Art von technisch wichtigen Analysen ist ein spezielles Kernresonanzspektrometer entwickelt worden*), das mit einem Permanentmagneten, mit einer 40-ccm-Probe und zur weiteren Intensitätssteigerung mit einer Feldmodulation arbeitet, wie sie auch bei Breitlinienspektrometern verwendet wird. Die Genauigkeit der Feuchtigkeitsanalyse beträgt etwa $\pm 0{,}1\,\%$. Es muß allerdings für jede Substanz zuvor eine Eichkurve aufgenommen werden.

Eine sehr ausgedehnte Anwendung der magnetischen Kernresonanz für analytische Zwecke ist bislang wohl vor allem an den hohen Beschaffungskosten einer leistungsfähigen Apparatur gescheitert. Mit der schnell wachsenden Anzahl in Gebrauch befindlicher Anlagen wird aber sicherlich auch die magnetische Kernresonanzanalyse eine weitere Verbreitung erfahren (264).

IV. Spezielle experimentelle Techniken

In diesem Kapitel sollen spezielle Methoden der magnetischen Kernresonanz besprochen werden, die eine wertvolle Bereicherung der im vorangehenden Kapitel behandelten Anwendungen der magnetischen Kernresonanz auf chemische Fragestellungen bedeuten. Dabei ist allerdings die in Abschnitt IV-3 dargestellte Spin-Echo-Technik mit einer üblichen Kernresonanzapparatur nicht durchzuführen**). Es bedarf hierzu zusätzlicher Geräte, deren Aufbau ausführlich in der Literatur beschrieben ist. Im Gegensatz zur Spin-Echo-Technik werden Isotopieeffekte und Doppelresonanz in der Praxis des chemisch interessierten Kernresonanzspektroskopikers häufig ausgenützt. Diesen Möglichkeiten sind die Abschnitte IV-1 und IV-2 gewidmet.

IV-1 Isotopeneffekte

Bezüglich der magnetischen Kernresonanz können sich Isotope eines Elements voneinander stärker unterscheiden als Isotope chemisch sehr unterschiedlicher Elemente. So weisen ^{1}H und ^{19}F die gleiche Spinquantenzahl sowie ein ähnliches magnetisches Kernmoment auf und haben damit vergleichbare gyromagnetische Verhältnisse und relative Kernresonanzempfindlichkeiten, während sich ^{1}H und ^{2}D in diesen Eigenschaften weit stärker unterscheiden (siehe Tab. 16). Aber selbst bei Isotopen mit den ähnlichsten vorkommenden gyromagnetischen Verhältnissen überlappen sich die Kernresonanzspektren nicht, so daß die Kernresonanzmethode eine extrem spezifische Isotopenanalyse darstellt. Besonders für die Analyse deuterierter Verbindungen ist die magnetische Kernresonanz der Massenspektrometrie hinsichtlich der Spezifität überlegen, da im Massenspektrogramm die Entscheidung, ob die Intensität einer bestimmten Massenzahl dem Einbau eines Deuterons oder zweier Protonen in das betreffende Molekülfragment entspricht, häufig nur umständlich aus einer Intensitätsstatistik über alle vorkommenden Massenzahlen zu gewinnen ist. Ähnliches gilt für Analysen von ^{13}C, ^{17}O oder ^{15}N (^{12}CH oder ^{13}C?).

*) Varian-AG.

**) Spin-Echo-Apparaturen werden von der Firma Bruker-Physik A.-G. Karlsruhe unter der Bezeichnung Bruker-Impuls-Spektrometer Typ B-KR 301 und von NMR Specialities Inc. New Kensington, Pa, angeboten.

Die Bestimmung von Spuren leichten Wassers in hochprozentigem D_2O mit magnetischer Kernresonanz illustriert Abb. 86. Abb. 86a zeigt die Reproduzierbarkeit der Signalintensitäten. In Abb. 86b ist die Signalintensität gegen Milligramm zugegebenes H_2O aufgetragen. Durch Extrapolation auf die Intensität Null ersieht man, daß die ursprüngliche 593,7 mg schwere D_2O-Probe 1,15 mg H_2O enthielt (natürlich fast völlig in Form von HDO). Dementsprechend war das untersuchte schwere Wasser 99,81 ± 0,01 gewichtsprozentig an D_2O. Es ist auch möglich, mit nur einer Messung den H_2O-Gehalt schweren Wassers zu bestimmen, indem in der D_2O-Probe eine bekannte Menge Natriumsuccinat gelöst wird und die Intensitäten der Wasser- und Methylenintensitäten verglichen werden.

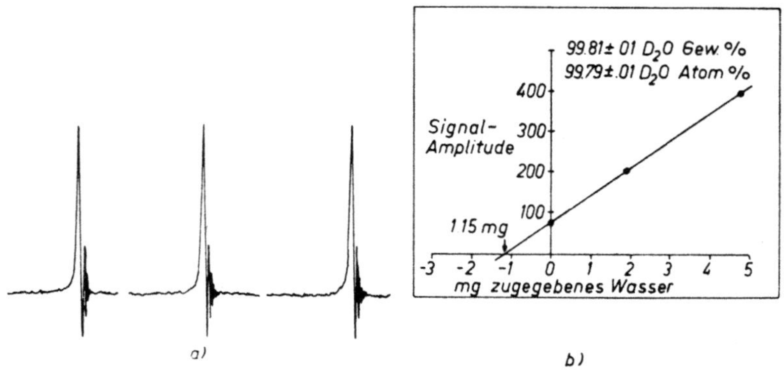

Abb. 86. Die Bestimmung des H_2O-Gehaltes von hochprozentigem D_2O. a) Reproduzierbarkeit der Protonenresonanzintensitäten. b) Signalintensität gegen Menge zugegebenes H_2O. Nach Varian, NMR at work, Nr. 57.

Abb. 87 illustriert die Bestimmung des Deuterierungsgrades von Cumol (Isopropylbenzol). Abb. 87a zeigt das Protonenresonanzspektrum der Isopropylgruppe des undeuterierten Cumols. Das komplexe Multiplett im Frequenzbereich $A-B$ entspricht dem CH-Proton, das seinerseits die Methylresonanzlinie in ein Dublett (1 und 2) aufspaltet. Nach partieller Deuterierung an der CH-Gruppe (Abb. 87b) ist die Intensität der CH-Gruppe,

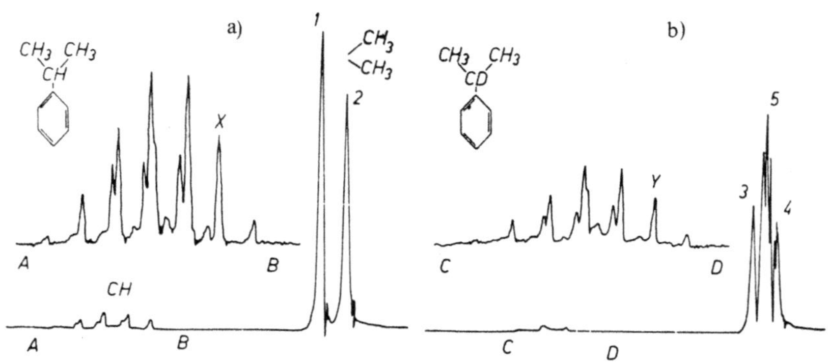

Abb. 87. Die Bestimmung des Deuterierungsgrades von Cumol (Isopropylbenzol)
a) Protonenresonanzspektrum des undeuterierten Cumols. b) Protonenresonanzspektrum des partiell deuterierten Cumols. Nach Varian, MKR at work, Nr. 32.

zwischen C und D, sowie das Dublett der Methylgruppe (3 und 4) entsprechend geschwächt. Dafür tritt bei 5 ein Triplett auf, das durch Spin-Koppelung der Methylprotonen mit dem Deuterium ($I = 1$) verursacht ist. Der Deuterierungsgrad kann aus dem Intensitätsverhältnis der Linien 1 und 3 oder auch aus den Linien X und Y bestimmt werden; mit beiden Methoden errechnet sich ein Deuterierungsgrad von $(70 \pm 1)\%$. Es ist zu beachten, daß das Kernresonanzspektrum neben der quantitativen Aussage auch eindeutig zeigt, welches der Wasserstoffatome gegen Deuterium ausgetauscht worden ist.

Sehr wichtig ist die Verwendung von schwerem Wasser und anderen deuterierten Lösungsmitteln (besonders $CDCl_3$, aber auch C_6D_6 und $(CD_3)_2CO$) für die Protonenresonanzspektrometrie geworden. Ein protonenhaltiges Lösungsmittel stört häufig in der Umgebung seiner eigenen sehr intensiven Absorption die Beobachtung der Spektren der interessierenden, gelösten Substanzen. Ein Ausweichen auf CCl_4, CS_2 oder andere protonenfreie Lösungsmittel ist wegen zu geringer Löslichkeit der zu untersuchenden Substanzen in diesen Lösungsmitteln oft nicht möglich.

Gelegentlich ergibt sich auch eine qualitative Vereinfachung der in D_2O gemessenen Spektren. Alle austauschfähigen Protonen werden durch Deuterium substituiert, und ihre eventuell zahlreichen Absorptionslinien werden durch eine einzige Wasserlinie ersetzt. Einige Beispiele für den Gebrauch perdeuterierter Lösungsmittel sind in den vorangehenden Abschnitten gegeben worden (siehe Abb. 50, 56 und 72).

Auf einen besonderen Isotopeneffekt, der zu Fehldeutungen bei der Interpretation von Protonenresonanzspektren organischer Verbindungen Veranlassung geben kann, sei noch kurz hingewiesen. Der natürliche Kohlenstoff enthält zu 1,1 % das Isotop ^{13}C, das ein magnetisches Kernmoment und den Kernspin $I = 1/2$ aufweist. Mit Protonen, die unmittelbar an ein ^{13}C-Atom gebunden sind, erfolgt eine Spin-Koppelung von größenordnungsmäßig 100 Hz. Jede Linie in einem Protonenresonanzspektrum, die von einem an Kohlenstoff gebundenen Proton herrührt, zeigt also zwei symmetrische Nebenlinien mit 0,5 % der Intensität der Hauptlinie. Bei Messungen verdünnter Lösungen organischer Substanzen in Lösungsmitteln wie Chloroform, Aceton, Benzol, Cyclohexan u. ä. treten daher Lösungsmittelnebenlinien auf, die in der Intensität vergleichbar mit den Linien des eigentlichen Spektrums sein können. Sie können durch ihre Symmetrie zur Lösungsmittellinie erkannt werden. Wie von Tiers (309) sowie von Dreeskamp und Sackmann (83) gefunden wurde, ist die Lage der durch Spin-Koppelung mit ^{13}C hervorgerufenen Seitenlinien allerdings nicht völlig symmetrisch zur Hauptlinie, da an ^{13}C und ^{12}C sonst gleichartig gebundene Wasserstoffatome eine, allerdings sehr kleine, gegenseitige chemische Verschiebung zeigen. Da diese chemische Verschiebung aber nur einige 10^{-9} beträgt, ist sie nur bei sehr hoher Meßgenauigkeit aus der Unsymmetrie der Nebenlinien nachzuweisen. Wesentlich stärker ist der Isotopieeffekt der chemischen Verschiebung bei dem leichteren Isotopenpaar H und D. So liegt in Abb. 87b die Linie 5 merkbar unsymmetrisch zwischen den Linien 3 und 4. Die Methylprotonen in der schweren Isopropylgruppe $-CD(CH_3)_3$ weisen gegenüber denen in der leichten Isopropylgruppe $-CH(CH_3)_2$ eine chemische Verschiebung von etwa 1 Hz zu höheren Feldern auf, wodurch die beobachtete Unsymmetrie hervorgerufen wird. Ähnlich zeigt das Protonenresonanzspektrum des D_5-Acetons eine chemische Verschiebung von +2 Hz gegen das leichte Aceton (123) und das α-deutero-Toluol gegen das leichte Toluol eine solche von +1 Hz (307).

MULLER und PRITCHARD (219, 220) sowie unabhängig SHOOLERY (285) fanden eine interessante lineare Beziehung zwischen der Spin-Koppelungs-Konstanten $J_{^{13}CH}$ und dem s-Bindungscharakter der betreffenden CH-Bindung. Es können daher aus empirisch bestimmten Werten von $J_{^{13}CH}$ Rückschlüsse auf die Hybridisierung der Bindung gezogen werden. Die erstgenannten Autoren fanden ferner eine lineare Beziehung zwischen dem Abstand Kohlenstoff- und Wasserstoffatome und der Spin-Koppelungs-Konstanten $J_{^{13}CH}$.

IV-2**) Doppelresonanztechnik

Weiterführende Literatur: (24)

In manchen Fällen kann die Zuordnung der einzelnen Linien sehr komplexer Spektren erleichtert werden, wenn es gelingt, die Spin-Koppelung wenigstens zwischen einigen Kernen aufzuheben, wobei dann die entsprechenden Multipletts zu Singuletts oder zu niederen Multipletts entarten. Zwei magnetische Kerne A und X, deren Spinquantenzahlen zur Vereinfachung der Diskussion gleich 1/2 angenommen werden sollen, zeigen im A- und X-Spektrum je ein Dublett mit der Aufspaltung J_{AX}.

Es ist nun möglich, diese Spin-Koppelung experimentell zu beseitigen. Hierzu wird die Resonanzlinie am Kern A, wie üblich, mit einem möglichst kleinen Wechselmagnetfeld H_1 gemessen. Gleichzeitig wird ein Magnetfeld H_2 größerer Amplitude mit der Frequenz ω_X eingestrahlt. Zweckmäßig diskutiert man das System in einem Koordinatensystem u, v, z, das mit der Kreisfrequenz ω_X im ortsfesten Koordinatensystem x, y, z rotiert. In diesem System wird das statische Magnetfeld H_0 durch das Magnetfeld ω_X/γ_X kompensiert (siehe auch IV-3a). Wenn nun $\gamma_X H_2 \gg |J_{AX}|$ ist, hat der Spinvektor I der Kerne X nur eine Komponente in der u-Richtung. Falls ferner die chemische Verschiebung sehr viel größer als die Spin-Koppelungskonstante ist, haben andererseits die Spinvektoren der A-Kerne nur eine Komponente in der z-Richtung, d. h. I_A und I_X stehen aufeinander senkrecht. Eine Spin-Koppelung entfällt dann, da die Spin-Koppelung dem skalaren Produkt der Spinvektoren proportional ist. Man beobachtet daher unter den Bedingungen

$$\gamma_X H_2 \gg |J_{AX}| \quad \text{und} \quad |\omega_A - \omega_X| \gg |J_{AX}| \qquad [\text{IV-2,1}]$$

an der Resonanzstelle von A statt des Dubletts ein Singulett. Dieses als Doppelresonanztechnik bezeichnete Verfahren zur Vereinfachung der Kernresonanzspektren wurde von BLOCH (41) vorgeschlagen, der auch die ausführliche Theorie der Methode ausgearbeitet hat (43).

BLOOM und SHOOLERY haben das oben beschriebene Experiment an einer Na_2PO_3F-Lösung realisiert. ^{31}P und ^{19}F haben beide den Spin 1/2. Die Natriumionen sind in der Lösung abdissoziiert und können daher das Kernresonanzspektrum des Fluors und des Phosphors nicht durch Spin-Koppelung komplizieren. Die Phosphorresonanz wurde durch Einstrahlung eines starken H_2-Feldes magnetisch gesättigt, und im Fluorspektrum trat tatsächlich nur ein Singulett auf statt des Dubletts, das ohne Sättigung des Phosphorkerns beobachtet wird. Abb. 88 zeigt, wie das Fluorresonanzspektrum bei Änderung der Sättigungsfeldstärke der Phosphorfrequenz von einem Dublett in ein Singulett übergeht. Die genauere Theorie der Spinentkoppelung mit Doppelresonanz ist in der Literatur beschrieben (43, 48, 7, 24). Ein anderes Beispiel der Spinentkoppelung durch Doppelresonanz ist in Abb. 61 b wiedergegeben.

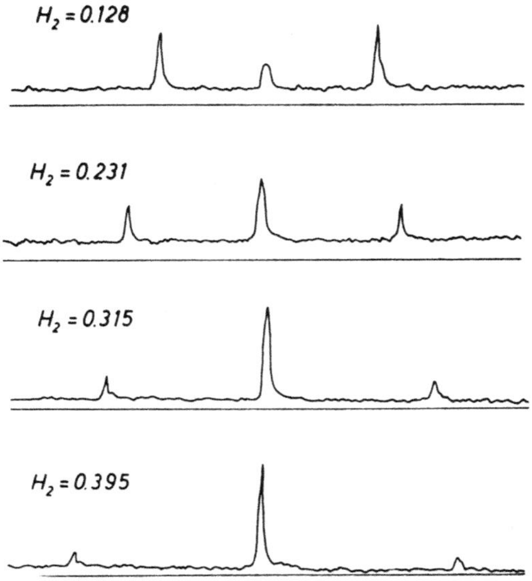

Abb. 88. Das Fluorresonanzspektrum für eine gesättigte wäßrige Lösung Na_2PO_3F mit variabler Doppelresonanzintensität H_2 für die Phosphorfrequenz [nach Bloom und Shoolery (48)].

Auch wenn die Resonanzfrequenzen ω_X und ω_A sich nicht stark unterscheiden, wenn also A und X gleichartige Kerne, z. B. Protonen, sind, kann die Doppelresonanztechnik mit Vorteil angewendet werden. Erstmals sind derartige Messungen von Anderson (7) mitgeteilt worden. Unabhängig sind von Kaiser (161) und Freeman (108) Zusatzgeräte für die üblichen Kernresonanzspektrometer beschrieben worden, mit deren Hilfe in Protonenresonanzspektren die Multiplizität durch Doppelresonanz reduziert werden kann.

Die modernen Kernresonanzspektrometer sind mit den entsprechenden Einrichtungen versehen. Hierbei wird ein relativ starkes Wechselfeld mit der Frequenz ω_X eingestrahlt und die Resonanz der A-Kerne gleichzeitig mit einer schwachen Seitenbande gemessen, die durch Überlagerung der Frequenz ω_X mit einer Frequenz $|\omega_A - \omega_X|$ entsteht. Die chemische Verschiebung darf dabei natürlich nicht zu klein sein.

Ein eindrucksvolles Beispiel für die eindeutige Zuordnung der Protonenresonanzlinien einer komplizierten Verbindung mit Hilfe von Doppelresonanz wurde von v. Philipsborn et al. (122) gegeben. Abb. 89 zeigt die Strukturformel und das Protonenresonanzspektrum des Alkaloids Fruticosin $C_{22}H_{24}O_4N_2$. Die Resonanzlinien zwischen 0,9 und 2,2 ppm enthalten die CH_2-Protonen mit Ausnahme der am C-10 und am C-8 Atom befindlichen. Zwischen 6,8 und 8,0 ppm liegt die Absorption der vier aromatischen Protonen. Die übrigen Resonanzlinien konnten den Protonen an den Kohlenstoffatomen 3, 4, 8, 10, 11 und 19 zugeordnet werden. Ferner absorbieren in diesem Bereich die Protonen der Carbomethoxylgruppe (bei 3,91 ppm) und das OH-Proton (verbreiterte Linie bei etwa 3,0 ppm). Die komplizierte Zuordnung in dem linienreichen Spektrum wird durch die Doppelresonanzexperimente in entscheidender Weise erleichtert, wie an einem Beispiel gezeigt sei.

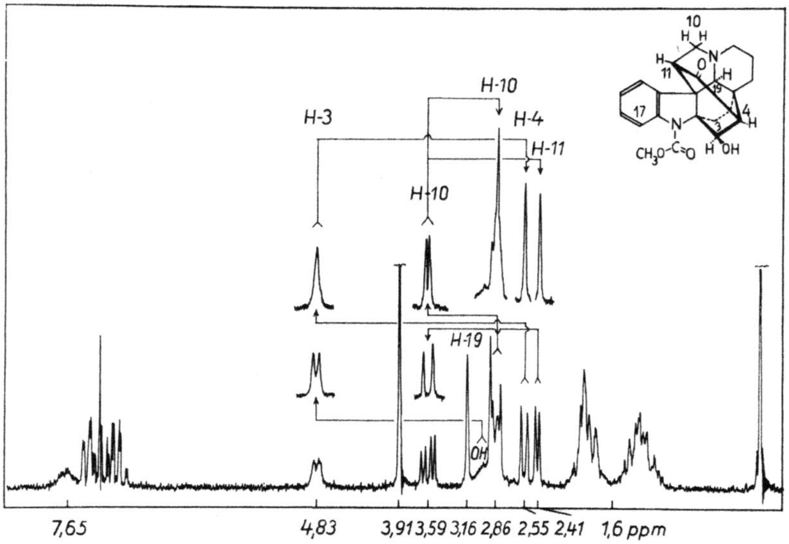

Abb. 89. Protonenresonanzspektrum des Fruticosins mit Doppelresonanzteilspektren [100 MHz; nach v. PHILIPSBORN et al. (122)].

Strahlt man ein starkes H_2-Feld bei 2,41 ppm ein und mißt das Gesamtspektrum, so vereinfacht sich das Quadruplett bei 3,59 ppm zu einem Dublett mit einer Aufspaltung von 10,5 Hz, während das übrige Spektrum unverändert bleibt. Sättigt man statt dessen bei 2,86 ppm, so ergibt sich wiederum bei 3,59 ppm ein Dublett, dieses Mal mit einer Aufspaltung von 4,5 Hz. Entsprechend ändern sich bei Sättigung des 3,59-ppm-Quadrupletts die Dubletts bei 2,41 und bei 2,86 ppm zu Singuletts, wie die in Abb. 89 eingezeichneten Doppelresonanzspektren zeigen (das Pfeilende ↓ deutet dabei die Frequenz des Doppelresonanzfeldes an, die Pfeilspitze ↑ die durch diese Doppelresonanzeinstrahlung veränderten Teile des Spektrums). Die drei diskutierten Multipletts entsprechen mithin einem AMX-Teilspektrum mit A bei 3,59 ppm, M bei 2,86 ppm und X bei 2,41 ppm, $J_{AM} = 10{,}5$ Hz, $J_{AX} = 4{,}5$ Hz und $J_{MX} = 0$ Hz. Die Protonen A und M sind die geminalen Protonen am C-10 Atom, und X ist das Proton am C-11 Atom. Die Beträge der chemischen Verschiebungen und der Spinkoppelungskonstanten sind verständlich. Aus den Winkeln φ zwischen der CH-Bindung am Kohlenstoffatom 11 und den beiden am Kohlenstoffatom 10, die sich an Molekülmodellen hinreichend genau ablesen lassen, kann man nach Abb. 34 entscheiden, welches der H-Atome am C-10 das A- und welches das M-Atom ist.

Das Protonenresonanzspektrum des Fruticosins wurde vollständig zugeordnet, und chemisch mögliche Alternativstrukturen konnten ausgeschlossen werden.

Ein elegantes Verfahren, mit der Doppelresonanztechnik die Kinetik mäßig schneller chemischer Reaktionen zu messen, ist von FORSÉN und HOFFMAN angegeben worden (104, 78). Die Methode soll zunächst an einer Reaktion vom Typus $AH \rightleftarrows BH$ erläutert werden. Die Reaktion sei so langsam, daß im normalen Kernresonanzspektrum getrennte Signale für die Protonen AH und BH beobachtet werden. Wird nun die BH-Resonanz plötzlich durch ein starkes H_2-Feld völlig gesättigt, so wird sich das mit einem kleinen H_1-Feld beobachtete Signal AH durch die chemische Reaktion zeitlich ändern. Das Signal ist proportional der Magnetisierung M_z^A, für die die Differentialgleichung gilt

$$\frac{dM_z^A}{dt} = -\frac{M_z^A - M_0^A}{T_{1A}} - \frac{M_z^A}{\tau_A} + \frac{M_z^B}{\tau_B} + \omega_1 M_v . \qquad \text{[IV-2,2a]}$$

[IV-2,2a] entsteht aus [II-5,7c] unter Hinzufügung der reaktionskinetischen Terme. Bei kleinen Einstrahlungsfeldstärken H_1 ist der letzte Term in Gleichung [IV-2,2a] vernachlässigbar klein, und M_z^B ist wegen der magnetischen Sättigung klein. Aus [IV-2,2a] wird also

$$\frac{dM_z^A}{dt} = \frac{M_0^A}{T_{1A}} - \frac{M_z^A}{\tau_{1A}} \qquad \text{[IV-2,2b]}$$

mit

$$\frac{1}{\tau_{1A}} = \frac{1}{T_{1A}} + \frac{1}{\tau_A} . \qquad \text{[IV-2,2c]}$$

Die Lösung von [IV-2,2b] lautet

$$M_z^A(t) = \left(\frac{\tau_{1A}}{\tau_A}\right) M_0^A \exp\left(-t/\tau_{1A}\right) + \left(\frac{\tau_{1A}}{T_{1A}}\right) M_0^A . \qquad \text{[IV-2,3]}$$

Das bei AH beobachtete Signal nimmt also nach der Sättigung vom Wert M_0^A bei $t = 0$ exponentiell mit der durch Gleichung [IV-2,2c] definierten Zeitkonstanten τ_{1A} ab und erreicht schließlich nach $t \gg \tau_{1A}$ einen stationären Endwert $(\tau_{1A}/T_{1A}) M_0^A$. Aus dem meßbaren Verhältnis von Anfangs- und Endamplitude und der Zeitkonstanten τ_{1A} können τ_A und T_{1A} berechnet werden. τ_B und T_{1B} können umgekehrt durch Beobachtung des BH-Signals nach Sättigung der AH-Resonanz erhalten werden. Das Verfahren ist anwendbar, wenn die AH- und BH-Linien so weit getrennt sind, daß sie noch einzeln durch Doppelresonanz gesättigt werden können. Eine obere Grenze für erfaßbare mittlere Lebensdauern τ_A ist dadurch gegeben, daß diese nicht sehr viel größer als T_{1A} sein dürfen, da sonst die meßbare Größe τ_{1A} praktisch durch T_{1A} gegeben ist (Gleichung [IV-2,2c]).

Eine interessante Anwendung wird von den Autoren (105) beschrieben, die die Möglichkeiten des Verfahrens illustriert. Der basenkatalysierte Protonenaustausch der OH- und CH-Protonen des Acetylacetonenols wurde untersucht. Das Keto-Enol-Gleichgewicht

$$\overset{\text{A}}{CH_3C(OH)}{=}\overset{\text{B}}{CH}\,COCH_3 \rightleftarrows CH_3\,CO\,\overset{\text{C}}{CH_2}\,CO\,CH_3$$

liegt, wie die Resonanzintensitäten der A-, B- und C-Protonen zeigen, bei Keto : Enol = 1 : 4,0. Durch Sättigen der Resonanzen A und B, A und C sowie B und C konnten, wie oben beschrieben, die Lebensdauern τ_A, τ_B und τ_C erhalten werden. Es wurde dabei gefunden, daß $\tau_A \approx \tau_B$ und daß $\tau_C/\tau_A = 0{,}27$ war, also der Gleichgewichtskonstanten entsprach. Das legt eine Reaktion $A \rightleftarrows B \rightleftarrows C$ nahe. Der direkte protolytische Austausch ist also langsamer als die Keto-Enol-Umwandlung [siehe auch (262)]. Durch weitere Experimente, bei denen nur eine Kernsorte gesättigt wurde, konnte dieser Befund erhärtet werden. Da die direkte Reaktion $A \rightarrow B$ vergleichsweise langsam ist, beobachtet man nämlich bei Sättigung der C-Linie allein den gleichen stationären Endwert für M_z^A bzw. M_z^B wie bei Sättigung von C und B bzw. von C und A. Es gelingt also mit diesem Doppelresonanzverfahren, Reaktionsmechanismen in sehr direkter Weise aufzuklären.

Eine andere Variante der Doppelresonanztechnik erbringt eine erhebliche Empfindlichkeitssteigerung für Kernresonanzspektren von Kernen mit niedrigem gyromagnetischen Verhältnis und geringer Isotopenhäufigkeit. Das von den Autoren BAKER und BURD (21) als INDOR-Spektroskopie (= Inter Nuclear DOuble Resonance) bezeichnete Verfahren beruht auf folgendem Prinzip, das am Fall der Aufnahme des Spektrums des ^{14}N im Ammoniumion erläutert sei (Abb. 90c). Im Protonenresonanzspektrum einer angesäuerten wäßrigen NH_4Cl-Lösung (siehe Abb. 47) fährt man in eine der äußeren Resonanzlinien und läßt das Magnetfeld im Maximum der Kurve stehen. Natürlich erfordert das eine ex-

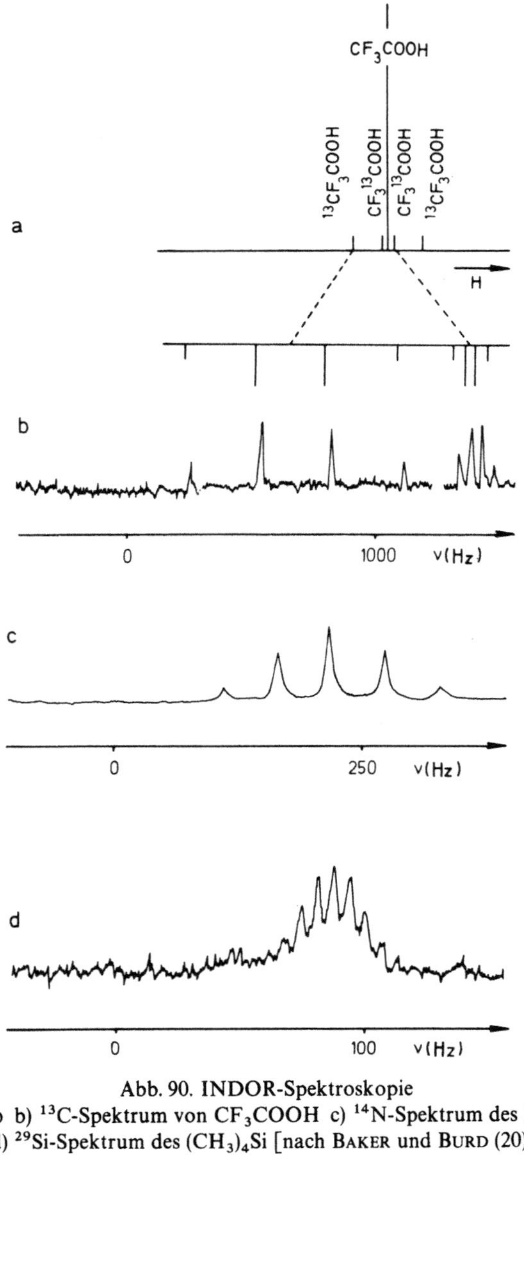

Abb. 90. INDOR-Spektroskopie
a) Prinzip b) ^{13}C-Spektrum von CF_3COOH c) ^{14}N-Spektrum des NH_4^+-Ions
d) ^{29}Si-Spektrum des $(CH_3)_4Si$ [nach BAKER und BURD (20)].

treme Stabilität des Feldes, die aber mit Protonenstabilisierung erreichbar ist [(22), Abschnitt II-10a). Dann wird bei konstantem Magnetfeld der Frequenzbereich der ^{14}N-Frequenz mit Frequenzmodulation und hohem H_2-Feld durchfahren. Wenn die ^{14}N-Linien partiell gesättigt sind, verliert die beobachtete Protonenresonanzlinie an Intensität. Neben dem Amplitudeneffekt der Doppelresonanz ist dafür vor allem die Vergrößerung der Multiplettaufspaltung des Multipletts bei Einstrahlung eines mäßig großen H_2-Feldes verantwortlich [siehe Abb. 88 und (43)]. Das durchfahrene Quintuplett des ^{14}N wird getreu in der Verminderung der Intensität des Protonenresonanzsignals abgebildet. Das in Abb. 90c (20) gezeigte INDOR-Spektrum entspricht genau demjenigen des direkt mit der ^{14}N-Frequenz gemessenen. Sein Signal/Rausch-Verhältnis ist aber entschieden besser. Abb. 90d zeigt ein analoges ^{29}Si-Spektrum des Tetramethylsilans. Abb. 90b schließlich gibt bei natürlicher Isotopenhäufigkeit das ^{13}C-Spektrum der Trifluoressigsäure wieder, wobei hier die Verminderung der ^{13}C-Satelliten im Fluorresonanzspektrum beim Durchfahren des ^{13}C-Frequenzbereichs registriert wurde. Nicht angereichertes CF_3COOH enthält rund 1% $^{13}CF_3{}^{12}COOH$, 1% $^{12}CF_3{}^{13}COOH$ und 0,01% $^{13}CF_3{}^{13}COOH$. Das letztere isotopische Isomere kann im Spektrum nicht mehr beobachtet werden. Das beobachtete normale Fluorresonanzspektrum ist schematisch in Abb. 90a wiedergegeben. Zur Messung des INDOR-Spektrums des $^{13}CF_3{}^{12}COOH$ (große Spinkoppelungskonstante) stellt man das Fluorresonanzspektrum fest auf eine der beiden äußeren Satellitenbanden ein. Im Indor-Spektrum erhält man dann das gezeigte Quadruplett bei hohen Frequenzen (Abb. 90b). Das Quadruplett für die Verbindung $^{12}CF_3{}^{13}COOH$ erhält man analog bei fester Einstellung der Fluorresonanz auf einen der inneren ^{13}C-Satelliten.

Die Voraussetzungen für die Anwendbarkeit der INDOR-Spektroskopie sind, daß 1. der zu messende Kern mit einem gut vermeßbaren Kern, wie ^1H oder ^{19}F, spingekoppelt ist und daß 2. die Intensität der Satelliten im ^1H- bzw. ^{19}F-Spektrum hinreichend groß ist. Das bedeutet eine nicht zu geringe Isotopenhäufigkeit des zu messenden Kerns und eine nicht zu große Spinquantenzahl wegen der hohen Multiplizität der Spinkoppelung und der Quadrupolverbreiterung. Ferner werden die Spektren ziemlich kompliziert, wenn noch eine X—X-Koppelung oder auch eine komplizierte H—H (bzw. F—F) Koppelung auftritt. Die letztere kann allerdings durch Doppelresonanz im H- bzw. F-Spektrum im Prinzip beseitigt werden. Die bisher noch kaum angewendete INDOR-Technik sollte besonders vorteilhaft für Kerne mit kleinem gyromagnetischen Verhältnis sein (die Empfindlichkeit des Verfahrens hängt nicht von γ ab), z. B. für die folgenden Kerne mit $I = 1/2$ ^{13}C, ^{77}Se, ^{89}Y, ^{109}Ag, ^{113}Cd, ^{119}Sn, ^{125}Te, ^{171}Yb, ^{183}W und ^{195}Pt. Die INDOR-Spektroskopie bietet ferner die Möglichkeit, den Quotienten der gyromagnetischen Verhältnisse verschiedener Kerne mit außerordentlich hoher Präzision zu bestimmen.

IV-3**) Spin-Echo-Technik

Weiterführende Literatur: (176)

IV-3,a) Messung von T_1 und T_2*

Mit den bisher diskutierten Methoden für die Messung von Kernrelaxationszeiten konnten nur hinreichend große T_1 ($> 10^{-2}$ sec) bestimmt werden, während für T_2 Werte erhalten wurden, die durch unvermeidliche Inhomogenitäten des Magnetfeldes verfälscht waren. Von HAHN (136) ist bereits 1950 ein elegantes Meßverfahren für Kernrelaxationszeiten entwickelt worden, das als Spin-Echo-Methode bezeichnet wird. Dieses Verfahren, das später von Carr und Purcell (60) weiter ausgebaut wurde, soll, in einer allerdings sehr vereinfachten Form, hier behandelt werden. Es bietet dem Chemiker die Möglichkeit, über Molekularbewegungen in Flüssigkeiten und Festkörpern unter Gleichgewichtsbedingungen Information zu erhalten.

Zunächst sei die physikalische Grundvorstellung der nicht erzwungenen, sondern freien Kernpräzession, die der Spin-Echo-Technik zugrunde liegt, an einem Gedankenexperiment erläutert [siehe Laukien (176)].

Eine Substanz befindet sich in einem Magnetfeld H_z, und es hat sich die entsprechende makroskopische Magnetisierung M des Kernkollektivs ausgebildet (Abb. 91). Zur Zeit $t = 0$ wird ein sehr viel stärkeres Magnetfeld H_x senkrecht zu H_z eingeschaltet. Die Magnetisierung M präzediert dann mit einer Kreisfrequenz γH_x um die x-Achse (Abb. 91 b).

Wird das Gleichfeld H_x nach einer Zeit t_i ausgeschaltet, in der sich M gerade um $\pi/2$ gedreht hat – also $\frac{\pi}{2} = \gamma H_x t_i$ –, so steht M senkrecht auf H_z (Abb. 91 c) und präzediert dann mit einer Kreisfrequenz γH_z um die z-Achse (Abb. 91 d). Mit einer Spule in x-Richtung – etwa mit der zur Erzeugung von H_x benutzten Spule – kann also nach Ausschalten des Feldes H_x ein Signal des präzedierenden Magnetisierungsvektors M gemessen werden.

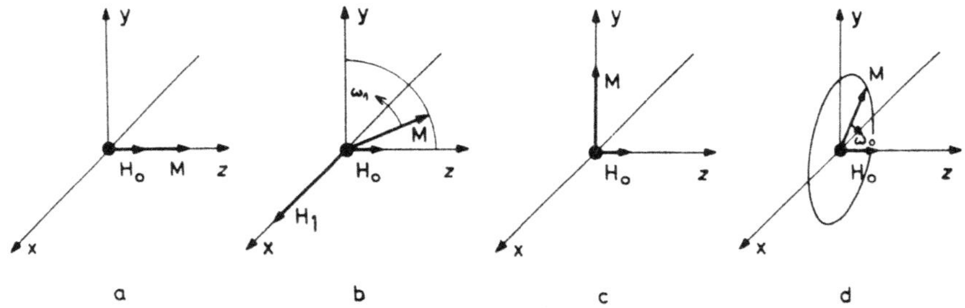

Abb. 91. Gedankenexperiment zur Erläuterung der freien Spinpräzession (176).

Das Signal klingt mit der Zeitkonstanten $T_{2\,\mathrm{eff}}$ ab, wobei $T_{2\,\mathrm{eff}}$ auch hier die Magnetinhomogenität enthält (vgl. Gleichung [II-4,10]). Die Zeit t_i wird sehr viel kleiner gewählt als die Kernrelaxationszeiten, so daß während der Impulsdauer praktisch keine Relaxationserscheinungen auftreten.

In dieser Form ist das beschriebene Experiment allerdings nicht durchführbar, da $H_x \gg H_z$ sein muß. H_z ist aber aus Intensitätsgründen bereits von der Größenordnung Kilogauß. Derart hohe magnetische Felder H_x, die in Form extrem kurzer Impulse erzeugt werden müssen, lassen sich technisch nicht realisieren. Wie von Hahn (136) gezeigt wurde, lassen sich statt starker Gleichfeldimpulse auch magnetische Wechselfeldimpulse

$$H_x = 2 H_1 \cos \omega t$$

mit der Kreisfrequenz $\omega = \gamma H_z$ dazu benutzen, den Magnetisierungsvektor um einen vorgegebenen Winkel um die x-Achse zu drehen.

Zum Verständnis dieses Vorganges diskutieren wir die in den Abschnitten II-3 und II-5 wiedergegebenen Abb. 11 und 17 in einem mit der Kreisfrequenz ω rotierenden Koordinatensystem u, v, z. In diesem System präzedieren die Kerne nicht, d. h. die Wirkung des Feldes H_z verschwindet. Dann ist aber im rotierenden System auch für kleine Felder H_1 immer

$$H_1 \gg H_z = 0,$$

und M dreht sich um die u-Achse in Richtung von H_1 mit der Kreisfrequenz γH_1. Im raumfesten x,y-System beschreibt also der Magnetisierungsvektor eine Spirale, wie in Abb. 92 gezeigt wird.

Man kann so mit geeignet dimensionierten Wechselfeldimpulsen das magnetische Moment um beliebige Winkel α um die u-Achse drehen. Für die Spin-Echo-Technik werden 90°- und 180°-Impulse verwendet, so daß die Impulsdauer und die Impulsamplituden den Beziehungen gehorchen:

$$(\gamma H_1 t_i)_{90^\circ} = \frac{\pi}{2}$$

und

$$(\gamma H_1 t_i)_{180^\circ} = \pi. \quad [\text{IV-3,1}]$$

Eine Voraussetzung für die Gültigkeit von [IV-3,1] ist $t_i \ll T_1$, T_2, da sonst das aufgeheizte Kernspinsystem sich mit dem Gitter ins thermische Gleichgewicht setzt und dadurch M_z wieder seinem Gleichgewichtswert zustrebt. Ferner gehen für lange t_i bereits während des Impulses die Phasenbeziehungen in der u, v-Ebene verloren.

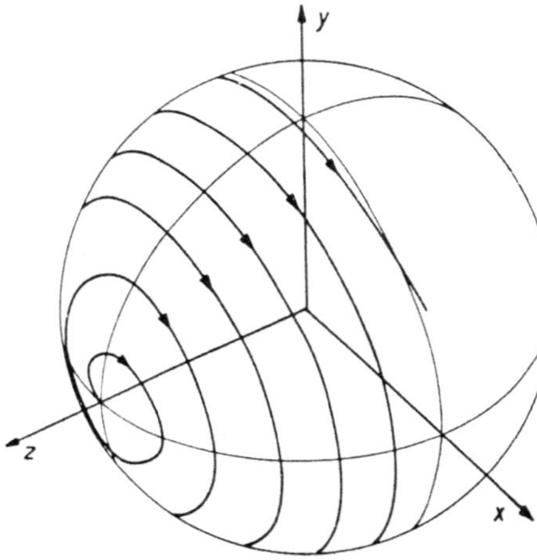

Abb. 92. Bahnkurve des Magnetisierungsvektors während des Impulses t_i im ortsfesten Koordinatensystem.

Das Blockschaltbild einer Spin-Echo Apparatur zeigt Abb. 93.

Ein gepulster Sender erzeugt in der Spule die notwendigen magnetischen Wechselfeldimpulse, bzw. wie weiter unten dargelegt wird, geeignete Impulsfolgen. Die auf die starken Impulse folgenden schwachen Signale werden im Empfänger zur Anzeige gebracht. Für die Praxis brauchbare Anordnungen sind in der Literatur (281, 56, 65) beschrieben worden. Auf ein käufliches Gerät ist zu Beginn dieses Kapitels hingewiesen worden. Das eigentliche Spin-Echo-Experiment in der Variante von CARR und PURCELL (60), das allein hier besprochen werden soll, ist in Abb. 94 schematisch dargestellt. Zur Zeit $t = 0$ wird ein 90°-Impuls gegeben. Nach dem Impuls klingt das Signal mit einer Zeitkonstanten $T_{2\,\text{eff}}$ ab. Nach Zeitintervallen τ, 3τ, 5τ, 7τ usw. (wobei τ etwa von der Größenordnung 0,2 T_2 ist) werden weitere Impulse, dieses Mal aber 180°-Impulse, auf die Spule gegeben. Zu den Zeiten $2\tau_p$, $4\tau_p$, $6\tau_p$, $8\tau_p$ usw. beobachtet man dann die sogenannten Spin-Echos. Die Am-

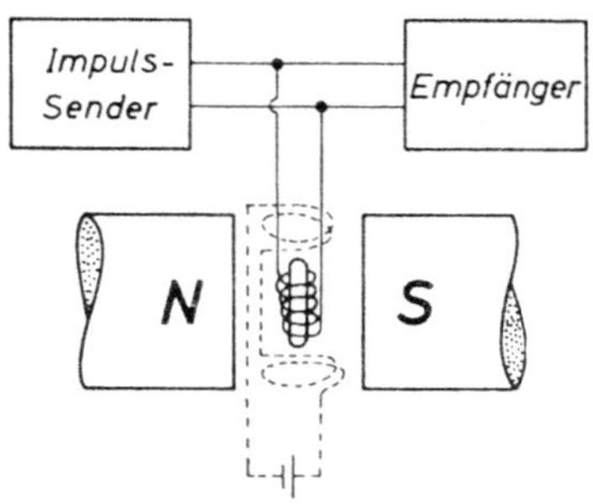

Abb. 93. Blockschaltbild einer Spin-Echo-Apparatur. (Gestrichelt: HELMHOLTZ-Spulen zur Erzeugung eines definierten Gradienten des magnetischen Feldes.)

plituden sind proportional $\exp(-t/T_2)$. Auf diese Weise läßt sich die wahre Relaxationszeit T_2 messen, die nicht von der unvermeidlichen Inhomogenität des verwendeten Magneten verfälscht ist*).

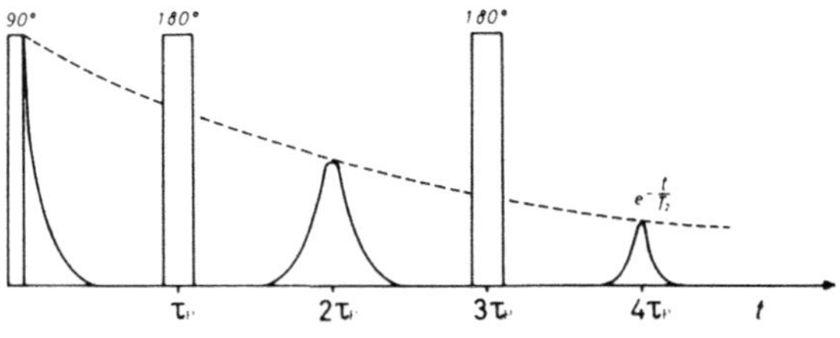

Abb. 94. 90°/180° Impulsprogramm des Spin-Echo-Experiments nach CARR und PURCELL (60).

Die Vorgänge beim Spin-Echo-Experiment erläutert Abb. 95.

Durch den 90°-Impuls wird M in die (rotierende) Richtung v geworfen (Abb. 95a und b). Die Rotationsgeschwindigkeit des uv-Systems sei durch die mittlere Feldstärke des inhomogenen Magnetfeldes H_z bestimmt. Die in höheren Feldern befindlichen Kernmomente präzedieren schneller, die in niederen Feldern langsamer als diese Rotationsgeschwindigkeit. Im rotierenden System fächern demgemäß die Momentvektoren auf (Abb. 95c). Zur Zeit τ möge diese Auffächerung durch Abb. 95d beschrieben sein. In diesem Augenblick erfolgt der erste 180°-Impuls, der jeden der angezeichneten Vektoren um 180° um die u-Achse dreht (Abb. 95d und e). Alle Kerne befinden sich noch im gleichen Feld H_z wie vor dem 180°-Impuls und bewegen sich demnach im gleichen Sinne wie zuvor, d. h. es tritt jetzt statt einer Auffächerung ein Zusammenlaufen der magnetischen Momente ein (Abb. 95f), bis nach der Zeit $2\tau_p$ die Momente wieder völlig in einer Richtung liegen (Abb. 95g) und ein starkes Signal, das Spin-Echo, in der Spule induziert wird. Das Spiel kann durch weitere 180°-Impulse zu den Zeiten $3\tau_p$, $5\tau_p$, $7\tau_p$ usw. wiederholt werden, wobei zur Zeit $4\tau_p$, $6\tau_p$, $8\tau_p$ usw. die weiteren Spin-Echos erscheinen.

Die Entstehung des Spin-Echos läßt sich in einem Bilde noch anschaulicher machen, als das in der Diskussion von Abb. 95 geschehen konnte. Eine Anzahl Rennläufer verschiedener Qualität (die verschieden schnell präzedierenden Kernmomente) stehen am Start. Der Startschuß (der 90°-Impuls) fällt, und die Läufer laufen los. Wegen der unterschiedlichen Geschwindigkeit wird aus dem gleichzeitig startenden Rudel bald ein auseinandergezogenes Feld. Zu einer Zeit τ_p ertönt ein zweiter Pistolenschuß (der 180°-Impuls), alle Läufer machen eine Kehrtwendung und laufen mit ihrer alten Geschwindigkeit weiter. Zur Zeit $2\tau_p$ sind offenbar alle Läufer gleichzeitig wieder am Ausgangspunkt angelangt.

Bisher ist angenommen worden, daß die Kernmomente ihre Präzessionsgeschwindigkeit – bzw. die Läufer ihre Geschwindigkeit – exakt während des Experimentes beibehalten. Wegen der in Abschnitt II-4 im einzelnen diskutierten Relaxationsmechanismen, die zu einer endlichen Relaxationszeit T_2 führen, ist das aber für die Kernmomente nicht der

*) Bei Spin-Echo-Experimenten darf das Magnetfeld sogar nicht zu homogen sein, wenn die Intensität nach dem 90°-Impuls schnell abklingen soll und entsprechend scharfe Echosignale resultieren sollen.

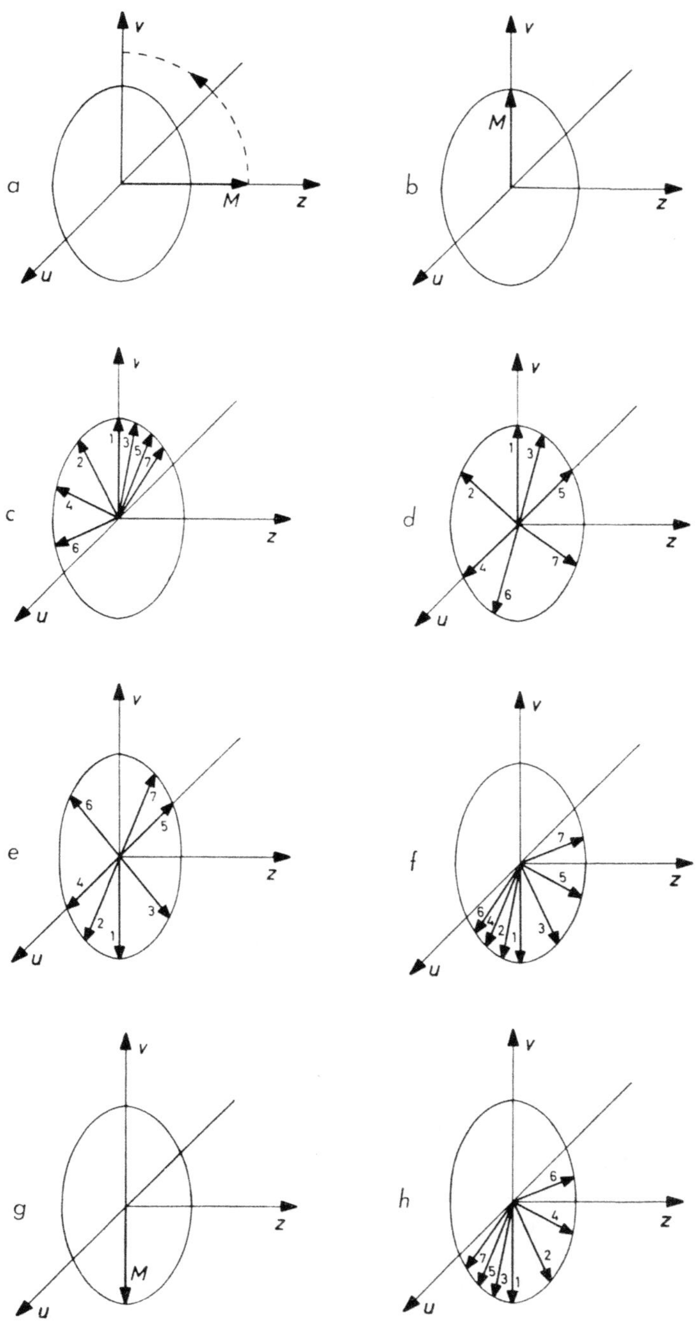

Abb. 95. Vektordiagramme zur Erläuterung des Spin-Echo-Experiments nach CARR und PURCELL.

Fall. Die Momente ändern dadurch während der Zeit $2\tau_p$ ihre Präzessionsfrequenz, so daß eine vollständige Wiederherstellung der Phase nach $2\tau_p$ nicht erreicht wird (die Läufer kommen nicht gleichzeitig wieder am Start an, da während des Laufes ihre Geschwindigkeit Schwankungen unterworfen ist). Die Amplitude des Spin-Echos ist wegen der T_2-Relaxation um den Faktor $\exp(-2\tau_p/T_2)$ gegenüber der Amplitude nach dem 90°-Impuls geschwächt. Um den gleichen Faktor kleiner ist jedes folgende Spin-Echo (siehe Abb. 94).

In sehr eleganter Weise läßt sich auch mit der Methode der freien Präzession die Spin-Gitter-Relaxationszeit T_1 experimentell ermitteln. Zur Zeit $t = 0$ wird ein 180°-Impuls gegeben (Abb. 96). Der Magnetisierungsvektor M wird aus der z-Richtung in die negative

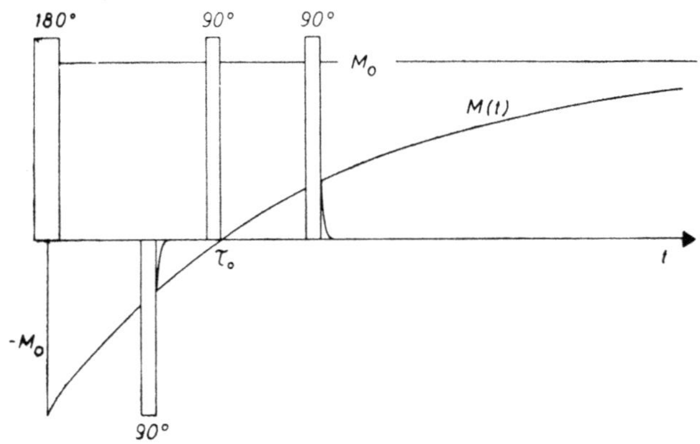

Abb. 96. 180°/90°-Impulsprogramm des Spin-Echo-Experiments zur Bestimmung von T_1.

z-Richtung gedreht (die Spin-Temperatur ändert ihr Vorzeichen). Überläßt man dann das Spin-System sich selbst, so ändert die Magnetisierung durch den Spin-Gitter-Relaxationsmechanismus ihren Wert von $-M_0$ zum Gleichgewichtswert M_0 mit einer Zeitkonstanten T_1 nach

$$M = M_0(1 - 2\exp(-t/T_1)). \qquad [\text{IV-3,2}]$$

Gibt man nun zu einer Zeit τ_p einen 90°-Impuls, so beobachtet man, ganz wie bei der Messung von T_2, ein mit $T_{2\,\text{eff}}$ abklingendes Signal, dessen Amplitude proportional der zur Zeit τ_p herrschenden Magnetisierung ist. Speziell zur Zeit $\tau_0 = T_1 \ln 2$ ist $M = 0$, und damit verschwindet auch das Signal nach einem zur Zeit τ_0 gegebenen 90°-Impuls. Auch kurze Relaxationszeiten T_1 lassen sich so recht genau bestimmen. Wegen anderer Varianten der Spin-Echo-Technik zur Messung von Kernrelaxationszeiten sei auf die Originalliteratur verwiesen (136, 211, 210). Beschränkt wird die Anwendbarkeit der Spin-Echo-Technik durch physikalisch bedingte untere und obere Grenzen für die Impulsdauer t_i. Einerseits muß t_i mindestens etwa 10 Präzessionsperioden lang sein. Ist diese Bedingung nicht erfüllt, so kann die gegenläufig rotierende Komponente von H_x (Gleichung [II-3,3]) nicht mehr vernachlässigt werden. Die Periode für einen Präzessionsumlauf liegt bei den höchsten, praktisch verfügbaren Feldern je nach dem Wert des gyromagnetischen Verhältnisses zwischen $2 \cdot 10^{-8}$ sec (z. B. ^{1}H) bis $4 \cdot 10^{-7}$ sec (z. B. ^{39}K). Je nach der Kernart muß t_i also gleich oder größer als $2 \cdot 10^{-7}$ bis $4 \cdot 10^{-6}$ sec sein (bei sehr kurzen Impulsen kommt noch die technische Schwierigkeit hinzu, daß wegen [IV-3,1] unbequem große Impulsamplituden H_x für 90°- und 180°-Impulse erforderlich werden).

Andererseits muß t_i aus den oben angeführten Gründen kleiner als T_2 sein. Spin-Relaxationszeiten können aber von der Größenordnung 10^{-6} sec werden. Sie sind dann für viele Kernsorten mit der Spin-Echo-Methode nicht mehr zu bestimmen. Bei langen Relaxationszeiten T_2 und großen Pulsfolgen muß die CARR-PURCELL-Methode zur Erzielung genauer Ergebnisse modifiziert werden (113, 139, 168).

IV-3,b) Die Messung von Diffusionskoeffizienten mit der Spin-Echo-Methode*

Eine stillschweigend gemachte Voraussetzung für die im vorangehenden Abschnitt besprochene Methode zur Messung von Kernrelaxationszeiten ist die Annahme, daß während der Meßzeit $2\tau_p$ die einzelnen Kerne nicht durch Diffusion in ein Gebiet anderer magnetischer Feldstärke gelangen und dadurch ihre Präzessionsfrequenz ändern. Sind τ_p, der Diffusionskoeffizient D des Kernträgers sowie der Gradient des magnetischen Feldes hinreichend groß, so ist diese Annahme nicht mehr gerechtfertigt. Die Diffusion im inhomogenen Magnetfeld bedingt einen zusätzlichen Mechanismus für das Auseinanderlaufen der Phase der magnetischen Kernmomente und verkleinert damit die Spin-Echo-Amplituden. Die Intensitäten zur Zeit $t = 2\tau_p$ und zur Zeit $t = 0$ sind dann verknüpft durch

$$U(2\tau_p) = U(0) \exp\left\{ -\frac{2\tau_p}{T_2} - \frac{(2\tau_p)^3}{12}\gamma^2 G^2 D \right\}. \qquad \text{[IV-3,3]}$$

γ, G und D bedeuten in dieser Gleichung das gyromagnetische Verhältnis, den Gradienten des magnetischen Feldes und den Selbstdiffusionskoeffizienten der kerntragenden Moleküle. Die Beziehung [IV-3,3] gestattet eine Bestimmung des Diffusionskoeffizienten D aus der Messung von Spin-Echo-Signalen, wenn für einen bekannten Gradienten G des magnetischen Feldes gesorgt wird. Man erreicht dies durch ein senkrecht zum Felde H_z stehendes HELMHOLTZ-Spulenpaar (Abb. 88, gestrichelt). Eine Auswertung erfolgt durch Auftragen der für verschiedene Werte von τ_p bestimmten Größe $\ln \frac{U(2\tau_p)}{U(0)} + \frac{2\tau_p}{T_2}$ gegen τ_p^3. T_2 wird in einer gesonderten Messung mit $G = 0$, wie oben beschrieben, ermittelt. Aus der Neigung der erhaltenen Geraden erhält man den gesuchten Diffusionskoeffizienten. In einer anderen Variante der Methode wird bei konstantem τ_p der Feldgradient G variiert (325).

Es ist zu beachten, daß mit dieser Methode der Diffusionskoeffizient in einer homogenen Phase bestimmt werden kann. Die für die üblichen Messungen von D notwendige Realisierung genügend definierter Anfangs- und Randbedingungen des inhomogenen Systems entfällt bei der Spin-Echo-Methode. Das Verfahren ist in dieser Hinsicht zu vergleichen mit der Bestimmung des Diffusionskoeffizienten kolloider Teilchen aus dem mikroskopisch gemessenen mittleren Verschiebungsquadrat während einer Zeit τ.

Bevor wir uns den Anwendungen der geschilderten Methode zuwenden, ist noch eine physikalische Begründung von Gleichung [IV-3,3] nachzutragen. Die korrekte Ableitung, einschließlich des richtigen Zahlenfaktors, ist kompliziert und muß der Originalliteratur (60, 79) entnommen werden. Für eine einfache Ableitung diskutieren wir das Verhalten der Phasenbeziehung für die präzedierenden Kernmomente, die zunächst nur der Spin-Spin-Relaxation unterworfen sein mögen.

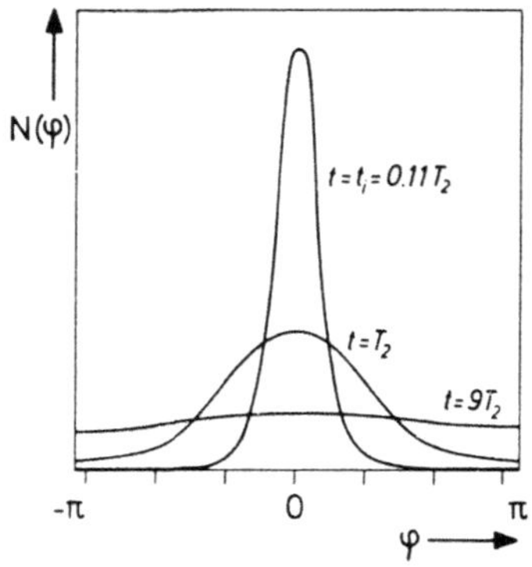

Abb. 97. Die Verteilung der Momente über dem Winkel φ, den sie mit der rotierenden u-Achse einschließen, für verschiedene Zeiten nach dem 90°-Impuls.

In Abb. 97 ist die Anzahl $N(\varphi)$ der Momente über dem Winkel aufgetragen, den sie mit der rotierenden u-Achse einschließen. Kurve 1 ($t = 0{,}11\ T_2$) bedeutet die Verteilung unmittelbar nach dem 90°-Impuls, die Kurven 2 und 3 diejenige zu späteren Zeitpunkten. Das Auseinanderdiffundieren der Phasenbeziehung kann durch die Diffusionsgleichung

$$\frac{\partial N(\varphi)}{\partial t} = a \frac{\partial^2 N(\varphi)}{\partial \varphi^2} \qquad \text{[IV-3,4]}$$

beschrieben werden, wobei a um so größer ist, je schneller die Phasenbeziehung verlorengeht, je kleiner also T_2 ist. Tatsächlich kann $a = 1/T_2$ gesetzt werden. Für den Mittelwert $\overline{\varphi^2}$ gilt (abgesehen von uninteressanten Faktoren der Größenordnung eins)

$$\overline{\varphi^2(t)} \approx at = \frac{t}{T_2}. \qquad \text{[IV-3,5]}$$

Der Abklingfaktor $\exp(-t/T_2)$ kann also in der allgemeiner gültigen Form $\exp(-\overline{\varphi^2(t)})$ geschrieben werden. Das mittlere Phasenquadrat wird aber auch durch den oben qualitativ diskutierten Diffusionsvorgang der Kerne im Gradienten des Magnetfeldes zeitlich verändert, so daß die Abklinggleichung jetzt heißen muß

$$U(t) = U(0) \exp\{-(\overline{\varphi^2{}_{\mathrm{rel}}(t)} + \overline{\varphi^2{}_{\mathrm{diff}}(t)})\}. \qquad \text{[IV-3,6]}$$

Wie hängt aber $\overline{\varphi^2{}_{\mathrm{diff}}}$ von der Zeit ab? $\overline{\varphi^2{}_{\mathrm{diff}}}$ muß proportional sein dem Quadrat des Produktes der durch Diffusion während 2τ bewirkten Änderung der Präzessionsfrequenz $\Delta\omega$ und der Zeit

$$\overline{\varphi^2{}_{\mathrm{diff}}} \approx \overline{(\Delta\omega_{\mathrm{diff}} t)^2} = \overline{\gamma^2 (\Delta H t)^2}. \qquad \text{[IV-3,7]}$$

Da $\Delta H = G \Delta x$ ist, gilt weiter

$$\overline{\varphi^2{}_{\mathrm{diff}}} = \gamma^2 G^2 \overline{(\Delta x t)^2} \qquad \text{[IV-3,8]}$$

und schließlich wegen $\Delta x^2 \sim Dt$

$$\overline{\varphi^2{}_{\mathrm{diff}}} \sim \gamma^2 G^2 D t^3. \qquad \text{[IV-3,9]}$$

[IV-3,9], mit dem richtigen Proportionalitätsfaktor versehen, und [IV-3,5] in Gleichung [IV-3,6] eingesetzt ergibt Gleichung [IV-3,3].

Die beschriebene Methode zur Messung von Diffusionskoeffizienten ist noch nicht sehr ausgiebig angewendet worden. Neben den zitierten älteren Arbeiten (136, 60) liegen aber jetzt doch einige systematische Arbeiten besonders von McCall und Mitarb. vor (79, 200, 199, 201, 291, 80, 189, 81). Als Beispiel sei eine Untersuchung dieser Reihe (79) auszugsweise diskutiert. Es wurden die Selbstdiffusionskoeffizienten der normalen Kohlenwasserstoffe C_nH_{2n+2} mit $n = 5, 6, 7, 8, 9, 10, 18$ und 32 als Funktion der Temperatur bestimmt. Abb. 98 zeigt eine typische Auswertung der Echo-Amplituden nach Gleichung [IV-3,3]. Aus der Neigung der Geraden kann dann für die betreffende Substanz und die Meßtemperatur der Diffusionskoeffizient ermittelt werden. Abb. 99 zeigt als Beispiel den Selbstdiffusionskoeffizienten von *n*-Pentan. Die in Abb. 99 eingezeichneten Quadrate beziehen sich auf Messungen von Fishm^σN (98) mit tritiummarkiertem Pentan. Die Übereinstimmung liegt im Rahmen der Meßfehlergrenzen für die beiden Methoden.

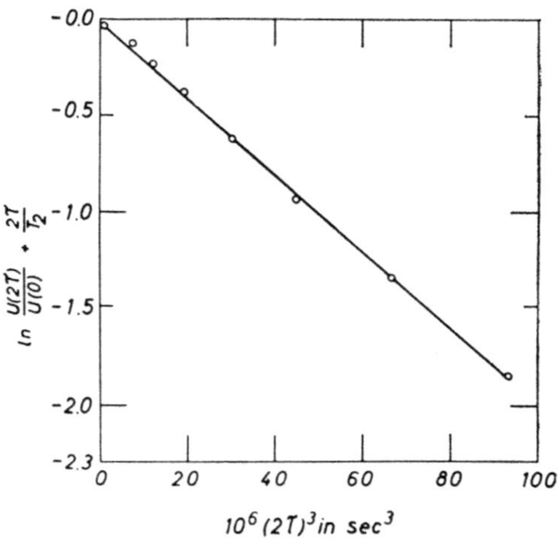

Abb. 98. Auswertung von Spin-Echo-Experimenten nach Gleichung [IV-3,3] zur Bestimmung des Selbstdiffusionskoeffizienten.
Nach Douglass und McCall (79)

In Tab. 15 sind die weiteren Ergebnisse der angeführten Arbeit zusammengestellt. Die Meßgenauigkeit für *D* betrug etwa $\pm 5\%$.

Weitere Messungen von Diffusionskoeffizienten mit der Spin-Echo-Methode sind an Wasser zwischen 0° und 100° C (200, 291), Polyäthylen (199), CH_3NO_2, $(CH_3)_2CO$, C_6H_6, C_6H_{12}, $(CH_3)_4C$, $(CH_3)_4Si$ (81) und $(CH_3)_2CH{-}CH_2{-}CH_3$ (200) durchgeführt worden. An einigen gesättigten Kohlenwasserstoffen ist schließlich der Diffusionskoeffizient als Funktion von Temperatur und Druck (bis 700 atm) gemessen worden (201). Gerade für die Messung von Diffusionskoeffizienten unter extremen Temperatur- und Druckbedingungen bietet sich die Spin-Echo-Methode als besonders geeignetes Verfahren an.

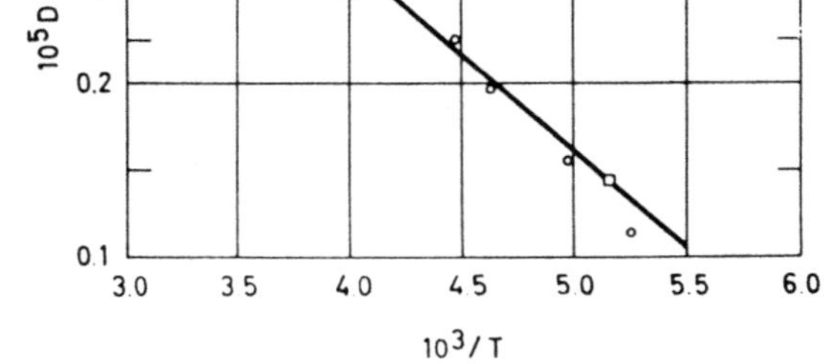

Abb. 99. Der Selbstdiffusionskoeffizient von *n*-Pentan als Funktion der Temperatur. ○ Spin-Echo-Werte nach Douglass und McCall (79). □ Tracer-Werte nach Fishman (98).

Tabelle 15

Selbstdiffusionskoeffizienten einiger Kohlenwasserstoffe gemessen mit der Spin-Echo-Methode. Nach DOUGLASS und MCCALL (79).

	Temperatur °C	10^5 D cm² sec⁻¹	Aktivierungsenergie kcal/mol
n-Pentan	25	5,45	$1{,}54 \pm 0{,}07$
n-Hexan	25	4,21	$2{,}07 \pm 0{,}13$
n-Heptan	25	3,12	$2{,}19 \pm 0{,}06$
n-Octan	25	2,00	$2{,}42 \pm 0{,}18$
n-Nonan	25	1,70	$3{,}08 \pm 0{,}10$
n-Decan	25	1,31	$3{,}56 \pm 0{,}09$
n-Octadecan	50	0,46	$3{,}94 \pm 0{,}18$
n-Dicetyl	100	0,30	$5{,}64 \pm 0{,}27$

Mit der von MCCALL u. a. benutzten Meßapparatur (281) lassen sich Diffusionskoeffizienten bis herab zu etwa 10^{-7} cm^2 sec^{-1} messen. Da der Diffusionskoeffizient und die Relaxationszeiten nicht voneinander unabhängig sind, lassen sich prinzipiell aus den weiter oben erörterten Gründen bestenfalls noch um zwei Größenordnungen kleinere Diffusionskoeffizienten mit der Spin-Echo-Methode erfassen.

Der Selbstdiffusionskoeffizient von superfluidem Helium wurde mit der Spin-Echo-Technik zwischen 0,067 °K und 2,97 °K gemessen. Die Messungen wurden an dem Isotop ^{3}He durchgeführt, da ^{4}He keinen Spin aufweist. Der Diffusionskoeffizient des He zeigt ein Minimum bei etwa 0,55 °K. Bei 0,067 °K hat der Diffusionskoeffizient bereits den sehr hohen Wert $5 \cdot 10^{-4}$ cm^2 sec^{-1} und nimmt mit abnehmender Temperatur wie $T^{-3/2}$ zu (138).

Eine indirekte Methode, über Molekularbewegungen aus Kernresonanzmessungen Aufschluß zu erhalten, besteht in einer Messung von T_1 als Funktion der Temperatur. Dieses Verfahren, das eine genaue theoretische Analyse der wirksamen Relaxationsmechanismen voraussetzt, ist von GUTOWSKY und Mitarb. (299) benutzt worden, die Molekularbewegungen in $(CH_3)_4C$, $(CH_3)_3CCl$, $(CH_3)_2CCl_2$ und CH_3CN aus T_1-Messungen zu bestimmen. Die Rotation der CH_3-Gruppen um ihre Achse, die Rotationsdiffusion des gesamten Moleküls und schließlich die translatorische Diffusion lassen sich so einschließlich der zugehörigen Aktivierungswärmen erfassen. Wegen weiterer Einzelheiten dieses entwicklungsfähigen Verfahrens sei auf die Originalliteratur verwiesen.

Da die Spin-Echo-Signalintensität proportional der Dichte der untersuchten Substanz ist, läßt sich die Kompressibilität hochverdichteter Gase bei bekanntem Druck mit einer Spin-Echo-Apparatur bestimmen (185). Die Eichung erfolgt zweckmäßig mit einem Gase bekannter Kompressibilität, z. B. mit Wasserstoff.

IV-3,c) Die Messung schneller chemischer Reaktionen mit der Spin-Echo-Methode*

Auch durch chemischen Austausch verbreiterte Linien lassen sich mit Hilfe der Spin-Echo-Methode vermessen. Die maßgebliche Zeitkonstante für den Austausch ist wieder τ mit

$$\tau^{-1} = \sum \tau_i^{-1} . \qquad [\text{III-3,6b}]$$

Eine $\frac{\pi}{2} - \pi$ CARR-PURCELL-Pulsfolge an einem derartigen System führt zu einem exponentiellen Abfall der Spin-Echo-Amplituden, ähnlich wie sie in Abb. 94 gezeigt ist. Die Zeitkonstante für dieses Abklingen ist nun aber eine Funktion der Austauschgeschwindigkeit und des Pulsabstandes $2\tau_p$ (siehe Abb. 94). LUZ und MEIBOOM (192) haben für diesen Fall ($T_2/\tau_p \gg 1$; $1/\tau \gg \Delta_i$ für alle i) die Beziehung für die Echoabklingkonstante abgeleitet

$$\frac{1}{T_2(\tau_p, \tau)} = \frac{1}{T_2^\circ} + 4\pi^2 \left[1 - \frac{\tau}{\tau_p} \tanh\left(\frac{\tau_p}{\tau}\right)\right] \tau \sum p_i \Delta_i^2 . \qquad [\text{IV-3,10}]$$

Wenn die Austauschrate $1/\tau$ größer als die Pulsrate $1/2\,\tau_p$ ist ($\tau/\tau_p < 0{,}3$), so vereinfacht sich Gleichung [IV-3,10] zu

$$\frac{1}{T_2(\tau_p, \tau)} = \frac{1}{T_2^\circ} + 4\pi^2 \left(1 - \frac{\tau}{\tau_p}\right) \tau \sum p_i \Delta_i^2 . \qquad [\text{IV-3,10a}]$$

Für sehr kleine Pulsraten entspricht Gleichung [IV-3,10] der Gleichung [III-3,6b], während für sehr hohe Pulsraten die beobachtete Abklingkonstante $T_2(\tau_p, \tau)$ in die wahre Relaxationszeit T_2° übergeht, die also auf diese Weise experimentell zugänglich ist. Trägt man für mittlere Pulsraten $1/T_2(\tau_p, \tau) - 1/T_2^\circ$ gegen $1/\tau_p$ auf, so kann man die mittleren Lebensdauern τ und die chemischen Verschiebungen aus dem Ordinatenabschnitt und der Neigung nach Gleichung [IV-3,10a] erhalten. (Die Molenbrüche p_i, die zur Bestimmung der Geschwindigkeitskonstanten erforderlich sind, sind häufig bekannt (siehe die beiden unten diskutierten Anwendungen) oder müssen, z. B. optisch, bestimmt werden.)

ALLERHAND und GUTOWSKY (4, 5) haben die Anwendbarkeit der LUZ-MEIBOOMschen Näherungsgleichung ausführlich untersucht. Dabei hat sich herausgestellt, daß der Gültigkeitsbereich der Gleichung [IV-3,10] angesichts der Vernachlässigungen bei ihrer Ableitung erstaunlich groß ist. Das Spin-Echo-Verfahren zur Messung von Lebensdauern bei gerade noch durch schnellen Austausch verbreiterten Linien bietet gegenüber dem in Abschnitt III-3 beschriebenen Verfahren beträchtliche Vorteile. Erstens lassen sich noch um rund eine Größenordnung schnellere Reaktionen erfassen, da in [IV-3,10] die wahre Relaxationszeit T_2° einzusetzen ist, die nicht, wie der entsprechende Term in Gleichung [III-3,6a] durch die unvermeidliche Inhomogenität des Magnetfeldes verfälscht ist. Zweitens kann die Relaxationszeit T_2°, die als Korrekturgröße eingeht, experimentell bestimmt werden, und drittens erhält man auch noch die chemische Verschiebung. Diese Größe kann aus dem entsprechenden normalen Kernresonanzspektrum nicht ermittelt werden (das Verfahren, durch Abkühlen der Probe die Reaktionsrate herunterzusetzen und dann die chemische Verschiebung dem Spektrum zu entnehmen, ist bedenklich, da sich chemische Verschiebungen im allgemeinen mit der Temperatur ändern). Andererseits ist Gleichung [IV-3,10], auch wenn die genannten Randbedingungen erfüllt sind, nur dann anwendbar, wenn das Kernresonanzspektrum praktisch nur aus der einen, kinetisch verbreiterten Linie besteht.

LUZ und MEIBOOM (192) bestimmten mit der Spin-Echo-Methode die Geschwindigkeit der Reaktion (vgl. Reaktion [III-3,20])

$$(CH_3)_3NH^+ + H_2O + (CH_3)_3N \rightleftarrows (CH_3)_3N + H_2O + (CH_3)_3NH^+ . \qquad [\text{IV-3,11}]$$

Neben der Absorptionslinie des Wassers, die hier zur Messung herangezogen wurde, störten die kleinen Methylsignale nicht. In dem mit ^{17}O angereicherten Wasser wurde der schnelle Austausch zwischen den 6 ^{17}O-Satelliten und der $H_2{}^{16}O$-Wasserlinie an der Protonen-Spin-Echo-Folge beobachtet. Der durch die Reaktion [IV-3,11] katalysierte Austausch konnte im pH-Bereich 6 – 8 gemessen werden, in dem der direkte Austausch hinreichend langsam ist. Die Reaktion [IV-3,11] ist kinetisch von erster Ordnung bezüglich des Wassers.

ALLERHAND und GUTOWSKY (4) haben mit der Spin-Echo-Methode die Molekülrotation von N,N-Dimethyltrichloracetamid und N,N-Dimethylharnstoffchlorid untersucht. Es wurden höhere (und einleuchtendere) Frequenzfaktoren und Aktivierungsenergien gefunden als mit der Linienbreitenmethode, die in Abschnitt III-3,e diskutiert wurde. Sowohl T_2 als auch die chemische Verschiebung sind nach den Spin-Echo-Messungen temperaturabhängig. Die unterschiedlichen Ergebnisse der beiden Meßverfahren werden darauf zurückgeführt.

V. Tabellen

Tabelle 16

Wichtige Kerneigenschaften [zusammengestellt aus (176, 249)]

Für jedes Element ist nur das Isotop mit der größten natürlichen Empfindlichkeit (= Natürliches Vorkommen × Empfindlichkeit bei konstantem Magnetfeld) aufgenommen. Ausnahme: ^{2}D

Z	Isotop	MKR-Frequenz bei 10^4 Gauß (MHz)	Natürliches Vorkommen in %	Relative Empfindlichkeit für konst. Magnetfeld und gleiche Anzahl Kerne	Magnet. Moment des Kerns μ (Vielfaches von μ_K)	Kernspin I (Vielfaches von $\frac{h}{2\pi}$)	Quadrupolmoment Q (in $e \cdot 10^{-24}\,cm^2$)
1	^{1}H	42,577	99,9844	1,000	2,79277	1/2	—
1	^{2}D	6,536	$1{,}56 \cdot 10^{-2}$	$1{,}43 \cdot 10^{-2}$	0,85735	1	$2{,}77 \cdot 10^{-3}$
3	^{7}Li	16,547	92,57	0,294	3,2560	3/2	$-1{,}2 \cdot 10^{-2}$
4	^{9}Be	5,983	100	$1{,}39 \cdot 10^{-2}$	−1,1774	3/2	$2 \cdot 10^{-2}$
5	^{11}B	13,660	81,17	0,165	2,6880	3/2	$3{,}55 \cdot 10^{-2}$
6	^{13}C	10,705	1,108	$1{,}59 \cdot 10^{-2}$	0,70216	1/2	—
7	^{14}N	3,076	99,635	$1{,}01 \cdot 10^{-3}$	0,40369	1	$2 \cdot 10^{-2}$
8	^{17}O	5,772	$3{,}7 \cdot 10^{-2}$	$2{,}91 \cdot 10^{-2}$	−1,8930	5/2	$-4 \cdot 10^{-3}$
9	^{19}F	40,055	100	0,834	2,6273	1/2	—
11	^{23}Na	11,262	100	$9{,}27 \cdot 10^{-2}$	2,2171	3/2	0,11
12	^{25}Mg	2,606	10,05	$2{,}68 \cdot 10^{-2}$	−0,85471	5/2	
13	^{27}Al	11,094	100	0,207	3,6385	5/2	0,149
14	^{29}Si	8,460	4,70	$7{,}85 \cdot 10^{-2}$	−0,55492	1/2	—
15	^{31}P	17,235	100	$6{,}64 \cdot 10^{-2}$	1,1316	1/2	—
16	^{33}S	3,266	0,74	$2{,}26 \cdot 10^{-3}$	0,64274	3/2	$-6{,}4 \cdot 10^{-2}$
17	^{35}Cl	4,172	75,4	$4{,}71 \cdot 10^{-3}$	0,82089	3/2	$-7{,}97 \cdot 10^{-2}$
19	^{39}K	1,987	93,08	$5{,}08 \cdot 10^{-4}$	0,39094	3/2	0,14
20	^{43}Ca	2,865	0,13	$6{,}39 \cdot 10^{-2}$	−1,3153	7/2	
21	^{45}Sc	10,343	100	0,301	4,7491	7/2	
22	^{49}Ti	2,401	5,51	$3{,}76 \cdot 10^{-3}$	−1,1023	7/2	
23	^{51}V	11,21	~100	0,383	5,1450	7/2	0,3

Tabelle 16 (Fortsetzung)

Z	Isotop (MHz)	MKR-Frequenz bei 10^4 Gauß	Natürliches Vorkommen in %	Relative Empfindlichkeit für konst. Magnetfeld und gleiche Anzahl Kerne	Magnet. Moment des Kerns μ (Vielfaches von μ_K)	Kernspin I (Vielfaches von $\frac{h}{2\pi}$)	Quadrupolmoment Q (in $e \cdot 10^{-24}\,cm^2$)
24	^{53}Cr	2,406	9,54	$1{,}0 \cdot 10^{-4}$	— 0,4735	3/2	
25	^{55}Mn	10,553	100	0,178	3,4610	5/2	0,5
27	^{59}Co	10,103	100	0,281	4,6388	7/2	0,5
29	^{63}Cu	11,285	69,09	$9{,}38 \cdot 10^{-2}$	2,2206	3/2	— 0,15
30	^{67}Zn	2,635	4,12	$2{,}86 \cdot 10^{-3}$	0,8735	5/2	
31	^{71}Ga	12,984	39,8	0,142	2,5549	3/2	0,1461
32	^{73}Ge	1,485	7,61	$1{,}40 \cdot 10^{-3}$	— 0,8768	9/2	— 0,2
33	^{75}As	7,292	100	$2{,}51 \cdot 10^{-2}$	1,4349	3/2	0,3
34	^{77}Se	8,131	7,50	$6{,}97 \cdot 10^{-3}$	0,5333	1/2	—
35	^{81}Br	11,498	49,43	$9{,}84 \cdot 10^{-2}$	2,2626	3/2	0,28
37	^{87}Rb	13,932	27,2	0,177	2,7415	3/2	0,15
38	^{87}Sr	1,845	7,02	$2{,}69 \cdot 10^{-3}$	— 1,0893	9/2	
39	^{89}Y	2,086	100	$1{,}17 \cdot 10^{-4}$	— 0,1368	1/2	—
40	^{91}Zr	4,0	11,23	$9{,}4 \cdot 10^{-3}$	— 1,3	5/2	
41	^{93}Nb	10,43	100	0,482	6,1667	9/2	— 0,4 ± 0,3
42	^{95}Mo	2,774	15,78	$3{,}22 \cdot 10^{-3}$	— 0,9099	5/2	
45	^{103}Rh	1,340	100	$3{,}12 \cdot 10^{-5}$	— 0,0879	1/2	—
46	^{105}Pd	1,74	22,23	$7{,}79 \cdot 10^{-4}$	— 0,57	5/2	
47	^{109}Ag	1,981	48,65	$1{,}01 \cdot 10^{-4}$	— 0,1299	1/2	—
48	^{113}Cd	9,444	12,34	$1{,}09 \cdot 10^{-2}$	— 0,6195	1/2	—
49	^{113}In	9,310	4,16	0,345	5,4960	9/2	1,144
50	^{119}Sn	15,87	8,68	$5{,}18 \cdot 10^{-2}$	— 1,0409	1/2	—
51	^{121}Sb	10,19	57,25	0,160	3,3427	5/2	— 0,8
52	^{125}Te	13,45	7,03	$3{,}16 \cdot 10^{-2}$	— 0,8824	1/2	—

Tabelle 16 (Fortsetzung)

Z	Isotop	MKR-Frequenz bei 10^4 Gauß (MHz)	Natürliches Vorkommen in %	Relative Empfindlichkeit für konst. Magnetfeld und gleiche Anzahl Kerne	Magnet. Moment des Kerns μ (Vielfaches von μ_K)	Kernspin I (Vielfaches von $\frac{h}{2\pi}$)	Quadrupolmoment Q (in $e \cdot 10^{-24} cm^2$)
53	^{127}I	8,565	100	$9{,}35 \cdot 10^{-2}$	2,8086	5/2	$-0{,}75$
55	^{133}Cs	5,618	100	$4{,}74 \cdot 10^{-2}$	2,5788	7/2	$\leqslant 0{,}3$
56	^{137}Ba	4,76	11,32	$6{,}97 \cdot 10^{-3}$	0,936	3/2	
57	^{139}La	6,055	99,911	$5{,}92 \cdot 10^{-2}$	2,7780	7/2	0,3
59	^{141}Pr	11,6	100	0,234	3,92	5/2	$-5{,}4 \cdot 10^{-2}$
60	^{143}Nd	2,1	12,20	$2{,}81 \cdot 10^{-3}$	$-1{,}03$	7/2	$- \leqslant 1{,}2$
62	^{147}Sm	1,47	15,07	$8{,}8 \cdot 10^{-4}$	$-0{,}68$	7/2	0,72
63	^{151}Eu	10	47,77	0,168	3,4	5/2	$\sim 1{,}2$
70	^{171}Yb	6,9	14,27	$4{,}19 \cdot 10^{-3}$	0,45	1/2	—
71	^{175}Lu	5,7	97,40	$4{,}94 \cdot 10^{-2}$	2,6	7/2	5,9
73	^{181}Ta	4,6	100	$2{,}60 \cdot 10^{-2}$	2,1	7/2	6,5
74	^{183}W	1,75	14,28	$6{,}98 \cdot 10^{-5}$	0,115	1/2	—
75	^{187}Re	9,684	62,93	0,137	3,1760	5/2	2,6
76	^{189}Os	3,307	16,1	$2{,}24 \cdot 10^{-3}$	0,6507	3/2	2,0
77	^{193}Ir	0,86	61,5	$4{,}2 \cdot 10^{-5}$	0,17	3/2	$\sim 1{,}0$
78	^{195}Pt	9,153	33,7	$9{,}94 \cdot 10^{-3}$	0,6004	1/2	—
79	^{197}Au	0,691	100	$2{,}14 \cdot 10^{-5}$	0,136	3/2	0,56
80	^{199}Hg	7,612	16,86	$5{,}72 \cdot 10^{-3}$	0,4993	1/2	—
81	^{205}Tl	24,57	70,48	0,192	1,6114	1/2	—
82	^{207}Pb	8,899	21,11	$9{,}13 \cdot 10^{-3}$	0,5837	1/2	—
83	^{209}Bi	6,842	100	0,137	4,0810	9/2	$-0{,}4$

Tabelle 17

Verbindung	Volumen-suszeptibilität $-\chi_v \cdot 10^6$	Verbindung	Volumen-suszeptibilität $-\chi_v \cdot 10^6$
Acetaldehyd	0,393	Formamid	0,551
Aceton	0,460	Glyzerin	0,678
Ameisensäure . . .	0,530	*n*-Hexan	0,586
Anilin	0,707	Isobutylalkohol . . .	0,652
Äthylacetat	0,547	Methylalkohol . . .	0,515
Äthylalkohol	0,594	Methylbromid . . .	1,044
Benzol	0,626	Methylenchlorid . .	0,733
Benzonitril	0,658	Methylenbromid . .	0,946
Benzylalkohol . . .	0,741	Methylenjodid . . .	1,160
Brombenzol	0,771	Methyljodid	0,918
Bromoform	0,913	Nitrobenzol	0,598
n-Butylalkohol . . .	0,602	Piperidin	0,651
t-Butylalkohol . . .	0,631	*n*-Propylalkohol . . .	0,616
Chinolin	0,725	Pyridin	0,612
Chlorbenzol	0,707	Salpetersäure . . .	0,701
Cyclohexan	0,631	Schwefelkohlenstoff .	0,681
Diäthylamin	0,594	Schwefelsäure . . .	0,808
Diäthyläther	0,547	Tetrachlorkohlenstoff	0,684
Dimethylsulfat . . .	0,657	Toluol	0,631
Essigsäure	0,552	Wasser	0,721
Fluorbenzol	0,623	o-Xylol	0,579

Tabelle 18

PASCALsche Konstanten ($\cdot 10^6$) [nach PASCAL (236); siehe auch STAUDE, Physikalisch-Chemisches Handbuch, Bd. II (Leipzig 1949)]

a) Elemente

H	—2,93	B	— 7,3
C	—6,00	Si	—13,0
N (offene Kette)	—5,55	P	—10
N (Ring)	—4,61	As	—21
N (Monoamid)	—1,54	F_{aliph}	—64
N (Diamid, Imid)	—2,11	Cl_{aliph}	—19,9
O (Alkohol, Äther)	—4,60	Cl_{arom}	—17,2
O (Aldehyd, Keton)	1,66	Br_{aliph}	—30,4
O (Carboxyl)*)	—7,95	Br_{arom}	—26,5
S	—15,2	J_{aliph}	—44,6
Se	—23,5	J_{arom}	—40,5

*) Für beide Sauerstoffatome der Carboxylgruppe in Säuren und Estern.

b) Konstitutive Bindungskorrekturen

C=C	5,5	N=N	1,85
C≡C	0,8	C=N	8,15
C=C—C=C	10,6	C≡N	0,8

c) Konstitutive Ringkorrekturen

Cyclopropan	3,4	Cyclohexadien	10,7	Benzol	— 1,4
Cyclobutan	1,1	Piperidin	3,6	Pyridin	0,5
Cyclopentan	0	Piperazin	7,5	Triazin	— 1,4
Cyclohexan	3,1	Pyrazolin	8,3	Furan	— 2,5
Cyclohexen	7,2	Glyoxalin	7,8	Pyrrol	— 3,5

d) Zusätzliche Gruppenkorrekturen für Halogene

$—CH_2Cl$	— 0,3	$—CH_2Br$	— 1,5
$—CHCl_2$	— 0,6	$—CHBr_2$	— 0,5
$—CCl_3$	2,5	$—CBr_3$	10,6

Tabellen zur Berechnung von A_2B, A_3B, A_2B_2 und A_3B_2-Spektren für verschiedene Verhältnisse J/Δ

Die Tab. 19–22 geben die Zahlenwerte für die Frequenzen und relativen Intensitäten für die Spin-Systeme A_2B, A_3B, A_2B_2 und A_3B_2. Die Frequenzen sind in Einheiten der chemischen Verschiebung $\Delta = \nu_A - \nu_B$ gegeben. Die mit M bezeichneten Übergänge sind gemischte Übergänge. Das A_2B_2-Spektrum ist symmetrisch um $\frac{1}{2}(\nu_A + \nu_B)$; daher ist in Tab. 21 nur das halbe Spektrum angegeben. Für das A_2B_2-System ist der Schwerpunkt des Spektrums als Nullpunkt gewählt worden, während für die anderen Systeme $\nu_B = 0$ gesetzt worden ist. Die Tabellen sind auszugsweise der zusammenfassenden Arbeit von Corio (69) entnommen worden. In dieser Arbeit werden mehr Dezimalen und auch größere Werte für J/Δ angegeben, die in der Praxis aber nur selten benötigt werden.

Die Bezeichnungsweise für die Spektren ist auf Seite 51, der praktische Gebrauch der Tabellen in Abschnitt II-8-b* erläutert. Soll ein Spektrum vom vermuteten Typus AB, A_2B, A_3B, A_2B_2 oder A_3B_2 mit Aufspaltungen höherer Ordnung sichergestellt und die J- und Δ-Werte ermittelt werden, so wird das Spektrum mit den berechneten Spektren in Abb. 37, 38, 39, 41 und 43 nach Frequenz und Intensität verglichen und aus den passenden Spektren ein erster roher Wert für J und Δ abgeschätzt. Mit abgestuften Parametern J/Δ, die etwa der ersten Näherung entsprechen, werden dann aus den Gleichungen der Tabelle 5 (für ein AB-Spektrum) und aus den Tabellen 19 bis 22 (für die übrigen Spektren) bessere Näherungen für die berechneten Spektren gewonnen, die mit den Messungen verglichen werden. Die Auswertung für ein kompliziertes Spektrum (Propionaldehyd, A_3B_2X) ist in Abschnitt II-8-b durchgeführt worden.

Tabelle 19

Linienfrequenzen (ν) und relative Intensitäten (I) für das A_2B-Spinsystem

	J/Δ	I	ν	J/Δ	I	ν	J/Δ	I	ν	J/Δ	I	ν
A 1	0,00	2,00	1,0000	0,05	1,90	1,0263	0,10	1,79	1,0552	0,15	1,67	1,0870
A 2		2,00	1,0000		2,10	0,9762		2,18	0,9547		2,26	0,9354
A 3		2,00	1,0000		2,10	0,9751		2,21	0,9505		2,33	0,9266
A 4		2,00	1,0000		1,90	1,0249		1,82	1,0495		1,74	1,0734
B 1		1,00	0,0000		1,10	0,0487		1,21	0,0948		1,33	0,1380
B 2		1,00	0,0000		0,90	— 0,0512		0,82	— 0,1047		0,74	— 0,1604
B 3		1,00	0,0000		0,99	— 0,0025		0,97	— 0,0100		0,94	— 0,0224
B 4		1,00	0,0000		1,00	0,0000		1,00	0,0000		1,00	0,0000
A 1	0,20	1,55	1,1217	0,25	1,43	1,1594	0,30	1,32	1,2000	0,35	1,20	1,2436
A 2		2,34	0,9179		2,40	0,9021		2,46	0,8879		2,51	0,8750
A 3		2,45	0,9038		2,57	0,8822		2,68	0,8621		2,80	0,8436
A 4		1,66	1,0962		1,60	1,1178		1,54	1,1379		1,49	1,1565
B 1		1,45	0,1783		1,57	0,2156		1,68	0,2500		1,80	0,2815
B 2		0,66	— 0,2179		0,60	— 0,2771		0,54	— 0,3379		0,49	— 0,4000
B 3		0,89	— 0,0396		0,84	— 0,0615		0,78	— 0,0879		0,71	— 0,1186
B 4		1,00	0,0000		1,00	0,0000		1,00	0,0000		1,00	0,0000
A 1	0,40	1,09	1,2899	0,45	0,99	1,3389	0,50	0,89	1,3904	0,55	0,81	1,4442
A 2		2,56	0,8633		2,60	0,8527		2,63	0,8431		2,66	0,8343
A 3		2,90	0,8266		3,01	0,8112		3,10	0,7973		3,19	0,7849
A 4		1,44	1,1734		1,40	1,1888		1,36	1,2027		1,33	1,2151
B 1		1,91	0,3101		2,01	0,3361		2,11	0,3596		2,19	0,3809
B 2		0,44	— 0,4633		0,40	— 0,5277		0,37	— 0,5931		0,34	— 0,6593
B 3		0,65	— 0,1532		0,59	— 0,1916		0,53	— 0,2335		0,48	— 0,2784
B 4		1,00	0,0000		1,00	0,0000		1,00	0,0000		1,00	0,0000
M 1								0,01	2,2335		0,01	2,2784

Tabelle 19 Fortsetzung

	J/Δ	I	ν	J/Δ	I	ν	J/Δ	I	ν	J/Δ	I	ν
A 1	0,60	0,73	1,5000	0,65	0,66	1,5577	0,70	0,59	1,6171	0,75	0,54	1,6781
A 2		2,69	0,8262		2,72	0,8188		2,74	0,8120		2,76	0,8058
A 3		3,26	0,7738		3,33	0,7639		3,40	0,7551		3,45	0,7473
A 4		1,30	1,2262		1,27	1,2361		1,25	1,2449		1,23	1,2527
B 1		2,27	0,4000		2,34	0,4173		2,41	0,4329		2,46	0,4470
B 2		0,31	— 0,7262		0,28	— 0,7938		0,26	— 0,8620		0,24	— 0,9308
B 3		0,43	— 0,3262		0,38	— 0,3766		0,34	— 0,4292		0,31	— 0,4838
B 4		1,00	0,0000		1,00	0,0000		1,00	0,0000		1,00	0,0000
M 1		0,01	2,3262		0,01	2,3766		0,01	2,4292		0,01	2,4838
A 1	0,80	0,48	1,7403	0,85	0,44	1,8038	0,90	0,40	1,8683	0,95	0,36	1,9337
A 2		2,78	0,8000		2,79	0,7947		2,81	0,7897		2,82	0,7851
A 3		3,50	0,7403		3,55	0,7341		3,59	0,7286		3,62	0,7236
A 4		1,21	1,2597		1,19	1,2659		1,18	1,2714		1,16	1,2764
B 1		2,52	0,4597		2,56	0,4712		2,60	0,4817		2,64	0,4913
B 2		0,22	— 1,0000		0,21	— 1,0697		0,19	— 1,1397		0,18	— 1,2101
B 3		0,28	— 0,5403		0,25	— 0,5984		0,22	— 0,6580		0,20	— 0,7188
B 4		1,00	0,0000		1,00	0,0000		1,00	0,0000		1,00	0,0000
M 1		0,01	2,5403		0,01	2,5984		0,01	2,6580		0,01	2,7188
A 1	1,00	0,33	2,0000									
A 2		2,83	0,7808									
A 3		3,65	0,7192									
A 4		1,15	1,2808									
B 1		2,67	0,5000									
B 2		0,17	— 1,2808									
B 3		0,18	— 0,7808									
B 4		1,00	0,0000									
M 1		0,01	2,7808									

Tabelle 20. Linienfrequenzen (ν) und relative Intensitäten (I) für das A_3B-Spinsystem

	J/Δ	I	ν	J/Δ	I	ν	J/Δ	I	ν	J/Δ	I	ν
A 1	0,00	3,00	1,0000	0,05	2,84	1,0270	0,10	2,65	1,0583	0,15	2,45	1,0944
A 2		3,00	1,0000		3,14	0,9768		3,26	0,9568		3,36	0,9395
A 3		2,00	1,0000		1,90	1,0256		1,80	1,0525		1,70	1,0806
A 4		2,00	1,0000		2,10	0,9756		2,20	0,9525		2,30	0,9306
A 5		4,00	1,0000		4,20	0,9757		4,39	0,9531		4,57	0,9325
A 6		3,00	1,0000		2,86	1,0243		2,74	1,0469		2,64	1,0675
A 7		3,00	1,0000		3,16	0,9745		3,35	0,9484		3,55	0,9224
A 8		4,00	1,0000		3,80	1,0255		3,61	1,0516		3,42	1,0776
B 1		1,00	0,0000		1,16	0,0730		1,35	0,1417		1,55	0,2056
B 2		1,00	0,0000		0,86	— 0,0768		0,74	— 0,1568		0,64	— 0,2395
B 3		2,00	0,0000		2,10	0,0244		2,20	0,0475		2,30	0,0694
B 4		2,00	0,0000		1,90	— 0,0256		1,80	— 0,0525		1,70	— 0,0806
B 5		1,00	0,0000		0,94	— 0,0293		0,87	— 0,0667		0,78	— 0,1115
B 6		1,00	0,0000		1,04	0,0205		1,05	0,0318		1,03	0,0336
A 1	0,20	2,23	1,1359	0,25	2,00	1,1830	0,30	1,77	1,2359	0,35	1,55	1,2944
A 2		3,44	0,9245		3,51	0,9114		3,57	0,9000		3,62	0,8899
A 3		1,61	1,1099		1,51	1,1404		1,43	1,1720		1,34	1,2047
A 4		2,39	0,9099		2,49	0,8904		2,57	0,8720		2,66	0,8547
A 5		4,74	0,9140		4,89	0,8976		5,03	0,8831		5,14	0,8704
A 6		2,56	1,0860		2,49	1,1024		2,43	1,1169		2,38	1,1296
A 7		3,77	0,8974		4,00	0,8740		4,22	0,8528		4,44	0,8341
A 8		3,26	1,1026		3,10	1,1260		2,96	1,1472		2,84	1,1659
B 1		1,77	0,2641		2,00	0,3170		2,23	0,3641		2,45	0,4056
B 2		0,56	— 0,3245		0,49	— 0,4114		0,43	— 0,5000		0,38	— 0,5899
B 3		2,39	0,0901		2,49	0,1096		2,57	0,1280		2,66	0,1453
B 4		1,61	— 0,1099		1,51	— 0,1404		1,43	— 0,1720		1,34	— 0,2047
B 5		0,70	— 0,1630		0,62	— 0,2205		0,54	— 0,2831		0,48	— 0,3503
B 6		0,97	0,0256		0,90	0,0080		0,81	— 0,0190		0,71	— 0,0547
M 2								0,01	2,0190		0,01	2,0547

Tabelle 20 (Fortsetzung)

	J/Δ	I	ν	J/Δ	I	ν	J/Δ	I	ν	J/Δ	I	ν
A 1	0,40	1,35	1,3583	0,45	1,16	1,4270	0,50	1,00	1,5000	0,55	0,86	1,5768
A 2		3,66	0,8810		3,70	0,8731		3,73	0,8660		3,76	0,8597
A 3		1,26	1,2385		1,18	1,2733		1,11	1,3090		1,04	1,3456
A 4		2,74	0,8385		2,82	0,8233		2,89	0,8090		2,96	0,7956
A 5		5,25	0,8593		5,33	0,8496		5,41	0,8411		5,48	0,8336
A 6		2,33	1,1407		2,30	1,1504		2,26	1,1589		2,24	1,1664
A 7		4,64	0,8180		4,82	0,8043		4,97	0,7929		5,11	0,7835
A 8		2,73	1,1821		2,64	1,1957		2,56	1,2071		2,49	1,2165
B 1		2,65	0,4417		2,84	0,4730		3,00	0,5000		3,14	0,5232
B 2		0,34	— 0,6810		0,30	— 0,7731		0,27	— 0,8660		0,24	— 0,9597
B 3		2,74	0,1615		2,82	0,1767		2,89	0,1910		2,96	0,2044
B 4		1,26	— 0,2385		1,18	— 0,2733		1,11	— 0,3090		1,04	— 0,3456
B 5		0,42	— 0,4213		0,37	— 0,4958		0,32	— 0,5731		0,28	— 0,6530
B 6		0,61	— 0,0986		0,52	— 0,1497		0,44	— 0,2071		0,37	— 0,2701
M 2		0,02	2,0986		0,02	2,1497		0,03	2,2071		0,03	2,2701
A 1	0,60	0,74	1,6568	0,65	0,64	1,7395	0,70	0,56	1,8245	0,75	0,49	1,9114
A 2		3,78	0,8539		3,80	0,8488		3,82	0,8440		3,84	0,8397
A 3		0,97	1,3831		0,91	1,4213		0,85	1,4603		0,80	1,5000
A 4		3,03	0,7831		3,09	0,7713		3,15	0,7603		3,20	0,7500
A 5		5,53	0,8271		5,58	0,8213		5,62	0,8162		5,66	0,8117
A 6		2,21	1,1729		2,19	1,1787		2,17	1,1838		2,16	1,1883
A 7		5,23	0,7758		5,32	0,7694		5,41	0,7643		5,47	0,7601
A 8		2,43	1,2243		2,38	1,2306		2,34	1,2357		2,30	1,2400
B 1		3,26	0,5432		3,36	0,5605		3,44	0,5755		3,51	0,5886
B 2		0,22	— 1,0539		0,20	— 1,1488		0,18	— 1,2440		0,16	— 1,3397
B 3		3,03	0,2169		3,09	0,2287		3,15	0,2397		3,20	0,2500
B 4		0,97	— 0,3831		0,91	— 0,4213		0,85	— 0,4603		0,80	— 0,5000
B 5		0,25	— 0,7350		0,22	— 0,8188		0,20	— 0,9043		0,18	— 0,9911
B 6		0,31	— 0,3378		0,26	— 0,4096		0,22	— 0,4847		0,19	— 0,5628
M 1					0,01	2,8188		0,01	2,9043		0,01	2,9911
M 2		0,03	2,3378		0,03	2,4096		0,04	2,4847		0,04	2,5628

Tabelle 20 (Fortsetzung)

	J/Δ	I	ν	J/Δ	I	ν	J/Δ	I	ν	J/Δ	I	ν
A 1	0,80	0,43	2,0000	0,85	0,38	2,0899	0,90	0,34	2,1810	0,95	0,30	2,2731
A 2		3,85	0,8358		3,86	0,8322		3,87	0,8288		3,88	0,8257
A 3		0,75	1,5403		0,70	1,5812		0,66	1,6227		0,62	1,6647
A 4		3,25	0,7403		3,30	0,7312		3,34	0,7227		3,38	0,7147
A 5		5,69	0,8076		5,72	0,8040		5,74	0,8007		5,76	0,7978
A 6		2,15	1,1924		2,13	1,1960		2,12	1,1993		2,11	1,2022
A 7		5,53	0,7566		5,58	0,7538		5,63	0,7515		5,66	0,7496
A 8		2,27	1,2434		2,24	1,2462		2,21	1,2485		2,19	1,2504
B 1		3,57	0,6000		3,62	0,6101		3,66	0,6190		3,70	0,6269
B 2		0,15	— 1,4358		0,14	— 1,5322		0,13	— 1,6288		0,12	— 1,7257
B 3		3,25	0,2597		3,30	0,2688		3,34	0,2773		3,38	0,2853
B 4		0,75	— 0,5403		0,70	— 0,5812		0,66	— 0,6227		0,62	— 0,6647
B 5		0,16	— 1,0792		0,14	— 1,1683		0,13	— 1,2584		0,12	— 1,3493
B 6		0,16	— 0,6434		0,14	— 0,7261		0,12	— 0,8106		0,10	— 0,8967
M 1		0,01	3,0792		0,01	3,1683		0,01	3,2584		0,01	3,3493
M 2		0,04	2,6434		0,04	2,7261		0,04	2,8106		0,04	2,8967
A 1	1,00	0,27	2,3660									
A 2		3,89	0,8229									
A 3		0,59	1,7071									
A 4		3,41	0,7071									
A 5		5,78	0,7952									
A 6		2,10	1,2048									
A 7		5,70	0,7480									
A 8		2,18	1,2520									
B 1		3,73	0,6340									
B 2		0,11	— 1,8229									
B 3		3,41	0,2929									
B 4		0,59	— 0,7071									
B 5		0,11	— 1,4409									
B 6		0,09	— 0,9841									
M 1		0,01	3,4409									
M 2		0,04	2,9841									

Tabelle 21

Linienfrequenz (ν) und relative Intensitäten (I) für das A_2B_2-Spinsystem

	J/Δ	I	ν	J/Δ	I	ν	J/Δ	I	ν	J/Δ	I	ν
A 1	0,00	2,00	0,5000	0.05	2,21	0,4501	0,10	2,46	0,4011	0,15	2,74	0,3540
A 2		2,00	0,5000		2,20	0,4525		2,39	0,4099		2,57	0,3720
A 3		2,00	0,5000		1,99	0,5022		1,95	0,5079		1,91	0,5154
A 4		4,00	0,5000		4,00	0,5000		4,00	0,5000		4,00	0,5000
A 5		2,00	0,5000		1,81	0,5499		1,66	0,5992		1,52	0,6474
A 6		2,00	0,5000		1,98	0,5027		1,93	0,5119		1,83	0,5286
A 7		2,00	0,5000		1,80	0,5525		1,61	0,6099		1,43	0,6720
M 1												
A 1	0,20	3,04	0,3098	0,25	3,36	0,2693	0,30	3,67	0,2332	0,35	3,98	0,2018
A 2		2,74	0,3385		2,89	0,3090		3,03	0,2831		3,15	0,2603
A 3		1,86	0,5232		1,81	0,5300		1,76	0,5347		1,72	0,5369
A 4		4,00	0,5000		4,00	0,5000		4,00	0,5000		4,00	0,5000
A 5		1,40	0,6945		1,30	0,7402		1,21	0,7849		1,13	0,8284
A 6		1,70	0,5538		1,54	0,5881		1,35	0,6315		1,17	0,6837
A 7		1,26	0,7385		1,11	0,8090		0,97	0,8831		0,85	0,9603
M 1								0,01	1,3994		0,01	1,4225
A 1	0,40	4,25	0,1750	0,45	4.50	0,1524	0,50	4,71	0,1336	0,55	4,89	0,1179
A 2		3,25	0,2403		3,34	0,2227		3,41	0,2071		3,48	0,1933
A 3		1,68	0,5364		1,65	0,5334		1,63	0,5281		1,62	0,5211
A 4		4,00	0,5000		4,00	0,5000		4,00	0,5000		4,00	0,5000
A 5		1,06	0,8711		0,99	0,9131		0,93	0,9546		0,88	0,9957
A 6		1,00	0,7442		0,84	0,8120		0,71	0,8861		0,59	0,9655
A 7		0,75	1,0403		0,66	1,1227		0,59	1,2071		0,52	1,2933
M 1		0,01	1,4556		0,02	1,4978		0,02	1,5478		0,02	1,6045

Tabelle 21 (Fortsetzung)

	J/Δ	I	ν	J/Δ	I	ν	J/Δ	I	ν	J/Δ	I	ν
A 1	0,60	5,04	0,1048	0,65	5,16	0,0939	0,70	5,27	0,0847	0,75	5,35	0,0770
A 2		3,54	0,1810		3,59	0,1701		3,63	0,1602		3,66	0,1514
A 3		1,61	0,5127		1,60	0,5033		1,60	0,4932		1,60	0,4827
A 4		4,00	0,5000		4,00	0,5000		4,00	0,5000		4,00	0,5000
A 5		0,83	1,0365		0,79	1,0771		0,75	1,1177		0,71	1,1583
A 6		0,50	1,0494		0,42	1,1368		0,36	1,2273		0,31	1,3201
A 7		0,46	1,3810		0,41	1,4701		0,37	1,5602		0,34	1.6514
M 1		0,02	1,6669		0,03	1,7340		0,03	1,8052		0,03	1,8798
A 1	0,80	5,43	0,0704	0,85	5,49	0,0648	0,90	5,54	0,0600	0,95	5,59	0,0557
A 2		3,70	0,1434		3,72	0,1362		3,75	0,1296		3,77	0,1236
A 3		1,60	0,4720		1,61	0,4611		1,62	0,4503		1,63	0,4397
A 4		4,00	0,5000		4,00	0,5000		4,00	0,5000		4,00	0,5000
A 5		0,67	1,1990		0,64	1,2398		0,61	1,2807		0,58	1,3218
A 6		0,27	1,4148		0,23	1,5112		0,20	1,6088		0,18	1,7075
A 7		0,30	1,7434		0,28	1,8362		0,25	1,9296		0,23	2,0236
M 1		0,03	1,9572		0,03	2,0371		0,02	2,1191		0,02	2,2028
A 1	1,00	5,63	0,0521									
A 2		3,79	0,1180									
A 3		1,64	0,4291									
A 4		4,00	0,5000									
A 5		0,55	1,3632									
A 6		0,16	1,8069									
A 7		0,21	2,1180									
M 1		0,02	2,2881									

Tabelle 22

Linienfrequenzen (ν) und relative Intensitäten (I) für das A_3B_2-Spinsystem

	J/Δ	I	ν	J/Δ	I	ν	J/Δ	I	ν	J/Δ	I	ν
A 1	0,00	3,00	1,0000	0,05	2,69	1,0538	0,10	2,37	1,1155	0,15	2,06	1,1852
A 2		2,00	1,0000		1,81	1,0512		1,63	1,1047		1,47	1,1604
A 3		3,00	1,0000		3,29	0,9537		3,54	0,9141		3,77	0,8805
A 4		2,00	1,0000		1,99	1,0025		1,94	1,0100		1,87	1,0224
A 5		2,00	1,0000		2,21	0,9513		2,43	0,9052		2,66	0,8620
A 6		12,00	1,0000		12,00	1,0000		12,00	1,0000		12,00	1,0000
A 7		4,00	1,0000		3,62	1,0510		3,27	1,1033		2,96	1,1558
A 8		3,00	1,0000		2,97	1,0030		2,87	1,0142		2,68	1,0367
A 9		3,00	1,0000		3,34	0,9489		3,75	0,8968		4,26	0,8455
A 10		4,00	1,0000		3,97	1,0024		3,89	1,0091		3,77	1,0181
A 11		3,00	1,0000		2,73	1,0486		2,51	1,0942		2,34	1,1364
A 12		3,00	1,0000		2,98	1,0020		2,94	1,0064		2,90	1,0109
A 13		4,00	1,0000		4,41	0,9515		4,84	0,9067		5,26	0,8665
B 1		2,00	0,0000		2,31	0,0712		2,63	0,1345		2,94	0,1899
B 2		4,00	0,0000		4,19	0,0238		4,37	0,0453		4,53	0,0646
B 3		2,00	0,0000		1,71	—0,0787		1,46	—0,1641		1,23	—0,2555
B 4		4,00	0,0000		3,81	—0,0249		3,63	—0,0495		3,47	—0,0734
B 5		4,00	0,0000		4,21	0,0249		4,43	0,0495		4,66	0,0734
B 6		4,00	0,0000		3,79	—0,0263		3,57	—0,0552		3,34	—0,0870
B 7		2,00	0,0000		2,34	0,0748		2,75	0,1480		3,26	0,2176
B 8		2,00	0,0000		2,07	0,0204		2,10	0,0331		2,09	0,0414
B 9		2,00	0,0000		1,73	—0,0748		1,51	—0,1489		1,34	—0,2219
B 10		2,00	0,0000		1,87	—0,0303		1,70	—0,0719		1,51	—0,1252
B 11		2,00	0,0000		1,89	—0,0282		1,76	—0,0611		1,63	—0,0963
B 12		2,00	0,0000		2,08	0,0207		2,09	0,0306		2,00	0,0264

Tabelle 22 (Fortsetzung)

	J/Δ	I	ν	J/Δ	I	ν	J/Δ	I	ν	J/Δ	I	ν
A 1	0,20	1,77	1,2624	0,25	1,51	1,3465	0,30	1,28	1,4368	0,35	1,08	1,5324
A 2		1,33	1,2179		1,20	1,2771		1,08	1,3379		0,98	1,4000
A 3		3,95	0,8521		4,11	0,8279		4,24	0,8074		4,35	0,7898
A 4		1,78	1,0396		1,67	1,0615		1,55	1,0879		1,43	1,1186
A 5		2,89	0,8217		3,13	0,7844		3,37	0,7500		3,60	0,7186
A 6		12,00	1,0000		12,00	1,0000		12,00	1,0000		12,00	1,0000
A 7		2,70	1,2079		2,46	1,2594		2,25	1,3103		2,06	1,3608
A 8		3,39	1,0733		2,03	1,1257		1,66	1,1943		1,32	1,2777
A 9		4,84	0,7977		5,45	0,7556		6,05	0,7208		6,58	0,6933
A 10		3,64	1,0268		3,51	1,0328		3,40	1,0343		3,31	1,0309
A 11		2,19	1,1755		2,07	1,2116		1,97	1,2450		1,88	1,2758
A 12		2,85	1,0143		2,81	1,0159		2,79	1,0156		2,77	1,0136
A 13		5,65	0,8315		6,01	0,8016		6,32	0,7764		6,58	0,7554
B 1		3,23	0,2377		3,49	0,2785		3,72	0,3132		3,92	0,3426
B 2		4,67	0,0821		4,80	0,0979		4,92	0,1121		5,02	0,1250
B 3		1,05	—0,3521		0,89	—0,4529		0,76	—0,5574		0,65	—0,6648
B 4		3,33	—0,0962		3,20	—0,1178		3,08	—0,1379		2,98	—0,1565
B 5		4,89	0,0962		5,13	0,1178		5,37	0,1379		5,59	0,1565
B 6		3,11	—0,1217		2,87	—0,1594		2,63	—0,2000		2,40	—0,2436
B 7		3,84	0,2811		4,46	0,3364		5,06	0,3823		5,60	0,4190
B 8		2,07	0,0486		2,04	0,0577		2,01	0,0707		2,00	0,0879
B 9		1,19	—0,2937		1,07	—0,3646		0,97	—0,4347		0,88	—0,5042
B 10		1,30	—0,1899		1,10	—0,2649		0,92	—0,3491		0,77	—0,4410
B 11		1,50	—0,1325		1,39	—0,1689		1,28	—0,2053		1,18	—0,2419
B 12		1,82	0,0055		1,56	—0,0337		1,27	—0,0913		1,00	—0,1655
M 1					0,01	—0,7316		0,01	—0,7413		0,02	—0,7708
M 2		0,01	1,8190		0,01	1,8221					0,01	2,2099
M 6								0,03	1,8463		0,04	1,8896

Tabelle 22 (Fortsetzung)

	J/Δ	I	ν	J/Δ	I	ν	J/Δ	I	ν	J/Δ	I	ν
A 1	0,40	0,92	1,6325	0,45	0,78	1,7362	0,50	0,67	1,8431	0,55	0,58	1,9525
A 2		0,89	1,4633		0,81	1,5277		0,74	1,5931		0,67	1,6593
A 3		4,44	0,7746		4,51	0,7615		4,57	0,7500		4,62	0,7400
A 4		1,30	1,1532		1,18	1,1916		1,06	1,2335		0,95	1,2784
A 5		3,82	0,6899		4,02	0,6639		4,21	0,6404		4,39	0,6192
A 6		12,00	1,0000		12,00	1,0000		12,00	1,0000		12,00	1,0000
A 7		1,89	1,4112		1,74	1,4619		1,61	1,5130		1,48	1,5650
A 8		1,03	1,3737		0,81	1,4796		0,64	1,5931		0,51	1,7121
A 9		7,02	0,6724		7,38	0,6567		7,66	0,6450		7,88	0,6363
A 10		3,25	1,0234		3,21	1,0127		3,20	1,0000		3,20	0,9863
A 11		1,80	1,3043		1,73	1,3306		1,67	1,3550		1,62	1,3774
A 12		2,75	1,0100		2,75	1,0054		2,74	1,0000		2,74	0,9941
A 13		6,79	0,7379		6,97	0,7233		7,11	0,7111		7,23	0,7008
B 1		4,08	0,3675		4,22	0,3888		4,33	0,4069		4,42	0,4226
B 2		5,11	0,1367		5,19	0,1473		5,26	0,1569		5,33	0,1657
B 3		0,56	— 0,7746		0,49	— 0,8865		0,43	— 1,0000		0,38	— 1,1150
B 4		2,88	— 0,1734		2,80	— 0,1888		2,73	— 0,2027		2,66	— 0,2151
B 5		5,81	0,1734		6,01	0,1888		6,20	0,2027		6,37	0,2151
B 6		2,18	— 0,2899		1,98	— 0,3389		1,79	— 0,3904		1,61	— 0,4442
B 7		6,05	0,4476		6,41	0,4698		6,69	0,4870		6,91	0,5004
B 8		2,00	0,1088		2,01	0,1322		2,03	0,1569		2,06	0,1822
B 9		0,80	— 0,5733		0,74	— 0,6423		0,68	— 0,7111		0,62	— 0,7799
B 10		0,65	— 0,5392		0,54	— 0,6425		0,46	— 0,7500		0,39	— 0,8608
B 11		1,10	— 0,2791		1,01	— 0,3170		0,94	— 0,3561		0,87	— 0,3965
B 12		0,77	— 0,2537		0,59	— 0,3531		0,46	— 0,4611		0,36	— 0,5753
M 1		0,03	— 0,8173		0,03	— 0,8777		0,04	— 0,9492		0,04	— 1,0295
M 3		0,01	2,2871		0,01	2,3712		0,01	2,4611		0,01	2,5557
M 6		0,05	1,9494		0,06	2,0225		0,06	2,1061		0,06	2,1979
M 7											0,01	2,7602
M 9		0,01	1,1532		0,01	— 1,1916		0,01	— 1,2335		0,01	— 1,2784

Tabelle 22 (Fortsetzung)

	J/Δ	I	ν	J/Δ	I	ν	J/Δ	I	ν	J/Δ	I	ν
A 1	0,60	0,50	2,0639	0,65	0,44	2,1772	0,70	0,39	2,2919	0,75	0,34	2,4078
A 2		0,62	1,7262		0,57	1,7938		0,52	1,8620		0,48	1,9308
A 3		4,67	0,7311		4,70	0,7232		4,73	0,7162		4,76	0,7099
A 4		0,85	1,3262		0,77	1,3766		0,68	1,4292		0,61	1,4838
A 5		4,55	0,6000		4,69	0,5827		4,82	0,5671		4,93	0,5531
A 6		12,00	1,0000		12,00	1,0000		12,00	1,0000		12,00	1,0000
A 7		1,37	1,6178		1,26	1,6716		1,17	1,7264		1,08	1,7823
A 8		0,41	1,8351		0,34	1,9609		0,29	2,0886		0,24	2,2177
A 9		8,05	0,6297		8,19	0,6247		8,30	0,6208		8,39	0,6177
A 10		3,22	0,9722		3,24	0,9581		3,27	0,9445		3,30	0,9314
A 11		1,57	1,3981		1,53	1,4172		1,49	1,4348		1,45	1,4509
A 12		2,75	0,9878		2,75	0,9814		2,76	0,9749		2,77	0,9685
A 13		7,33	0,6920		7,41	0,6845		7,48	0,6781		7,54	0,6725
B 1		4,50	0,4361		4,56	0,4478		4,61	0,4581		4,66	0,4672
B 2		5,38	0,1738		5,43	0,1812		5,48	0,1880		5,52	0,1942
B 3		0,33	— 1,2311		0,30	— 1,3482		0,27	— 1,4662		0,24	— 1,5849
B 4		2,60	— 0,2262		2,55	— 0,2361		2,50	— 0,2449		2,46	— 0,2527
B 5		6,53	0,2262		6,67	0,2361		6,79	0,2449		6,91	0,2527
B 6		1,45	— 0,5000		1,31	— 0,5577		1,18	— 0,6171		1,07	— 0,6781
B 7		7,08	0,5111		7,21	0,5198		7,32	0,5269		7,41	0,5328
B 8		2,10	0,2072		2,14	0,2315		2,19	0,2549		2,23	0,2771
B 9		0,58	— 0,8488		0,53	— 0,9177		0,50	— 0,9869		0,46	— 1,0562
B 10		0,33	— 0,9743		0,29	— 1,0900		0,25	— 1,2074		0,22	— 1,3262
B 11		0,80	— 0,4384		0,74	— 0,4819		0,68	— 0,5270		0,63	— 0,5738
B 12		0,29	— 0,6942		0,24	— 0,8164		0,20	— 0,9410		0,16	— 1,0672
M 1		0,04	— 1,1168		0,03	— 1,2096		0,03	— 1,3069		0,03	— 1,4078
M 3		0,01	2,6542		0,01	2,7559		0,01	2,8604		0,01	2,9672
M 6		0,06	2,2961		0,06	2,3992		0,06	2,5062		0,06	2,6163
M 7		0,01	2,8087		0,01	2,8573		0,01	2,9063		0,01	2,9561
M 9		0,02	— 1,3262		0,02	— 1,3766		0,02	— 1,4292		0,02	— 1,4838

Tabelle 22 (Fortsetzung)

	J/Δ	I	ν	J/Δ	I	ν	J/Δ	I	ν	J/Δ	I	ν
A 1	0,80	0,30	2,5247	0,85	0,27	2,6425	0,90	0,24	2,7611	0,95	0,22	2,8803
A 2		0,44	2,0000		0,41	2,0697		0,38	2,1397		0,36	2,2101
A 3		4,78	0,7042		4,80	0,6990		4,82	0,6943		4,84	0,6901
A 4		0,55	1,5403		0,49	1,5984		0,44	1,6580		0,40	1,7188
A 5		5.03	0,5403		5.12	0,5288		5,20	0,5083		5,27	0,5087
A 6		12,00	1,0000		12,00	1,0000		12,00	1,0000		12,00	1,0000
A 7		1,00	1,8394		0,93	1,8975		0,86	1,9566		0,80	2,0167
A 8		0,21	2,3476		0,18	2,4781		0,16	2,6088		0,14	2,7397
A 9		8,46	0,6152		8,52	0,6132		8,57	0,6116		8,62	0,6102
A 10		3,34	0,9190		3,37	0,9074		3,41	0,8965		3,44	0,8863
A 11		1,42	1,4658		1,39	1,4794		1,37	1,4919		1,34	1,5034
A 12		2,77	0,9622		2,78	0,9561		2,79	0,9501		2,80	0,9443
A 13		7.59	0,6676		7.63	0,6633		7,67	0,6595		7,70	0,6561
B 1		4,70	0,4753		4,73	0,4825		4,76	0,4889		4,78	0,4948
B 2		5,56	0,2000		5,59	0,2054		5,62	0,2103		5,64	0,2149
B 3		0,22	— 1,7042		0,20	— 1,8240		0,18	— 1,9443		0,16	— 2.0651
B 4		2,42	— 0,2597		2,39	— 0,2659		2,36	— 0,2714		2,33	— 0,2764
B 5		7,01	0,2597		7,09	0,2659		7,17	0,2714		7,24	0,2764
B 6		0,97	— 0,7403		0,88	— 0,8038		0,80	— 0,8683		0,73	— 0,9337
B 7		7,48	0,5377		7,54	0,5420		7,59	0,5457		7,64	0,5489
B 8		2,28	0,2982		2,32	0,3181		2,36	0,3367		2,40	0,3542
B 9		0,43	— 1,1257		0,40	— 1,1953		0,38	— 1,2652		0,36	— 1,3353
B 10		0,19	— 1,4461		0,17	— 1,5669		0,15	— 1,6886		0,14	— 1,8108
B 11		0,58	— 0,6221		0,53	— 0,6720		0,49	— 0,7234		0,45	— 0,7762
B 12		0,14	— 1,1946		0,12	— 1,3228		0,10	— 1,4515		0,09	— 1,5806
M 1		0,03	— 1,5117		0,03	— 1,6180		0,02	— 1,7264		0,02	— 1,8366
M 3		0,01	3,0759		0,01	3,1863		0,01	3,2981		0,01	3,4112
M 6		0,05	2,7289		0,05	2,8434		0,05	2,9596		0,04	3,0771
M 7		0,01	3,0069		0,01	3,0588		0,01	3,1118		0,01	3,1659
M 9		0,02	— 1,5403		0,03	— 1,5984		0,03	— 1,6580		0,03	— 1,7188

Tabelle 22 (Fortsetzung)

	J/Δ	I	ν
A 1	1,00	0,20	3,0000
A 2		0,33	2,2808
A 3		4,85	0,6861
A 4		0,36	1,7808
A 5		5,33	0,5000
A 6		12,00	1,0000
A 7		0,74	2,0777
A 8		0,13	2,8706
A 9		8,65	0,6091
A 10		3,47	0,8769
A 11		1,32	1,5140
A 12		2,81	0,9387
A 13		7,73	0,6530
B 1		4,80	0,5000
B 2		5,67	0,2192
B 3		0,15	— 2,1861
B 4		2,30	— 0,2808
B 5		7,30	0,2808
B 6		0,67	— 1,0000
B 7		7,67	0,5517
B 8		2,44	0,3706
B 9		0,33	— 1,4056
B 10		0,12	— 1,9336
B 11		0,42	— 0,8303
B 12		0,08	— 1,7097
M 1		0,02	— 1,9483
M 3		0,01	3,5253
M 6		0,04	3,1957
M 7		0,02	3,2212
M 9		0,03	— 1,7808

Literatur

Vollständigkeit der Literaturzitate wurde nicht angestrebt. Ausführlichere Literaturzusammenstellungen bieten die Annual Reviews of Physical Chemistry der letzten Jahre sowie die zitierten Monographien (9, 176, 269, 155, 249, 68, 55, 93, 99, 227, 302)

1. ABRAGAM, A., The Principles of Nuclear Magnetism (Oxford 1961).
2. ABRAHAM, R. J., Mol. Phys. **4**, 145 (1961).
3. AHRENS, M.-L. und H. STREHLOW, Disc. Faraday Soc. **39**, 112 (1965).
4. ALLERHAND, A. und H. S. GUTOWSKY, J. Chem. Phys. **41**, 2115 (1964).
5. — — J. Chem. Phys. **42**, 1587 (1965).
6. ANBAR, M., LOEWENSTEIN, A. und S. MEIBOOM, J. Amer. Chem. Soc. **80**, 2630 (1958).
7. ANDERSON, W. A., Phys. Rev. **102**, 151 (1956).
8. ANDERSON, W. A. und H. M. MCCONNELL, J. Chem. Phys. **26**, 1496 (1957).
9. ANDREW, E. R., Nuclear Magnetic Resonance (Cambridge 1955).
10. — Ber. Bunsenges. **67**, 295 (1963).
11. ANDREW, E. R. und R. BEHRSON, J. Chem. Phys. **18**, 159 (1950).
12. ANDREW, E. R. und R. G. EADES, Proc. Roy. Soc. (London) **A 216**, 398 (1953).
13. ANDREW, E. R. und D. HYNDMAN, Disc. Faraday Soc. **19**, 195 (1955).
14. ANDREW, E. R., A. BRADBURY, R. G. EADES und G. J. JENKS, Nature **188**, 1096 (1960).
15. ARNOLD, J. T., Phys. Rev. **102**, 136 (1956).
16. ARNOLD, J. T. und M. E. PACKARD, J. Chem. Phys. **19**, 1608 (1951).
17. ASTON, J. G., STOTTLEMYER, Q. R. und G. R. MURRAY, J. Amer. Chem. Soc. **82**, 1281 (1960).
18. AXTMANN, R. C., J. Chem. Phys. **30**, 340 (1959).
19. BADER, A. R., GUTOWSKY, H. S., WILLIAMS, G. A. und P. E. YANKWICH, J. Amer. Chem. Soc. **78**, 2385 (1956).
20. BAKER, E. B., J. Chem. Phys. **37**, 911 (1962).
21. BAKER, E. B. und L. W. BURD, Rev. Sci. Instr. **28**, 313 (1957).
22. — — Rev. Sci. Instr. **34**, 238 (1963).
23. — — Rev. Sci. Instr. **34**, 243 (1963).
24. BALDESCHWIELER, J. D. und E. W. RANDALL, Chem. Rev. **63**, 81 (1963).
25. BARFIELD, M. und D. M. GRANT, in: Advances in Magnetic Resonance, Hrsg. J. S. WAUGH, Bd. 1 (New York-London 1965).
26. BARTON, D. H. R., J. Chem. Soc. **1953**, 1027.
27. BECKER, E. D., LIDDEL, U. und J. N. SHOOLERY, J. Mol. Spectroscopy **2**, 1 (1958).
28. BECKER, E. D., BRADLEY, R. B. und C. J. WATSON, J. Amer.Chem. Soc. **83**, 3743 (1961).
29. BECKER, R., Theorie der Elektrizität (Leipzig 1951).
30. BELL, R. P., RAND, M. R. und K. M. A. WYNNE-JONES, Trans. Faraday Soc. **52**, 1093 (1956).
31. BENÉ, G. J., DENIS, P. M. und R. C. EXTERMANN, Physica **17**, 308 (1951).
32. BERGER, A., LOEWENSTEIN, A. und S. MEIBOOM, J. Amer. Chem. Soc. **81**, 62 (1959).
33. BERNHEIM, R. A., BROWN, T. H., GUTOWSKY, H. S. und D. E. WOESSNER, J. Chem. Phys. **30**, 950 (1959).
34. BHACCA, N. S., JOHNSON L. F. und J. N. SHOOLERY, NMR Spectra Catalog, Bd. 1 (New York 1962).
35. BHACCA, N. S., HOLLIS, D. P., JOHNSON, L. F. und E. A. PIER, NMR Spectra Catalog, Bd. 2 (New York 1962).
36. BHACCA, N. S. und D. H. WILLIAMS, Applications of NMR Spectroscopy in Organic Chemistry. (Illustrations from the Steroid Field) (San Francisco 1964).
37. BHAR, B. N., Arkiv Fysik **12**, 171 (1957).
38. BHAR, B. N. und W. FORSLING, Arkiv Fysik **11**, 405 (1957).
39. BIBLE, R. H., Interpretation of NMR Spectra (New York 1965).
40. BLOCH, F., Phys. Rev. **70**, 460 (1946).

41. Bloch, F., Phys. Rev. **93**, 944 (1954).
42. — Phys. Rev. **94**, 496 (1954).
43. — Phys. Rev. **102**, 104 (1956).
44. Bloch, F., Hansen, W. W. und M. E. Packard, Phys. Rev. **69**, 127 (1946).
45. Bloembergen, N., Nuclear Magnetic Relaxation (Den Haag 1948).
46. — Nuclear Magnetic Relaxation (New York 1961).
47. Bloembergen, N., Purcell, E. M. und R. V. Pound, Phys. Rev. **73**, 679 (1948).
48. Bloom, A. L. und J. N. Shoolery, Phys. Rev. **97**, 1261 (1955).
49. Bothner-By, A. A., in: Advances in Magnetic Resonance, Hrsg. J. S. Waugh, Bd. 1 (New York-London 1965).
50. Bottini, A. T. und J. D. Roberts, J. Amer. Chem. Soc. **80**, 5203 (1958).
51. Bovey, F. A., Hood, F. P., Anderson, E. W. und R. L. Kornegay, J. Chem. Phys. **41**, 2041 (1964).
52. Brownstein, S., Chem. Rev. **59**, 463 (1959).
53. Brownstein, S. und R. Miller, J. Org. Chem. **24**, 1886 (1959).
54. Bruce, C. R., Norberg, R. E. und S. I. Weissman, J. Chem. Phys. **24**, 473 (1956).
55. Brügel, W., Kernresonanz-Spektrum und chemische Konstitution (Darmstadt 1967).
56. Buchta, J. C., Gutowsky, H. S. und D. E. Woessner, Rev. Sci. Instr. **29**, 55 (1958).
57. Burbank, R. D. und F. N. Bensey, J. Chem. Phys. **21**, 602 (1953).
58. Callis, C. F., van Wazer, J. R., Shoolery, J. N. und W. A. Anderson, J. Amer. Chem. Soc. **79**, 2719 (1957).
59. Carr, H. Y. und E. M. Purcell, Phys. Rev. **88**, 415 (1952).
60. — — Phys. Rev. **94**, 630 (1954).
61. Carrington, A., Dravnicks, F. und M. C. R. Symons, Mol. Phys. **3**, 174 (1960).
62. Chamberlain, N. F., Anal. Chem. **31**, 56 (1959).
63. Chapman, D. und P. D. Magnus, Introduction to Practical High Resolution Nuclear Magnetic Resonance Spectroscopy (New York-London 1966).
64. Chiarotti, G., Cristiani, G., Giulotto, L. und G. Lanzi, Nuovo Cimento **12**, 519 (1954).
65. Clark, W. G., Rev. Sci. Instr. **35**, 316 (1964).
66. Cohen, A. D. und C. Reid, J. Chem. Phys. **25**, 790 (1956).
67. Connick, R. E. und R. E. Poulson, J. Chem. Phys. **30**, 759 (1959).
68. Corey, E. J., in: Advances in Organic Chemistry II (New York 1960).
69. Corio, P. L., Chem. Rev. **60**, 363 (1960).
70. Criegee, R. und G. Louis, Chem. Ber. **90**, 417 (1957).
71. Davis, J. C. und K. S. Pitzer, J. Phys. Chem. **64**, 886 (1960).
72. Davis, J. C., Pitzer, K. S. und C. N. R. Rao, J. Phys. Chem. **64**, 1744 (1960).
73. Dickinson, W. C., Phys. Rev. **77**, 736 (1950).
74. — Phys. Rev. **80**, 563 (1950).
75. — Phys. Rev. **81**, 717 (1951).
76. Dietrich, M. W. und R. E. Keller, Anal. Chem. **36**, 258 (1964).
77. Dodd, R. E., Rolfe, J. A. und L. A. Woodward, Trans. Faraday Soc. **52**, 145 (1956).
78. Doering von E., W. und W. R. Roth, Angew. Chem. **75**, 27 (1963).
79. Douglass, D. C. und D. W. McCall, J. Phys. Chem. **62**, 1102 (1958).
80. — — J. Chem. Phys. **31**, 596 (1959).
81. Douglass, D. C., McCall, D. W. und E. W. Anderson, J. Chem. Phys. **34**, 152 (1961).
82. Drain, L. E., Proc. Phys. Soc. (London) **62 A**, 301 (1949).
83. Dreeskamp, H. und E. Sackmann, Z. phys. Chem. N. F. **27**, 136 (1961).
84. Drysdale, J. J. und W. D. Phillips, J. Amer. Chem. Soc. **79**, 319 (1957).
85. Dudley, F. B., Shoolery, J. N. und G. H. Cady, J. Amer. Chem. Soc. **78**, 568 (1956).
86. Dunell, B. A., Reeves, L. W. und K. O. Strφmme, Trans. Faraday Soc. **57**, 372 (1961).
87. — — — Trans. Faraday Soc. **57**, 381 (1961).
88. Eaton, D. R. und W. D. Phillips, in: Advances in Magnetic Resonance, Hrsg. J. S. Waugh, Bd. 1 (New York-London 1965).
89. Eberson, L. und S. Forsén, J. Phys. Chem. **64**, 767 (1960).

90. Ebert, I. und G. Seifert, Kernresonanz im Festkörper (Leipzig 1966).
91. Einstein, A., Phys. Z. **18**, 121 (1917).
92. Emerson, M. T., Grunwald, E. und R. A. Kromhout, J. Chem. Phys. **33**, 547 (1960).
93. Emsley, J. W., Feeney, J. und L. H. Sutcliffe, High Resolution Nuclear Magnetic Resonance Spectroscopy (Oxford 1965).
94. Everett, D. H. und W. F. K. Wynne-Jones, Proc. Roy. Soc. (London) *A* **177**, 499 (1941).
95. Fabricand, B. F. und S. Goldberg, J. Chem. Phys. **34**, 1624 (1961).
96. Figgis, B. N., Trans. Faraday Soc. **55**, 1075 (1959).
97. Finegold, H., Ann. N. Y. Acad. Sci. **70**, 875 (1958).
98. Fishman, E., J. Phys. Chem. **59**, 469 (1955).
99. Fluck, E., Die kernmagnetische Resonanz und ihre Anwendungen in der anorganischen Chemie (Berlin-Göttingen-Heidelberg 1963).
100. Ford, P. T. und R. E. Richards, Disc. Faraday Soc. **19**, 193 (1955).
101. Forsén, S., J. Chem. Phys. **31**, 852 (1959).
102. Forsén, S. und M. Nilsson, Acta Chem. Scand. **13**, 1383 (1959).
103. Forsén, S. und A. Rupprecht, J. Chem. Phys. **33**, 1888 (1960).
104. Forsén, S. und R. A. Hoffman, J. Chem. Phys. **39**, 2892 (1963).
105. — — J. Chem. Phys. **40**, 1189 (1964).
106. Fraenckel, G. und C. Franconi, J. Amer. Chem. Soc. **82**, 4478 (1960).
107. Franck, B., Chem. Ber. **92**, 1001 (1959).
108. Freeman, R., Mol. Physics **3**, 435 (1960).
109. Freeman, R. und R. V. Pound, Rev. Sci. Instr. **31**, 103 (1960).
110. Fujiwara, S., Amamiga, A. und K. Shinohara, J. Chem. Phys. **26**, 1343 (1957).
111. Fuschillo, N. und J. A. Sauer, J. Chem. Phys. **26**, 1348 (1957).
112. Geet, A. L., van und D. N. Hume, Anal. Chem. **37**, 979; 983 (1965).
113. Gill, D. und S. Meiboom, Rev. Sci. Instr. **29**, 688 (1958).
114. Glick, R. E. und A. A. Bothner-By, J. Chem. Phys. **25**, 362 (1956).
115. Graham, D. M. und J. S. Waugh, J. Chem. Phys. **27**, 968 (1957).
116. Grant, D. M. und H. S. Gutowsky, J. Chem. Phys. **34**, 699 (1961).
117. Grunwald, E., Loewenstein, A. und S. Meiboom, J. Chem. Phys. **27**, 630 (1957).
118. Grunwald, E., Karabatsos, P. J., Kromhout, R. A. und E. Purlee, J. Chem. Phys. **33**, 556 (1960).
119. Grunwald, E., Jumper, C. F. und S. Meiboom, J. Amer. Chem. Soc. **84**, 4664 (1962).
120. Grunwald, E. und M. Cocivera, Disc. Faraday Soc. **39**, 105 (1965).
121. Guffy, J. C. und G. R. Miller, Anal. Chem. **31**, 1895 (1959).
122. Guggisberg, A., Hesse, M., von Philipsborn, W., Nagarajan, K. und H. Schmid, Helv. Chim. Acta **49**, 2321 (1966).
123. Gutowsky, H. S., J. Chem. Phys. **31**, 1683 (1959).
124. — Nuclear Magnetic Resonance Technique of Organic Chemistry, Band 1, Teil IV; Hrsg. A. Weissberger (New York 1960).
125. — J. Chem. Phys. **37**, 2196 (1962).
126. Gutowsky, H. S. und C. J. Hoffmann, J. Chem. Phys. **19**, 1259 (1951).
127. Gutowsky, H. S. und C. H. Holm, J. Chem. Phys. **25**, 1228 (1956).
128. Gutowsky, H. S. und D. W. McCall, Phys. Rev. **82**, 748 (1951).
129. — — J. Chem. Phys. **22**, 162 (1954).
130. Gutowsky, H. S., McCall, D. W. und C. P. Slichter, Phys. Rev. **84**, 589 (1951).
131. — — — J. Chem. Phys. **21**, 279 (1953).
132. Gutowsky, H. S. und B. R. McGarvey, Phys. Rev. **91**, 81 (1953).
133. Gutowsky, H. S. und L. H. Meyer, J. Chem. Phys. **21**, 2122 (1953).
134. Gutowsky, H. S. und G. E. Pake, J. Chem. Phys. **18**, 162 (1950).
135. Gutowsky, H. S. und A. Saika, J. Chem. Phys. **21**, 1688 (1953).
136. Hahn, E. L., Phys. Rev. **77**, 297 (1950).
137. Happe, J. A., J. Phys. Chem. **65**, 72 (1961).
138. Hart, H. R., jr. und J. C. Wheatley, Phys. Rev. Letters **4**, 3 (1960).

139. HAUSSER, R. und F. NOACK, Z. Naturforsch. **19a**, 1521 (1964).
140. HERTZ, H. G., Z. Elektrochem. **64**, 53 (1960).
141. — Z. Elektrochem. **65**, 20 (1961).
142. — Z. Elektrochem. **65**, 36 (1961).
143. — Ber. Bunsenges. physik. Chem. **67**, 311 (1963).
144. HERTZ, H. G. und W. SPALTHOFF, Z. Elektrochem. **63**, 1096 (1959).
145. — — Rhode und Schwarz-Mitteilungen (1959) 292.
146. HOHN, C. H., J. Chem. Phys. **26**, 707 (1957).
147. HOLDER, B. E. und M. P. KLEIN, Phys. Rev. **98**, 265 A (1955).
148. HOOD, G. C., REDLICH, O. und C. A. REILLY, J. Chem. Phys. **22**, 2067 (1954).
149. — — — J. Chem. Phys. **23**, 2229 (1955).
150. HOOD, G. C. und C. A. REILLY, J. Chem. Phys. **27**, 1126 (1957).
151. — — J. Chem. Phys. **28**, 329 (1958).
152. — — J. Chem. Phys. **32**, 127 (1960).
153. HUGGINS, C. M., PIMENTEL, G. C. und J. N. SHOOLERY, J. Phys. Chem. **60**, 1311 (1956).
154. IBERS, J. A. und D. P. STEVENSON, J. Chem. Phys. **28**, 929 (1958).
155. JACKMAN, L. M., Applications of Nuclear Magnetic Resonance in Organic Chemistry (London 1959).
156. JACKSON, J. A., LEMONS, J. F. und H. TAUBE, J. Chem. Phys. **32**, 553 (1960).
157. JACOBSOHN, B. A. und R. K. WANGSNESS, Phys. Rev. **73**, 942 (1948).
158. JARRET, H. S., SADLER, M. S. und J. N. SHOOLERY, J. Chem. Phys. **21**, 2092 (1953).
159. JOHNSON, C. S., in: Advances in Magnetic Resonance, Hrsg. J. S. WAUGH, Bd. 1, S. 33 (New York-London 1965).
160. JUNGNICKEL, J. L. und J. W. FORBES, Anal. Chem. **35**, 938 (1963).
161. KAISER, R., Rev. Sci. Instr. **31**, 963 (1960).
162. KAPLAN, J. I., J. Chem. Phys. **28**, 278 (1958).
163. KARPLUS, M., J. Chem. Phys. **30**, 11 (1959).
164. KATZ, L. und W. N. LIPSCOMB, Acta Cryst. **5**, 313 (1952).
165. KEUNING, R., Rev. Sci. Instr. **31**, 839 (1960).
166. KNIGHT, W. D., Phys. Rev. **76**, 1259 (1949).
167. KORINEK, G. und W. G. SCHNEIDER, Canad. J. Chem. **35**, 1157 (1957).
168. KOSFELD, R. und L. OEHLMANN, Z. Instr. **74**, 115 (1966).
169. KOSKE, W. S., KAUFMANN, J. J. und P. C. LAUTERBUR, J. Amer. Chem. Soc. **79**, 2382 (1957).
170. KOWALEWSKI, V. J. und D. G. DE KOWALEWSKI, J. Chem. Phys. **32**, 1272 (1960).
171. KRAWETZ, A., Thesis Chikago 1955 zitiert in (152).
172. KUBO, R. und K. TOMITA, J. Phys. Soc. Japan **9**, 888 (1954).
173. LAMB, W. E., Phys. Rev. **60**, 817 (1941).
174. LASAREW, B. G. und L. W. SCHUBNIKOW, Phys. Z. Sowjet. **11**, 445 (1937).
175. LAU, H. H., Angew. Chem. **73**, 423 (1961).
176. LAUKIEN, G., Kernmagnetische Hochfrequenz-Spektroskopie, in: Handbuch der Physik **38**/1, 120 (Berlin-Göttingen-Heidelberg 1958).
177. LAUTERBUR, P. C., J. Chem. Phys. **26**, 217 (1957).
178. — J. Amer. Chem. Soc. **83**, 1834; 1838 (1961).
179. LEE, J. und L. H. SUTCLIFFE, Trans. Faraday Soc. **54**, 308 (1958).
180. LEMIEUX, R. U., KULLNIG, R. K., BERNSTEIN, H. J. und W. G. SCHNEIDER, J. Amer. Chem. Soc. **79**, 1005 (1957).
181. — — — — J. Amer. Chem. Soc. **80**, 6098 (1958).
182. LIDDEL, U. und E. D. BECKER, Spectrochim. Acta **10**, 70 (1957).
183. LINDSTRÖM, G., Phys. Rev. **78**, 817 (1950).
184. LIPPERT, E., Ber. Bunsenges. physik. Chem. **67**, 267 (1963).
185. LIPSICAS, M., BLOOM, M. und B. H. MULLER, J. Chem. Phys. **34**, 1813 (1961).
186. LOEWENSTEIN, A. und S. MEIBOOM, J. Chem. Phys. **27**, 1067 (1957).
187. LOEWENSTEIN, A. und T. M. CONNOR, Ber. Bunsenges. physik. Chem. **67**, 280 (1963).
188. LOMBARDI, E. und P. B. SOGO, J. Chem. Phys. **32**, 635 (1960).

189. LOONEY, C. E., PHILLIPS, W. D. und E. L. REILLY, J. Amer. Chem. Soc. **79**, 6136 (1957).
190. LORD, R. C., LYNCH, M. A., SCHUMB, W. C. und E. J. SLOWINSKI, J. Amer. Chem. Soc. **72**, 522 (1950).
191. LUZ, Z., GILL, D. und S. MEIBOOM, J. Chem. Phys. **30**, 1540 (1959).
192. LUZ, Z. und S. MEIBOOM, J. Chem. Phys. **39**, 366 (1963).
193. LYNDEN-BELL, R. M. und N. SHEPPARD, Proc. Roy. Soc. (London) **A 269**, 385 (1962).
194. MARSHALL, H. P. und E. GRUNWALD, J. Amer. Chem. Soc. **76**, 2000 (1954).
195. MATHIESON, D. W. (Hrsg.), Interpretation of Organic Spectra (New York-London 1965).
196. — (Hrsg.), Nuclear Magnetic Resonance for Organic Chemists (New York-London 1966).
197. MCCALL, D. W. und E. W. ANDERSON, J. Chem. Phys. **34**, 804 (1961).
198. MCCALL, D. W. und D. C. DOUGLASS, J. Chem. Phys. **32**, 1876 (1960).
199. MCCALL, D. W. DOUGLASS, D. C. und E. W. ANDERSON, J. Chem. Phys. **30**, 771 (1959).
200. — — — J. Chem. Phys. **31**, 1555 (1959).
201. — — — Phys. Fluids **2**, 87 (1959).
202. — — — Ber. Bunsenges. physik. Chem. **67**, 336 (1963).
203. MCCONNELL, H. M., J. Chem. Phys. **27**, 226 (1957).
204. — J. Chem. Phys. **28**, 430 (1958).
205. MCCONNELL, H. M. und S. B. BERGER, J. Chem. Phys. **27**, 230 (1957).
206. MCCONNELL, H. M. und H. E. WEAVER, J. Chem. Phys. **25**, 307 (1956).
207. MCGRATH, J. W. und A. A. SILVIDI, J. Chem. Phys. **34**, 322 (1961).
208. MECKE, R., Disc. Faraday Soc. **9**, 161 (1950).
209. MEIBOOM, S., Z. Elektrochem. **64**, 50 (1960).
210. — J. Chem. Phys. **34**, 375 (1961).
211. MEIBOOM, S. und D. GILL, Rev. Sci. Instr. **29**, 688 (1958).
212. MEIBOOM, S., LOEWENSTEIN, A. und S. ALEXANDER, J. Chem. Phys. **29**, 969 (1958).
213. MEYER, L. H., SAIKA, A. und H. S. GUTOWSKY, J. Amer. Chem. Soc. **75**, 4567 (1953).
214. MILLER, F. A. und S. D. KOCH, J. Amer. Chem. Soc. **70**, 1890 (1948).
215. MOORE, D. W., J. Chem. Phys. **34**, 1470 (1961).
216. MUETTERTIES, E. L. und W. D. PHILLIPS, J. Amer. Chem. Soc. **79**, 322 (1957).
217. — — J. Amer. Chem. Soc. **81**, 1084 (1959).
218. MULLER, N., LAUTERBUR, P. C. und J. GOLDENSON, J. Amer. Chem. Soc. **78**, 3557 (1956).
219. MULLER, N. und D. E. PRITCHARD, J. Chem. Phys. **31**, 768 (1959).
220. — — J. Chem. Phys. **31**, 1471 (1959).
221. MUSHER, J. I., J. Chem. Phys. **34**, 594 (1961).
222. MYERS, O. E., J. Chem. Phys. **28**, 1027 (1958).
223. NACHOD, C. F. und W. D. PHILLIPS (Hrsg.), Determinations of Organic Structures by Physical Methods, Bd. 2 (New York-London 1962).
224. NAIR, P. M. und J. D. ROBERTS, J. Amer. Chem. Soc. **79**, 4565 (1957).
225. NARASIMHAM, P. T. und M. T. ROGERS, J. Chem. Phys. **33**, 727 (1960).
226. NEWELL, G. F., Phys. Rev. **80**, 476 (1950).
227. NMR NQR EPR, Fortlaufende Titellisten. Herausgegeben von den Verlegern der DMS Dokumentation der Molekülspektroskopie (Weinheim/Bergstr. 1963 ff.).
228. NOLLE, A. W. und J. J. BILLINGS, J. Chem. Phys. **30**, 84 (1959).
229. NOVAK, A. und E. WHALLEY, Canad. J. Chem. **36**, 1116 (1958).
230. Nuclear Magnetic Resonance Abstract Service, Preston Technical Abstracts (Evanston, Ill.).
231. ODAJIMA, H., SOHMA, J. und M. KOIKE, J. Chem. Phys. **23**, 1959 (1955).
232. OGG, R. A. und J. D. RAY, J. Chem. Phys. **25**, 797 (1956).
233. ONAK, T. P., LANDESMAN, H., WILLIAMS, R. E. und I. SHAPIRO, J. Phys. Chem. **63**, 1533 (1959).
234. OTH, J. F. M., MERENYI, R., NIELSEN, J. und G. SCHRÖDER, Chem. Ber. **98**, 3385 (1965).
235. PAKE, G. E., J. Chem. Phys. **16**, 327 (1948).
236. PASCAL, P., Chimie Generale (Paris 1949).
237. PAULSEN, P. J. und W. D. COOKE, Anal. Chem. **36**, 1713 (1964).
238. PEARSON, R. G., PALMER, J., ANDERSON, M. M. und A. L. ALLRED, Z. Elektrochem. **64**, 110 (1960).

239. PEARSON, R. G. und M. M. ANDERSON, Angew. Chem. **77**, 361 (1965).
240. PHILLIPS, W. D., J. Chem. Phys. **23**, 1363 (1955).
241. — Ann. N. Y. Acad. Sci. **70**, 817 (1958).
242. PHILLIPS, W. D., LOONEY, C. E. und C. P. SPAETH, J. Mol. Spectroscopy **1**, 35 (1957).
243. PHILLIPS, W. D., MILLER, H. C. und E. L. MUETTERTIES, J. Amer. Chem. Soc. **81**, 4496 (1959).
244. PIETTE, L. H., RAY J. D. und R. A. OGG, J. Mol. Spectroscopy **2**, 66 (1958).
245. PIETTE, L. H. und H. E. WEAVER, J. Chem. Phys. **28**, 735 (1958).
246. POPLE, J. A., Proc. Roy. Soc. (London) **A 239**, 550 (1957).
247. — Mol. Phys. **1**, 3 (1958).
248. POPLE, J. A., SCHNEIDER, W. G. und H. J. BERNSTEIN, Canad. J. Chem. **35**, 1060 (1957).
249. — — — High Resolution Nuclear Magnetic Resonance (New York 1959).
250. PORTE, A. L., GUTOWSKY, H. S. und G. M. HARRIS, J. Chem. Phys. **34**, 66 (1961).
251. PRIMAS, H., ARNDT, R. und R. ERNST, Privatmitteilung.
252. PROCTOR, W. G. und F. C. YU, Phys. Rev. **77**, 717 (1950).
253. — — Phys. Rev. **78**, 471 (1950).
254. — — Phys. Rev. **81**, 20 (1951).
255. PURCELL, E. M., TORREY, H. C. und R. V. POUND, Phys. Rev. **69**, 37 (1946).
256. RABI, I., MILLMAN, S., KUSCH, P. und J. R. ZACHARIAS, Phys. Rev. **55**, 526 (1939); KELLOG, I. B. M., RABI, I., RAMSEY, N. F. und J. R. ZACHARIAS, Phys. Rev. **56**, 728 (1939).
257. RAMSEY, N. F., Phys. Rev. **78**, 699 (1950).
258. — Phys. Rev. **91**, 303 (1953).
259. RAMSEY, N. F. und E. M. PURCELL, Phys. Rev. **85**, 143 (1952).
260. REEVES, L. W., Canad. J. Chem. **35**, 1351 (1957).
261. REEVES, L. W. und W. G. SCHNEIDER, Trans. Faraday Soc. **54**, 314 (1958).
262. — — Canad. J. Chem. **36**, 793 (1958).
263. REEVES, L. W. und K. O. STRØMME, Trans. Faraday Soc. **57**, 390 (1961).
264. REILLY, C. A., Anal. Chem. **32**, 221 R (1960).
265. — J. Chem. Phys. **25**, 604 (1956).
266. RICHARDS, R. E. und J. A. S. SMITH, Trans. Faraday Soc. **47**, 1261 (1951).
267. RICHARDS, R. E. und T. SCHAEFER, Trans. Faraday Soc. **57**, 210 (1961).
268. RINEHART, K. L., NILSSON, W. A. und H. A. WHALEY, J. Amer. Chem. Soc. **80**, 503 (1958).
269. ROBERTS, J. D., Nuclear Magnetic Resonance (New York 1959).
270. — An Introduction to the Analysis of Spin-Spin Splitting in High-Resolution Nuclear Magnetic Resonance Spectra (New York 1961).
271. ROWLAND, T. J. und J. P. BROMBERG, J. Chem. Phys. **29**, 626 (1958).
272. RYASON, R. und M. K. WILSON, J. Chem. Phys. **22**, 2000 (1954).
273. SACK, R. A., Mol. Phys. **1**, 163 (1958).
274. SAIKA, A., J. Amer. Chem. Soc. **82**, 3540 (1960).
275. SAIKA, A. und C. P. SLICHTER, J. Chem. Phys. **22**, 26 (1954).
276. SAMES, D., Ann. Phys. **15**, 363 (1965).
277. SCHMEISSER, M. und E. GREGOR-HASCHKE, Z. anorg. Chem. **225**, 33 (1947).
278. SCHNEIDER, H. und H. STREHLOW, Z. physik. Chem., N. F. **49**, 44 (1966).
279. SCHNEIDER, W. G., BERNSTEIN, H. J. und J. A. POPLE, J. Chem. Phys. **28**, 601 (1958).
280. SCHRÖDER, G., Angew. Chem. **75**, 722 (1963).
281. SCHWARTZ, J.,Rev. Sci. Instr. **28**, 780 (1957).
282. SCHWARZMANN, E. und O. GLEMSER, Privatmitteilung; GLEMSER, O., Angew. Chem. **73**, 785 (1961).
283. SEITZ, L. M. und T. L. BROWN, J. Amer. Chem. Soc. **88**, 4140 (1966).
284. SHOOLERY, J. N., Disc. Faraday Soc. **19**, 215 (1955).
285. — J. Chem. Phys. **31**, 1427 (1959).
286. — Technical Information Bulletin Varian Ass., Palo Alto Calif. **2**, No 3 (1959).
287. SHOOLERY, J. N. und B. J. ALDER, J. Chem. Phys. **23**, 805 (1955).
288. SHOOLERY, J. N. und B. CRAWFORD, J. Mol. Spectroscopy **1**, 4; 270 (1957).

289. SILLESCU, H., Kernmagnetische Resonanz, Einführung in die theoretischen Grundlagen (Berlin-Heidelberg-New York 1966).
290. SILVER, B. und Z. LUZ, J. Amer. Chem. Soc. **83**, 786 (1961).
291. SIMPSON, J. H. und H. Y. CARR, Phys. Rev. **111**, 1201 (1958).
292. SLICHTER, C. P., Principles of Magnetic Resonance (New York 1963).
293. SMITH, D. F., J. Chem. Phys. **21**, 609 (1953).
294. SMITH, D. F. und D. W. MAGNUSON, Phys. Rev. **87**, 226 (1952).
295. SMITH, J. A. S., Disc. Faraday Soc. **19**, 207 (1955).
296. SMITH, T. S. und E. A. SMITH, J. Phys. Chem. **63**, 1701 (1959).
297. SOLOMON, I. und N. BLOEMBERGEN, J. Chem. Phys. **25**, 261 (1956).
298. STALINSKI, B., COOGAN, C. K. und H. S. GUTOWSKY, J. Chem. Phys. **34**, 1191 (1961).
299. STEJSKAL, E. O., WOESSNER, D. E., FARRAR, T. C. und H. S. GUTOWSKY, J. Chem. Phys. **31**, 55 (1959).
300. STERNHELL, S., Rev. Pure Appl. Chem. **14**, 15 (1964).
301. STOTTLEMYER, Q. R., MURRAY, G. R. und J. G. ASTON, J. Amer. Chem. Soc. **82**, 1284 (1960).
302. SUHR, H., Anwendungen der kernmagnetischen Resonanz in der organischen Chemie (Berlin-Göttingen-Heidelberg 1965).
303. SWINEHEART, J. H. und H. TAUBE, J. Chem. Phys. **37**, 1579 (1962).
304. TAFT, R. W., EHRENSON, S., LEWIS, I. C. und R. GLICK, J. Amer. Chem. Soc. **81**, 5352 (1959).
305. TAKEDA, M. und E. O. STEJSKAL, J. Amer. Chem. Soc. **82**, 25 (1960).
306. THOMAS, H. A., Phys. Rev. **80**, 901 (1950).
307. TIERS, G. V. D., J. Chem. Phys. **29**, 963 (1958).
308. — J. Phys. Chem. **62**, 1151 (1958).
309. — J. Phys. Chem. **64**, 373 (1960).
310. VAN VLECK, J. H., Phys. Rev. **74**, 1168 (1948).
311. VAN DER VLIES, C., Rec. Trav. Chim. **84**, 1289 (1965).
312. VAN WAZER, J. R., CALLIS, C. F., SHOOLERY, J. N. und R. C. JONES, J. Amer. Chem. Soc. **78**, 5715 (1956).
313. VAUGHAN und DONOHUE, Acta Cryst. **5**, 530 (1952).
314. WASSERMAN, H. H., MCKEON, J. E., SMITH, L. und P. FORGIONE, J. Amer. Chem. Soc. **82**, 506 (1960).
315. WAUGH, J. S. (Hrsg.), Advances in Magnetic Resonance, Bd. 1 (New York-London 1965).
316. WAUGH, J. S. und R. W. FESSENDEN, J. Amer. Chem. Soc. **79**, 846 (1957).
317. WEAVER, H. E., TOLBERT, B. M. und R. C. LAFORCE, J. Chem. Phys. **23**, 1956 (1955).
318. WEISS, A., Ber. Bunsenges. **67**, 301 (1963).
319. WHIFFEN, D. H. und H. W. THOMPSON, J. Chem. Soc. **1946**, 1005.
320. WHITTACKER, A. G., MOORE, D. W., SHOOLERY, J. N. und R. JONES, J. Chem. Phys. **25**, 366 (1956).
321. WIBERG, K. B. und B. J. NIST, Interpretation of NMR Spectra (New York 1962).
322. WILLIAMS, K. C. und T. L. BROWN, J. Amer. Chem. Soc. **88**, 4134 (1966).
323. WILSON, C. W. und G. E. PAKE, J. Polymer. Sci. **10**, 503 (1953).
324. Winett, T. F., Phys. Rev. **91**, 476 (1953).
325. WOESSNER, D. E., Rev. Sci. Instr. **31**, 1146 (1960).
326. ZAVARIN, E., J. Org. Chem. **23**, 1198 (1958).
327. Zavoisky, E., J. Phys. U.S.S.R. **9**, 245; 447 (1945).

Namenverzeichnis

Die Zitatnummern sind in Klammern beigefügt

Sachverzeichnis

GPSR Compliance

The European Union's (EU) General Product Safety Regulation (GPSR) is a set of rules that requires consumer products to be safe and our obligations to ensure this.

If you have any concerns about our products, you can contact us on ProductSafety@springernature.com

In case Publisher is established outside the EU, the EU authorized representative is:

Springer Nature Customer Service Center GmbH
Europaplatz 3
69115 Heidelberg, Germany

Batch number: 10577969

Printed by Printforce, the Netherlands